이 책에 쏟아진 찬사

세계 체스대회에서 10년간 맞수가 없었던 그랜드마스터, 그러나 'IBM 딥 블루'에게 모욕적인 패배를 당하며 '인공지능의 위협'을 가장 뼈저리게 절 감한 최초의 인간, 그 후 오히려 적과 손잡고 '인공지능과 인간지성의 협 업'을 위해 남은 인생을 바친 정치인, 그 과정에서 인공지능의 한계와 인간 지성의 가능성을 발견한 낙관주의자! 가리 카스파로프는 알파고와 이세돌 의 세기의 대국을 목격하고 제4차 산업혁명으로 더없이 혼란스러운 우리 들에게 가장 내밀한 조언을 던진다. 인간지성의 미래는 인공지능과의 협 업에 달려있다고, 인공지능으로 인해 인간 창의성은 오히려 극대화될 수 있다고 주장하는 그의 목소리에서 '테크놀로지 시대'를 살아가는데 필요 한 통찰을 발견한다.

– 정재승, KAIST 바이오및뇌공학과 교수

카스파로프는 기계와의 경쟁을 염려하는 데 머물러서는 안 되며, 이제 인 간과 기계의 능력을 결합할 수 있게 되었음에 기뻐해야 한다고 강조한다. 바로 그 지점에서, 인간의 지혜는 시작된다.

– 〈가디언〉

이 책은 인공지능 기술의 분수령이 된 사건에 관한 철저한 기록이자 기술 진보의 역사에 관한 깊은 사색을 보여준다.

– 데미스 하사비스, 구글 딥마인드 CEO

가로세로 여덟 칸의 체스판과는 달리 우리가 사는 세상은 무한한 공간이 고, 수학이나 통계적 계산만으로는 이해될 수 없다. 기계 지능의 본질적인 경직성은 인간이 유연하고 직관적인 지능을 발휘할 틈새를 언제나 남겨놓 는다. 카스파로프는 우리가 계속 목적을 이루기 위해 컴퓨터의 힘을 이용하는 것을 경계한다면, 기계가 인간을 대체하는 일은 없겠지만 인간이 가장 위대한 성취를 맛볼 수도 없으리라고 경고한다.

– 니콜라스 카, 《생각하지 않는 사람들》 저자

우리 시대의 핵심 경제 문제, 즉 생각하는 기계의 세계에서 인간으로서 어떻게 분투해야 하는가에 대한 중요하고 낙관적인 이 책은, 인간에게 주어진 고유한 영역이 무엇인가를 설명한다. 로봇기술의 등장 앞에서 초조해하며 손을 비비는 대신에, 우리는 모두 이 책을 읽고 미래를 껴안아야 한다.

– 월터 아이작슨, 《스티브잡스》《이노베이터》 저자

이 책은 카스파로프를 그대로 빼닮았다. 매혹적이고, 날카로우며 도발적이다. 이 책에서 그는 존 헨리 이후 인간과 기계의 가장 유명한 대결이 벌어졌던 그날의 이야기를 마침내 들려준다.

– 앤드루 맥아피, 《제2의 기계시대》 저자

《딥 씽킹》은 인공지능 세상에 첫발을 디딘 독자들을 위한 훌륭한 안내서다. 어떤 과학자나 기술 혁신가도, 카스파로프만큼 확신을 가지고 디지털 혁명의 긍정적 사례를 만들어낼 수 없다. '새로운 세상에 대한 예고'보다도, 이 책에 담긴 '인간과 기계 사이의 대결에 관한 인간적 관심사'가 더욱 깊은 인상을 남긴다. 결국 패배하긴 했지만, 카스파로프는 실리콘 두뇌를 상대로 전력을 다했다. 많은 비극적 영웅들은 비극을 이겨내고 돌아오지 못했지만 그는 해냈다.

–〈선데이 타임스〉

《딥 씽킹》은 두 가지 교훈을 준다. 미리 패닉에 빠지지 말 것, 그리고 당신의 진짜 적이 누구인지를 구별할 것.

–〈데일리 텔레그래프〉

딥DEEP 씽킹THINKING

딥 씽킹

인공지능 시대, 인간의 위대함은 어디서 오는가?

가리 카스파로프 지음 | 박세연 옮김

어크로스

1985년 6월 6일, 함부르크 하늘은 맑았다. 그러나 체스 기사들은 화창한 날씨를 좀처럼 만끽하지 못한다. 그날 나는 체스판이 놓인 서른두 개의 탁자가 빙 둘러 서 있는 좁은 강당을 이리저리 돌아다니고 있었다. 각각의 체스판 건너편에는 상대 선수가 앉아 있다. 이번 대회는 다면기simultaneous exhibition 게임으로, 내가 각각의 체스판 앞에 앉으면 상대가 즉각 말을 옮긴다. 사이멀simul이라고도 하는 이 동시 대국 방식은 수 세기 동안 이어져 내려온 게임 방식으로, 주로 아마추어 선수들이 챔피언에게 도전하는 경우 채택된다. 그런데 이번 대회는 조금 달랐다. 서른두 명의 도전자가 사람이 아니라 컴퓨터였기 때문이다.

  나는 다섯 시간 넘게 자리를 이동하면서 컴퓨터 도전자들을 상대했다. 이번 대회에서는 주요 체스 컴퓨터 개발사 네 곳이 최신 모델을 가지고 참여했다. 여기에는 전자제품 기업인 사이텍saitek이 개발한 '카스파로프Kasparov'라는 이름의 컴퓨터 여덟 대도 포함되어 있었다. 주최 측은 내게 이번 시합이 일반적인 대회와 크게 다를 것이라고 미리 일러주었다. 컴퓨터는 지치지 않으며, 좌절하거나 포기하지도 않는다. 그들은 끝까지 싸울 것이다. 그럼에도 나는 흥미로운 도전과 언론의 뜨거운 관심을 즐겼다. 그때 나는 스물두 살의 청년이었고, 그해 말 최연소 세계 체스 챔피언이 되었다. 아무것도 거칠 게 없었다. 그리고 그 자신감은 단지 허세만은 아니었다.

그 대회는 체스 컴퓨터 기술의 발전상을 보여주기 위한 기회였다. 그러나 내가 32 대 0으로 압승을 거두자, 사람들은 체스 세계의 컴퓨터 기술에 대해 실망감을 드러냈다. 그런 내게도 위기가 있었다. 한 카스파로프 컴퓨터와의 게임에서 곤란한 상황에 빠졌던 것이다. 내가 컴퓨터에 지거나 비긴다면, 언론의 관심을 끌기 위해 일부러 졌다는 의혹이 일 것이었다. 결국 나는 컴퓨터의 실수를 유도해서 위기를 넘길 수 있었다. 인간의 입장에서, 그리고 체스 기사의 입장에서 그때는 기계와 실력을 겨루기에 좋은 시절이었다. 하지만 안타깝게도 그 시절은 그리 오래 가지 못했다.

그로부터 12년 뒤, 나는 뉴욕시에서 내 체스 인생을 걸고 컴퓨터와 한판 승부를 벌이게 되었다. 이번 상대는 '딥블루Deep Blue'라는 이름의 1000만 달러짜리 IBM 슈퍼컴퓨터였다. 재대결로 펼쳐진 이번 매치는 인간과 컴퓨터의 대결에서 역사적인 순간으로 남게 될 것이었다. 《뉴스위크》는 머리기사에서 이번 시합을 "두뇌의 최후 전선The Brain's Last Stand"이라 표현했고, 많은 책들이 라이트 형제의 최초 비행, 심지어 인간의 달 착륙에 비유했다. 물론 과장된 면이 없잖아 있지만, 인간과 인공지능의 오랜 애증관계를 감안할 때 뜬금없는 소리는 아니었다.

다시 20년의 세월이 흐른 2017년, 이제 사람들은 챔피언도 거뜬히 꺾을 수 있는 체스 어플을 스마트폰에 무료로 설치하고 있다. 그리고 한 대의 로봇이 둥그렇게 둘러싼 테이블 가운데를 돌아다니며 서른두 명의 인간 챔피언들을 차례로 격파하는 장면을 상상하게 되었다. 인간이 기술과 경쟁해온 오랜 역사가 말해주듯이, 이제 인간과 기계의 관계는 역전되어버렸다.

실제로 로봇이 인간 챔피언들과 다면기 방식으로 대국을 벌이게될 때, 가장 까다로운 문제는 수를 계산하는 연산능력이 아니라, 테이블을 옮겨 다니면서 말을 움직이는 물리적인 능력이 될 것이다. 공상과학 속에서는 이미 수백 년 전부터 인간처럼 움직이는 로봇이 등장했고, 오늘날 실제로 많은 로봇이 인간의 육체노동을 대신하고 있지만, 사실 로봇 기술은 인간의 몸 동작보다 정신적 사고를 모방하는 과정에서 눈부신 발전을 보여주었다.

인공지능과 로보틱스 분야의 전문가들이 말하는 모라벡의 역설Moravec's paradox에 따르면, 기계는 체스 게임에서도 인간이 강한 것에 약하고, 인간이 약한 것에 강한 모습을 보일 것이다. 로봇과학자 한스 모라벡Hans Moravec은 1988년에 이렇게 말했다. "컴퓨터가 IQ 테스트에서 성인 수준의 점수를 받거나, 혹은 체커 게임[64개의 흑백 칸으로 이루어진 보드판에서 두 사람이 벌이는 게임—옮긴이]을 하는 것은 비교적 쉽다. 반면 갓난아기의 인지와 행동을 따라 하는 일은 대단히 어렵거나, 아예 불가능하다."[1]

1988년만 하더라도 나는 모라벡의 역설에 대해 알지 못했다. 당시 그 개념은 체스가 아니라 체커 게임 정도에 적용할 수 있는 이론이었다. 그러나 그로부터 10년 후 상황은 변했다. 세계 최고의 체스 기사를 일컫는 그랜드마스터는 패턴 인식과 전략 수립에 능하다. 반면 인간이 며칠이나 걸려 계산하는 복잡한 전술을 단 몇 초 만에 해결하는 체스 컴퓨터는 그 두 가지에 취약하다.

뜨거운 사회적 관심이 쏟아진 딥블루와의 매치를 끝내고 나서, 나는 모라벡의 역설을 실험해볼 한 가지 아이디어를 떠올렸다. "이길 수 없다면 함께하라"라는 말도 있듯, 나는 컴퓨터와 함께 체스 실험을 계속해나가고 싶었다. 비록 IBM은 나의 생각에 동의하지 않았지만. 나는 이런 궁금증이 들었다. 인간과 기계가 대결하는 것이 아니라, 서로 협력한다면 어떨까? 이런 아이디어는 1998년 스페인 레온에서 열린 체스 대회에서 실현되었다. 그 대회는 내가 고안한 '어드밴스드 체스Advanced Chess' 방식을 택했다. 어드밴스드 체스 대회에 참가한 기사는 게임에 컴퓨터를 활용할 수 있다. 레온 대회는 인간과 기계의 조합을 바탕으로 역사상 최고 수준의 체스 게임을 보여줄 것으로 기대되었다. 그러나 나중에 다시 살펴보겠지만, 게임의 시나리오는 예상대로 흘러가지 않았다. 그럼에도 인간과 컴퓨터가 한 몸을 이룬 '켄타우로스'들 간의 싸움을 지켜보면서, 나는 체스 세상이 앞으로 인간의 인지와 인공지능에 관한 많은 비밀을 밝혀줄 것이라는 희망을 품게 되었다.

물론 그건 나만의 생각은 아니었다. 과학기술이 발달하지 못했던 시절 체스 기계는 성배와 같은 것이었다. 나는 과학이 마침내 그 기술을 터득한 순간에 성배를 움켜쥔 인간일 뿐이었다. 물론 나는 새로운 도전을 받아들일 수도, 혹은 거부할 수도 있었다. 그러나 사실 내겐 선택의 여지가 없었다. 어떻게 도전을 외면할 수 있단 말인가? 기계와의 대결은 또한 체스를 대중에게 널리 알릴 소중한 기회였다. 그 홍보 효과는 바비 피셔Bobby Fischer와 보리스 스파스키Boris Spassky가 냉전 시대에 벌였던 역사적인 대결, 그리고 내가 아나톨리 카르포프Anatoly Karpov와 벌인 챔피언 타이틀전을 뛰어넘을 것이었다. 게다가 부유한 후원자, 특히 IT 업체들의 관심을 끌어모을 수 있는 절호의 기회이기도 했다. 1990년대 중반에 인텔은 그랑프리 모터사이클 레이싱 대회와 더불어, 1995년 내가 비스와나탄 아난드Viswanathan Anand와 세계 챔피언 자리를 놓고 세계무역센터 꼭대기에서 벌였던 매치를 후원하고 있었다. 그 무렵 나는 저항할 수 없는 강한 호기심에 사로잡혀 있었다. 컴퓨터가 정말 체스 세계 챔피언과 맞먹는 실력을 보여줄 수 있을까? 기계가 정말 생각을 할 수 있을까?

기술 수준이 낮았던 옛날에도 인간은 생각하는 기계를 꿈꾸었다. 18세기 말에는 투르크Turk라는 체스 인형이 등장해서 세상을 깜짝 놀라게 했다. 목각 인형인 투르크는 체스판에서 기물[체스판의 말. 킹, 퀸, 룩, 비숍, 나이트, 폰으로 구성된다—옮긴이]을 들어 옮겼고, 더 놀랍게도 체스 실력까지 뛰어났다. 1854년에 화재로 소실되기 전까지 투르크는 유럽과 미국 각지를 돌며 박수갈채를 받았다. 체스 애호가였던 나폴레옹 보나파르트와 벤저민 프랭클린도 투르크에 열광했다.

그러나 투르크는 속임수였다. 테이블 아래 상자에 사람이 들어가서 인형을 조작했던 것이다. 즉 투르크는 기계식 인형과 테이블 아래

숨은 인간의 조합이었다. 아이러니하게도 오늘날 체스 게임 역시 이러한 속임수로 골치를 앓고 있다. 많은 체스 기사들이 공범과 정교한 신호를 주고받거나, 모자 속 블루투스 혹은 신발 속 전자장치를 이용한다. 아니면 화장실에서 스마트폰을 훔쳐보기도 한다.

세계 최초의 체스 프로그램은 컴퓨터가 개발되기 이전에 등장했다. 개발자는 나치 독일군의 에니그마 암호를 해독했던 영국의 천재 과학자 앨런 튜링Alan Turing이었다. 1952년 튜링은 종이 위에서 알고리즘을 계산하는 체스 프로그램을 개발했다. 즉 튜링 자신이 CPU의 역할을 맡았던 것이다. 그의 '종이 기계'는 꽤 그럴듯한 체스 실력을 보여주었다. 그 프로그램은 체스에 대한 튜링의 개인적인 관심을 넘어선 발명품이었다. 오랫동안 체스는 인간의 지성이 집약된 특별한 게임으로 인정받았고, 이러한 측면에서 체스 기계를 발명한다는 것은 곧 인공지능을 창조한다는 뜻이었다.

튜링은 나중에 그가 개발한 '튜링 테스트'를 통해서도 후세에 이름을 남겼다. 튜링 테스트의 목적은 컴퓨터가 정말로 인간처럼 생각하는지를 검증하는 것이었다. 인간의 사고를 비슷하게 흉내낼 때, 우리는 그 기계가 튜링 테스트를 통과했다고 말할 수 있다. 내가 처음으로 딥블루를 만나기 이전에 몇몇 컴퓨터가 '체스 튜링 테스트'를 통과하기 시작했다. 물론 가끔 허술한 수를 두거나, 인간이라면 하지 않을 치명적인 실수를 저지르기도 했지만, 컴퓨터끼리는 완벽한 형태의 게임을 보여주었다. 컴퓨터 성능이 진화하면서, 인간은 인공지능의 가능성보다 체스의 한계에 대해 더 많은 것을 깨닫게 되었다.

45년에 걸쳐 세계적인 관심을 끌었던 체스 컴퓨터 개발의 역사는 다행스럽게도 실망스러운 결과로 끝나지는 않았다. 그러나 첨단 체스 컴퓨터는 튜링을 비롯한 많은 과학자들이 꿈꾸었듯이 '인간처럼 생각하는 기계'와는 차원이 다른 것으로 밝혀졌다. 딥블루는 프로그래밍이 가능한 알람시계와 같은 차원에서 지성적인 존재였다. 물론 1000만 달러짜리 알람시계에 패한다는 것은 기분 좋은 일은 아니었다.

인공지능 과학자들은 체스 컴퓨터의 개발과 여기에 쏟아진 사회적 관심에 고무되었다. 그러나 동시에 선배 과학자들이 수십 년 전에 세계 챔피언을 꺾을 것으로 기대했던 체스 기계와는 상당히 다르다는 점에서 실망했다. 딥블루는 인간처럼 생각하고, 창조성과 직관을 발휘하여 게임을 하는 인공지능이 아니라, 2억 가지 경우의 수를 순식간에 계산하는 어마어마한 연산능력을 무기로 상대를 무찌르는 무자비한 기계였다. 그렇다고 해서 딥블루가 이룩한 성취를 깎아내리려는 것은 아니다. 당연하게도 딥블루의 승리는 기계가 인간을 이긴 역사적 사건이자 인류가 거둔 놀라운 성취였다.

그러나 IBM은 이후로 미심쩍은 태도를 보였고, 내가 계속해서 의혹을 제기하면서 갈등의 골이 깊어졌다. 이로 인해 나는 아름다운 패자의 모습을 보일 수 없었다. 사실 나는 훌륭한 패자로 남기는 싫었다. 패배를 쉽게 인정하는 태도는 위대한 챔피언에게 어울리지 않는 모습이라고 생각했다. 나는 정정당당함의 가치를 믿었고, IBM이 나뿐만 아니라 전 세계를 기만하고 있는 것은 아닌지 의심했다.

고백하건대 악명 높은 딥블루와의 대결을 20년 만에 처음으로 파헤치는 작업은 내게 정말로 힘든 일이었다. 그 20년 동안 나는 딥블루와의 매치와 관련하여 일반에 공개된 사실 말고는 거의 아무런 언급을 하지 않았다.[2] 물론 딥블루에 관한 책은 여러 권 쏟아져 나왔다. 그러나 이 책이야말로 그 대결에 관한 모든 이야기를 담은 최초의 고백이자, 나의 정확한 입장을 밝힌 유일한 글이다. 또한 고통스러운 기억에 대한 회고인 동시에, 하나의 폭로이자 소중한 경험에 대한 기록이다. 여섯 번째 체스 세계 챔피언을 지낸 나의 위대한 스승 미하일 보트비닉Mikhail Botvinnik은 언제 어디서나 진실을 추구하라고 말했다. 그런 점에서 딥블루의 진실에 다가서려는 노력은 내게 분명 의미 있는 도전이었다.

하지만 딥블루에 대한 이야기가 인간과 기계의 인지 작용에 관한 내 연구의 전부는 아니다. 이 책 또한 마찬가지다. 나의 연구와 이 책에서 딥블루는 단지 시작일 뿐이다. 내가 컴퓨터와 대결했던 방식은 오늘날 우리가 일상생활 속에서 새로운 발명품과 맺고 있는 생소한 관계의 단면을 잘 보여주기는 하지만, 그것이 이 관계의 모든 것이라고는 할 수 없다. 온라인 세상에서 꽃을 피운 어드밴드 체스 경기에서는 인간과 컴퓨터가 함께 팀을 이루어 경쟁에 참여한다. 우승을 위해서는 물론 똑똑한 컴퓨터가 필요하지만, 기계와 인간이 현명하게 협력할 방법을 찾아내는 일이야말로 더욱 중요한 승리의 열쇠라는 사실이 드러나고 있다.

나는 연구를 위해 구글, 페이스북, 팔란티어 등 알고리즘 개발을 비즈니스 핵심으로 삼는 기업들을 방문했다. 또한 알고리즘에 따라 매일 수십억 달러의 이익과 손실이 발생하는 헤지펀드 기업으로부터 초청을 받기도 했다. 거기서 나는 IBM 딥블루의 후계자라고 일컬어지는 왓슨Watson 컴퓨터의 개발자 한 사람을 만나게 되었다. 왓슨은 유명 퀴즈 프로그램인 〈제퍼디Jeopardy〉에 출연해서 인기를 끌기도 했다. 한번은 호주의 금융 분야 경영자들이 모인 컨퍼런스에 참석한 적이 있다. 그 모임에서 경영자들은 인공지능이 금융산업의 고용 환경에 미칠 영향에 대해 논의했다. 각자 관심사는 달랐지만, 모두 인공지능 혁명의 최전선에서 변화의 흐름에 뒤처지지 않으려는 리더들이었다.

나는 오랫동안 기업들을 대상으로 강연을 했다. 대부분의 주제는 비즈니스 전략이나 의사결정 과정을 개선하는 것이었다. 하지만 최근에는 인공지능에 관한, 혹은 인간과 기계의 관계에 관한 이야기를 들려달라는 요청을 자주 받는다. 나는 강연을 통해 사람들과 아이디어를 공유하고, 인공지능에 대한 기업의 다양한 관심사를 집중적으로 다룬다. 마찬가지로 이 책에서도 기업의 관심사를 살펴보면서, 추측과 과장으로부터 엄중한 사실을 구분해내고자 한다.

2013년 나는 영광스럽게도 옥스퍼드 마틴스쿨로부터 객원 연구원 자격으로 초청을 받았다. 나는 그곳에서 수많은 뛰어난 학자들과 친분을 쌓았다. 옥스퍼드 대학은 인공지능을 기술이자 동시에 철학으로 바라보았다. 서로 다른 학문의 영역을 넘나드는 연구 방식은 내게 큰 즐거움이었다. 그 이름부터 웅장한 인류미래연구소Future of Humanity Institute는 여러 학자들 사이의 협력을 바탕으로 인간-기계의 관계가 어디로 나아가고 있는지 점검하는 최고의 연구기관이다. 거기서 내 목표는 복잡하고 난해한 연구 결과를 통역자의 입장에서 설명해내고, 그 과정에서 나의 아이디어와 질문을 추가하는 것이었다.

오랫동안 나는 인간의 사고방식에 대해 연구했다. 그리고 이 연구는 기계의 사고방식을 이해하기 위한 기반이라는 사실을 깨달았다. 또한 이러한 깨달음을 통해 나는 기계가 무엇을 할 수 있고, 무엇을 할 수 없는지에 대한 많은 이야기를 듣게 되었다.

19세기 미국의 민간 설화에 등장하는 존 헨리John Henry[19세기 말 미국의 전설적인 철도 노동자로 증기기관 방식의 굴착기와 대결해 승리를 거두었지만 탈진하여 목숨을 잃고 말았다―옮긴이]는 새로운 발명품인 증기 해머를 상대로 바위산에 터널을 뚫는 경쟁을 벌인 '강철 사나이'였다. 내가 체스 세계 챔피언 자리에 앉아 있던 20년 동안, 체스 컴퓨터는 시시한 장난감에서 누구도 넘볼 수 없는 체스 고수로 거듭났다. 그리고 나는 체스와 인공지능 세상의 존 헨리가 되었다. 그것은 내게 축복인 동시에 저주였다.

나중에 다시 살펴보겠지만, 똑같은 패턴이 수 세기에 걸쳐 반복되고 있다. 옛날 사람들은 이상하게 생긴 기계가 말과 황소를 대체할 수 있다는 생각을 비웃었다. 그리고 쇠와 나무로 만든 기계가 하늘을 날 수 있다는 생각을 조롱했다. 그러나 오늘날 우리는 기계가 따라할 수 없는 동작이 더 이상 세상에 존재하지 않는다는 사실을 인정해야만 하는 처지가 되었다.

오늘날에는 이런 멈출 수 없는 진보가 두려워할 대상이 아니라 축복해야 할 대상이라는 생각이 받아들여지고 있지만, 이런 생각은 두 걸음 전진과 한 걸음 후퇴를 반복한다. 새로운 기계가 등장할 때마다 공포와 의심의 목소리는 늘 있었고 이러한 경향은 최근 들어 더욱 강해졌다. 그 부분적인 이유는 기계가 대체하게 될 대상이 달라졌기 때문이다. 가령 자동차와 트랙터가 등장했을 때, 말과 황소는 그들의 심정을 언론에 알릴 수 없었다. 단순 노동자들 역시 그들의 억울함을 제대로 호소할 수 없었고, 심지어 신기술의 세례로 고통스러운 노동에서 해방된 이들로 간주되기도 했다.

20세기에 들어서자 자동화 흐름으로 인해 많은 일자리가 사라지거나 형태가 달라졌다. 다양한 직업들이 슬퍼할 겨를도 없이 자취를 감추었다. 1920년 당시 미국 엘리베이터 안내원 노조는 조합원 수가 1만 7000명에 이를 정도로 막강한 힘을 과시했다. 이들은 1945년 9월 뉴욕에서 파업과 대규모 시위를 벌여 도시 전체를 마비시키기까지 했다. 하지만 1950년에 버튼이 달린 자동화 엘리베이터가 등장하면서 많은 안내원들이 일자리를 잃었다. 당시 AP 통신은 이렇게 보도했다. "세계에서 가장 높은 엠파이어스테이트 빌딩을 위시한 많은 건물에서 수천 명의 노동자들이 계단을 따라 끝이 보이지 않는 시위 행렬을 이루고 있다."[3]

여러분은 아마도 당시 사람들이 자동화 엘리베이터를 당연한 기술로 받아들였을 것이라 생각할 것이다. 하지만 안내원이 없는 엘리베이터에 대한 우려는 오늘날 무인 자동차에 대한 우려와 흡사했다. 2006년에 강의차 코네티컷에 위치한 오티스 엘리베이터 컴퍼니Otis Elevator Company를 방문했을 때, 나는 놀라운 사실을 알게 되었다. 사실 자동화 엘리베이터 기술은 1900년에 이미 개발되었다는 것이다. 그러나 시민들은 불안에 떨면서 안내원 없는 엘리베이터를 받아들이려 하지 않았다. 이후 1945년에 대규모 파업이 터지고, 엘리베이터 업체들이 대대적인 홍보 사업을 벌이고 나서야 사람들의 인식이 조금씩 바뀌기 시작했다. 이러한 패턴은 무인 자동차 기술이 모습을 드러내는 지금에도 그대로 나타나고 있다. 새로운 자동화 기술이 등장하면 먼저 사회적 우려가 증폭되고, 한참 후에야 조금씩 인식이 바뀌면서 수용하게 된다. 이러한 주기가 계속해서 반복된다.

물론 누군가의 자유와 혁신이 다른 이에게 재앙이 될 수 있다. 선진국에서 고등교육을 받은 사람들은 오랜 시간에 걸쳐 그들의 블루칼라 형제들에게 자동화 미래의 영광을 가르치는 사치를 누렸다. 서비스 인력은 수십 년 동안 꾸준히 사라졌다. 그들의 상냥한 미소와 친근한 목소리, 재빠른 손놀림이 일을 처리하던 공간에 ATM, 복사기, 전화선, 셀프 체크아웃 장비가 들어섰다. 이제 공항 식당을 찾는 사람들은 종업원이 아니라 아이패드를 통해 주문한다. 또한 인도를 중심으로 대규모 콜센터가 등장한 지 얼마 지나지 않아, 자동화 고객 응대 소프트웨어가 이들을 대체하기 시작했다.

존 헨리는 기계와의 대결에서 이겼지만, "손에 망치를 쥔 채" 숨을 거두고 말았다. 다행히 나는 그러한 운명을 피할 수 있었다. 사람들은 지금도 체스를 둔다. 오히려 예전보다 더 많은 사람들이 체스를 즐긴다. 비관론자는 컴퓨터가 지배하는 게임에 도전하고 싶어하는 사람은 더 이상 없을 것이라 예언했지만, 그들의 생각은 틀렸다. 오늘날 사람들은 틱택톡이나 체커처럼 체스보다 더 간단한 게임을 더 많이 즐긴다. 비관론은 신기술이 등장할 때마다 언제나 유행이 된다.

더 나은 대안을 찾을 수 없다는 점에서, 나는 인공지능에 대한 낙관주의를 받아들이고 있다. 인공지능은 인터넷 발명 이후로, 혹은 전기 발명 이후로 인간의 생활 전반을 전례 없는 모습으로 바꾸어놓을 것이다. 물론 획기적인 신기술에는 언제나 잠재적인 위험이 따른다. 그러한 위험을 무시해도 좋다고 말하는 것은 아니다. 스티븐 호킹에서 엘론 머스크에 이르기까지 수많은 유명 인사들은 인공지능이 인류의 생존을 위협할 것이라고 우려했다. 긍정적인 시선을 가진 전문가들조차 이러한 우려에 공감을 표한다. 그들은 말한다. '누군가 어떤 기계를 프로그래밍하면, 우리는 그 기계가 무슨 일을 할 수 있는지 알 수 있다. 하지만 기계가 스스로를 프로그래밍하게 된다면, 누가 그 한계를 알겠는가?'

자동 단말기로 셀프 체크인을 하고, 아이패드로 음식을 주문하는 공항에서도 수천 명의 공항 직원들이 기나긴 보안 검색대를 따라 여전히 일을 하고 있다(대부분 기계를 활용하여). 그 이유는 그들이 오늘날 기계가 대체할 수 없는 특별한 일을 하고 있기 때문인가? 아니면 자동화 엘리베이터를 이용하거나 무인 자동차에 타는 것처럼, 인간의 목숨이 달린 중요한 과제를 선뜻 기계에 맡기지 못하는 두려움 때문인가? 엘리베이터는 안내원이 사라지면서 오히려 더 안전해졌다. 우리는 〈터미네이터〉에 등장하는 인류를 증오하는 스카이넷이 아니라, '자동차 사고'로부터 끔찍한 피해를 입고 있다. 항공기 운항 역시 자동화 기술로 안전성이 더 높아졌다. 오늘날 항공기 사고의 절반 이상은 인간의 실수 때문에 벌어진다.

신기술을 받아들이기 위해서는 충분한 안전장치와 더불어 용기가 필요하다. 20년 전 딥블루와 마주 앉았을 때, 나는 뭔가 낯설고 불안한 느낌을 받았다. 여러분도 아마 무인 자동차에 처음 오를 때, 혹은 컴퓨터 상사로부터 처음으로 업무 지시를 받을 때, 나와 똑같은 감정을 느낄 것이다. 그러나 신기술로부터, 그리고 우리 자신으로부터 최고의 잠재력을 이끌어내려면 이러한 두려움에 당당히 맞서야 한다.

오늘날 각광받는 많은 직업이 20년 전에는 아예 존재하지도 않았다. 새로운 직업은 앞으로 계속 등장할 것이다. 가령 모바일 앱 개발자, 3D 프린트 기술자, 드론 조종사, 소셜미디어 관리자, 유전자 상담사 등이 있겠다. 그리고 다양한 분야에서 이들 전문가에 대한 요구가 증가함에 따라 더 많은 인공지능 기계의 활약으로 신기술을 활용한 창조 활동은 더 쉬워질 것이다. 다시 말해 로봇에게 업무를 넘기면서 교육 및 재교육의 필요성이 줄어들고, 많은 사람들이 단순노동에서 해방되면서 신기술을 더 생산적으로 활용하는 선순환이 시작될 것이다.

육체노동을 대신하는 기계 덕분에 우리는 인간적인 활동에 집중할 수 있게 되었다. 인공지능이 진화를 거듭하고 까다로운 정신노동을 대체하면서, 우리는 창조와 호기심, 아름다움과 즐거움을 추구하게 되었다. 다시 말해 인공지능은 망치로 터널을 뚫거나 체스를 두는 다양한 활동이나 기술을 대체하는 단계를 넘어서서, 인간을 더 인간답게 만들어줄 것이다.

차례

1

DEEP THINKING

천재들의 게임

◆

많은 그랜드마스터 동료와는 달리

나는 과학의 초대를 거절하지 않았다.

우리는 뛰어난 체스 기계에게서 무엇을 배울 수 있을까?

컴퓨터가 세계 챔피언과 경쟁할 수 있다면,

그 밖에 무슨 일을 더 할 수 있을까?

기계가 정말로 생각할 수 있다면,

인간의 마음에 대해 무슨 이야기를 들려줄 것인가?

◆

체스는 그 기원을 정확하게 정의하기 힘들 정도로 오래된 게임이다. 역사가들은 대부분 6세기 이전에 인도에서 시작된 차투랑가chaturanga를 체스의 기원으로 꼽는다. 이후 체스는 페르시아와 아랍 및 이슬람 세계로 전해졌고, 무어인의 스페인을 거쳐 다시 남부 유럽으로 퍼져나갔다. 중세 말에는 유럽 왕실을 중심으로 자리 잡았다. 이 같은 사실은 문헌을 통해서 확인할 수 있다.

오늘날 우리가 알고 있는 형태의 체스는 15세기 말 유럽에서 등장했다. 당시에는 여왕과 주교의 힘이 막강했고, 이러한 정치 현실은 체스를 좀 더 역동적인 게임으로 만들어주었다. 그래도 체스를 두는 방식은 지역마다 조금씩 달랐으며, 이후 몇 차례에 걸쳐 표준화 작업이 이루어졌다. 전반적으로 18세기에 확립된 체스 규칙이 지금까지 이어져 내려오고 있다. 풍성한 역사 속에서 고수들의 대결이 펼쳐졌고, 거기서 등장한 모든 행마와 묘수는 물론 치명적인 실수까지 마치 호박에 갇힌 듯 기보 자료에 고스란히 기록되어 있다.

그 모든 자료는 특히 체스 기사들에게 소중한 유산이다. 그 외에도 역사와 유물 역시 체스의 위상을 정립하는 데 중요한 역할을 했다. 예를 들어 12세기에 바다코끼리 상아를 깎아서 만든 루이스 체스맨 Lewis chessmen, 체스를 두는 페르시아인의 모습과 함께 루미의 시가 새겨진 1500년대 그림, 1474년에 윌리엄 캑스턴 William Caxton이 직접 인쇄한 《체스 게임과 놀이 Game and Playe of the Chesse》(영국에서 세 번째로 인쇄된 책), 나폴레옹이 소장했던 체스 세트가 그렇다. 이러한 유산을 살피다 보면, 체스를 그냥 게임이라고 할 때 마니아들이 발끈하는 이유를 짐작할 수 있다.

물론 세계적인 유산은 문화 예술로서 체스의 고유한 위상을 보여주지만, 체스가 오랜 역사 속에서 어떻게 인기를 이어올 수 있었는지 그 이유를 설명해주지는 않는다. 현재 전 세계 체스 인구가 얼마나 되는지 정확하게 파악할 수는 없지만, 표본 방식을 활용한 대규모 설문 조사 결과에 따르면 수억 명으로 추산된다. 전통적으로 체스는 러시아와 구소련 국가들에서 인기가 높다. 최근에는 인도에서도 큰 인기를 누리고 있는데, 아마도 세계 챔피언 비스와나탄 아난드 덕분일 것이다.[1]

비과학적이지만 체스의 인기를 가늠하는 나만의 조사 방법은, 여행을 하는 동안 얼마나 많은 사람들이 나를 알아보는가 하는 것이다. 지금 살고 있는 뉴욕에서는 나를 알아보는 사람이 그리 많지 않다. 가끔 동유럽 출신이 알아보는 정도다. 좋든 싫든 간에 체스 챔피언으로서는 다행스럽게도 나는 뉴욕에서 팬들의 사인 요청이나 파파라치의 공습을 걱정하지 않고서 거리를 자유롭게 활보할 수 있다. 반면 강연차 뉴델리를 방문하면 극성팬들이 몰려들어 곤혹을 치르곤 한다. 한번은 호텔 측에서 나를 특별 경호하기까지 했다. 내가 이 정도라면, 인도의 체스 영웅 아난드의 인기는 어떨지 상상조차 힘들다.

소련 시절 챔피언들이 기차역이나 공항에서 수많은 군중을 맞이해야 했던 체스의 전성기는 이제 아르메니아에서 겨우 명맥을 이어가고 있다. 인구 300만 명의 작은 나라인 아르메니아의 체스 국가대표팀은 세계 챔피언십에서 놀랍게도 많은 금메달을 땄다. 사실 내 유전자의 절반도 아르메니아산이다. 하지만 체스에 대한 열정과 아르메니아 유전자 사이에 상관관계가 있다는 연구 결과는 아직 확인하지 못했다. 다만 관습이나 규범을 통해 종교와 전통 예술, 혹은 체스 같은 특정한 문화 양식을 강조하는 사회에서 체스의 높은 인기는 그에 따른 결과물이라는 것을 이해할 수 있겠다.

"왜 체스를 두는가?" 우리는 체스 안에서 그 대답을 찾을 수 있을까? 체스의 매력은 전략과 전술, 균형적 배치, 영감, 결단력 같은 다양한 요소들이 한데 버무려지면서 나타나는 것일까? 솔직하게 말해서 나는 그렇게 생각하지 않는다. 체스는 다윈의 핀치 새처럼 수 세기 동안 환경에 적응하면서 진화해왔다. 예를 들어 르네상스 시대의 체스 기사들은 훨씬 더 역동적으로 게임을 했다. 그리고 이러한 진화의 흐름은 아이디어가 스스로 발전하듯 점차 가속화되었다. 그렇다고 해서 8×8 격자판에서 이루어지는 체스가 9×9의 장기나 심오하기 그지없는 19×19의 바둑보다 더 재미있고 직관적인 게임이라고 말할 수는 없을 것이다. 상호 연결성이 점진적으로 강화된 계몽주의 세상이 철자법에서 맥주 제조법과 체스 규칙에 이르기까지 어떻게 모든 것을 표준화할 수 있었는지는 호기심을 자극하는 주제이지만,

여기서 다루지는 않을 것이다. 만약 1750년에 10×10 체스판이 유행했다면, 우리는 지금도 그러한 형태로 체스를 즐기고 있을 것이다.

지성의 시금석

체스 실력은 지성의 상징으로서 언제나 신비로운 베일에 가려져 있다. 그것은 인간 기사와 컴퓨터 기사 모두에게 해당하는 말이다. 젊은 스타이자 세계 챔피언이던 시절에 나는 체스를 둘러싼 신비주의와 그에 따른 부작용을 뚜렷하게 경험했다. 사람들이 나를 바라보는 시선 속에서 나는 여러 가지 긍정적·부정적 오해를 발견할 수 있었다(가령 기억력과 집중력이 뛰어날 것이라는).

사실 체스 실력과 지능 사이의 연결고리는 그다지 강력하지 않다. 체스 기사들 모두가 천재라기보다는, 모든 천재는 체스를 좋아한다는 말이 더 합당할 듯하다. 체스가 재미있는 한 가지 이유는 훌륭한 선수와 최고의 선수를 구별하는 기준이 모호하다는 것이다. 많은 심리학자들이 수십 년 동안 다양한 실험을 통해 이 문제를 파헤치고 있는 동안, 첨단 두뇌 스캐너는 최고 기사들이 게임을 할 때 두뇌의 어느 부위를 가장 많이 사용하는지 그 비밀을 조금씩 밝혀내고 있다.

이러한 연구 결과는 말로 설명하기 힘든 체스의 본질을 보여준다. 체스 게임의 초반을 의미하는 오프닝 단계는 프로 기사들의 연구와 기억에서 대단히 중요한 부분이다. 체스 기사는 자신의 취향, 그리고 상대에 맞서기 위한 전략에 따라 자신의 머릿속 도서관에서 오프닝을 선택한다. 체스에서 기물 이동은 수학 문제를 푸는 연산 기능보다 공간을 시각화하는 기능을 더 많이 필요로 한다. 다시 말해 초기 과학자들이 생각했던 것처럼 그림을 그리는 수준까지는 아니라고 해도, 체스 기사는 게임의 과정에서 말 그대로 이동move과 포지션position을 시각화한다. 일류 기사일수록 패턴 인식에 뛰어나다. 이들의 패턴 인식은 전문가들이 말하는 일종의 청킹chunking 기술로, 그 핵심은 다양한 정보를 덩어리화packaging하는 것이다.

다음으로 마음의 눈으로 본 것을 이해하고 측정하는 평가evaluation 작업이 있다. 실력이 엇비슷한 기사들도 특정 포지션을 저마다 다르게 평가하고, 그에 따라 서로 다른 수와 전략을 떠올린다. 스타일과 창조성, 탁월한 수, 그리고 치명적인 실수는 서로 비교할 수 없을 정도로 다양하다. 체스 기사는 "내가 이렇게 하면 상대가 저렇게 하고, 그러면 나는 그렇게 할 것이다"라는 식의 계산 작업을 통해 자신의 시각화와 평가를 검증한다. 그러나 많은 사람들의 짐작과 달리, 이는 주로 초심자들이 게임을 하는 방식이다.

마지막으로 어떤 결정을 내릴 것인지, 그리고 언제 결정할 것인지에 대한 판단이 남았다. 체스는 시간 싸움이다. 한 번의 기물 이동에 얼마나 오랜 시간을 투자할 것인가? 10초, 아니면 30분? 시간이 흐르면서 심장 박동은 더 빨라진다!

긴장은 체스 게임 내내 이어진다. 접전이 벌어질 때면 6~7시간 이어지기도 한다. 기계와 달리 인간은 특정 포지션에 대한 걱정과 흥분으로부터 피곤, 배고픔, 그리고 머릿속을 떠나지 않는 일상적인 고민에 이르기까지 집중력을 방해하는 모든 요인에서 비롯되는 심리적·육체적 반응을 잘 다스려야 한다.

괴테는 작품 속 등장인물의 입을 빌려 체스를 '지성의 시금석'이라 불렀다.[2] 구소련에서 발간된 백과사전에서는 체스를 예술이자 과학, 그리고 스포츠로 정의했다. 또한 체스 실력자였던 마르셀 뒤샹은 이렇게 말했다. "모든 예술가가 체스 기사인 것은 아니지만, 모든 체스 기사는 예술가라는 게 내가 내린 결론이다." 앞으로 두뇌 스캐닝 기술은 체스 게임이 진행되는 동안 인간의 뇌에서 무슨 일이 벌어지는지 정확하게 알려줄 것이다. 어쩌면 어떤 유전자가 체스에 중요한지 말해줄지도 모른다. 인류가 예술과 과학, 그리고 경쟁을 중요하게 생각하는 한 우리는 앞으로 영원히 체스를 즐기고 숭배할 것이다.

신화와 소문을 퍼뜨리기에 최적의 도구인 인터넷 덕분에, 나는 IQ와 관련하여 다양한 오해를 받았다. "역대 최고의 IQ"라는 제목의 가짜 목록들은 나를 아인슈타인이나 스티븐 호킹 같은 인물과 동급에 올려놓고 있다. 그러나 두 사람 모두 나처럼 공식적인 IQ 테스트를 한 번도 받아보지 않았을지 모른다. 1987년에 독일의 《슈피겔》은 내 IQ를 측정하기 위해 전문가 몇 명을 아제르바이잔 수도 바쿠의 한 호텔로 보냈다. 그들은 내게 여러 가지 테스트를 실시했는데, 그중 일부는 기억력과 패턴 인식 능력을 검사하기 위한 것이었다.

나는 그 테스트가 공식적인 IQ 테스트와 비슷한 것인지 알지 못한다. 사실 별로 관심도 없다. 테스트 결과에 따르면 나는 체스에 대단히 능하고, 기억력이 매우 좋은 사람이었다. 둘 다 특별한 결과는 아니다. 또한 나는 '도식적 사고'에 약한 사람이었다. 실제로 나는 몇 개의 점을 선으로 잇는 과제를 한동안 멍하게 바라보고만 있었다. 그때 내가 무슨 생각을 하고 있었는지는 기억나지 않는다. 분명한 사실은,

나라는 사람은 목적을 이해하지 못하면 좀처럼 동기를 느끼지 못한다는 것이다. 그러한 성향은 숙제를 무척 싫어하는 우리 딸 아이다도 똑같다.

《슈피겔》로부터 세계 챔피언인 내가 여느 기사들과 다른 점이 무엇인지 질문을 받았을 때, 나는 그저 "새로운 도전을 받아들이는 의지"라고만 답했다.[3] 그 생각은 지금도 변함없다. 낯설고 불편한 방식에 끊임없이 도전하려는 의지는 비범함과 평범함을 구분하는 기준이다. 성과를 거두기 위해서는 자신의 장점에 집중해야 한다. 그러나 최고의 성과를 내기 위해서는 약점을 극복하기 위한 끊임없는 도전이 필요하다. 이 말은 스포츠 선수나 경영자에게도 똑같이 해당한다. 물론 익숙한 방식을 포기하는 결정에는 위험이 따른다. 뭔가를 이미 잘하고 있을 때, 사람들은 현재 상태를 유지하는 데 집착한다. 그러나 이러한 집착은 쇠퇴의 지름길이다.

체스 세상에도 '천재' 신화가 있다. 우리 사회는 오랫동안 체스 마스터를 거장이나 천재라는 이름으로 숭배해왔다. 1782년 프랑스의 체스 마스터 프랑수아-앙드레 다니칸 필리도르François-André Danican Philidor는 눈을 가린 채 동시에 두 게임을 두면서 독보적인 지성인으로 추앙을 받았다. 한 신문은 이렇게 평가했다. "인류의 역사적 사건이다. 더 이상 기억이 존재하지 않을 때까지 최고의 역사적 장면 중 하나로 기록되어야 한다."[4] 하지만 오늘날 실력이 좀 있는 체스 기사라면 특별한 연습 없이도 그 정도 묘기는 부릴 수 있다. 그 밖에도 눈을 가린 다면기 게임에 관한 다양한 기록이 전해져 내려오고 있다. 공식적인 최고 기록은 독일의 한 체스 마스터가 세운 46명이다.[5]

그 기원을 떠나 체스는 지적인 역량과 전략적 사고의 오랜 상징으로 정치와 전쟁, 스포츠와 연애에 이르기까지 다양한 분야에서 은유의 단골 소재로 등장했다. 축구 감독이 "체스 게임을 벌이고 있다"고 할 때마다, 혹은 전형적인 정치적 책략을 "3차원 체스"라 부를 때마다 체스 기사들에게 수수료라도 챙겨줘야 할 정도다.

대중문화는 천재성과 전략의 상징인 체스의 이미지에 집착해왔다. 할리우드의 터프가이 험프리 보가트와 존 웨인은 둘 다 체스 마니아였다. 그들은 카메라가 있든 없든 체스를 즐겼다. 내가 좋아하는 제임스 본드 영화 〈007 위기일발〉에는 본격적인 체스 게임이 등장하지는 않지만, 초반에 본드의 한 동료가 이렇게 경고하는 장면이 나온다. "러시아인은 모두 대단한 체스 선수들이지. 계획을 세우고 기발하게 실행에 옮긴다고. 그들은 치밀하게 게임을 짜놓지. 이미 모든 계략을 마련해놓았을 거야."

냉전이 끝나고 러시아인이 악당으로 등장하는 영화가 한물간 뒤에도, 체스에 대한 대중문화의 집착은 사라지지 않았다. 오늘날 우리는 블록버스터 영화 속에서 체스 장면을 심심찮게 만나게 된다. 가령 〈엑스맨〉 시리즈에서는 프로페서 X와 매그니토가 유리로 된 체스판을 사이에 두고 앉아 있다. 〈해리포터〉에서는 마법사의 체스가 등장한다. 체스판 위의 말들이 살아서 움직이는 장면은 〈스타워즈〉에서 C-3PO와 츄바카가 벌인 게임을 떠올리게 한다. 트와일라이트 시리즈 〈브레이킹 던〉에서는 꽃미남 흡혈귀도 체스를 즐긴다.

체스 컴퓨터는 공상과학에도 종종 등장한다. 스탠리 큐브릭의 1968년 작품 〈2001 : 스페이스 오디세이〉에서 컴퓨터 할9000은 체스로 승무원인 프랭크 풀을 간단하게 제압함으로써 그를 죽일 것임을 암시한다. [이후 할9000은 자신의 시스템을 정지시키려는 승무원들의 낌새를 알아채고 그들을 우주 밖으로 던져버릴 계획을 세운다—옮긴이] 큐브릭 역시 체스 마니아였다. 그 영화 속 체스 장면은 ⟨007 위기일발⟩의 도입부와 마찬가지로 실제 게임에 기반을 둔 것이다. 공상과학 소설가 아서 클라크Arthur C. Clarke의 소설 《스페이스 오디세이》에는 체스를 두는 장면이 등장하지 않지만, 컴퓨터 할이 체스를 둔다면 우주선에 있는 모든 인간을 쉽게 물리칠 것이라는 말이 나온다. 소설 속에서 할은 전체 체스 게임에서 50퍼센트의 승률을 기록하도록 프로그래밍되어 있다. 승률이 50퍼센트에 그친 것은 인간 승무원의 사기를 떨어뜨릴 위험이 있기 때문이다. 클라크는 이렇게 덧붙인다. "할의 인간 파트너들은 그 사실을 알고도 모른 척했다."

광고주들은 체스의 상징적인 힘을 이용하기 위해 많은 돈을 쏟아부었다. 우리는 광고 속에서 체스가 승리의 상징으로 등장하는 장면을 쉽게 만나게 된다. 은행이나 컨설팅 기업, 혹은 보험사 광고에 등장하는 체스의 이미지는 그래도 자연스럽게 보인다. 하지만 혼다 트럭 광고나, BMW 옥외 광고판, 심지어 만남 주선 업체의 온라인 광고에까지 체스가 등장하는 이유는 뭘까? 그것은 전체 미국 인구의 15퍼센트만 체스를 둔다고 해도, 문화적 파급력이 어마어마하기 때문이다.

역설적이게도 체스에는 외골수 천재의 부정적인 이미지도 들어 있다. 체스 기사는 종종 감성 지능의 희생으로 계산 능력만 불균형하게 발달한 인간으로 등장한다. 물론 체스는 자기 생각에만 몰두하는 비사교적인 사람들의 좋은 피난처가 될 수 있다. 체스가 팀워크나 특별한 사교 기술을 요구하지 않는 것은 분명한 사실이다. 그러나 실리콘 밸리가 지상낙원으로 거듭나고, 괴짜 전문가들이 엄청난 부를 거머쥐는 기술 집약적인 21세기 미국 사회에서도 반지성주의 분위기는 여전히 남아 있었다.

긍정적이든 부정적이든 체스와 체스 기사에 대한 맹목적인 편견은 체스에 대한 오해에서 비롯되었다. 서구에서도 체스를 두는 사람은 많지 않다. 체스를 둔다고 해도 간신히 규칙 정도만 아는 사람이 많다. 실제로 많은 사람들이 주사위 게임이나 카드 게임처럼 행운의 요소가 없는 체스는 머리만 아플뿐더러 오락보다 공부에 가깝다고 생각한다. 체스는 우연의 요소가 없을 뿐만 아니라, 정보가 100퍼센트 공개된 게임이다. 양측 모두 상대의 포지션을 정확하게 알고 있다. 그래서 체스는 어떠한 추측이나 평계도 허용하지 않는다. 인간의 통제 범위를 벗어난 것도 없다.

이러한 이유로 체스는 실력이 절대적인 게임이다. 그리고 자신과 실력이 비슷한 상대를 찾기 힘든 초심자에게는 무시무시한 게임이다. 어쨌든 계속해서 지기만 하는 게임을 좋아할 사람은 없다. 컴퓨터 딥의 프로그래머도 그 사실을 잘 알고 있었던 것이다. 포커와 백개면 backgammon [두 사람이 하는 서양식 주사위놀이—옮긴이] 역시 기술이 필요한 게임이지만, 우연의 요소가 많기 때문에 초심자도 깜짝 승리를 기대할 수 있다. 그러나 체스는 다르다.

이런 문제는 체스 게임 소프트웨어와 모바일 기기, 그리고 인터넷의 등장으로 다양한 수준의 게임 상대를 만날 수 있게 되면서 완화되었다. 동시에 이러한 환경의 변화로, 체스는 끊임없이 쏟아져 나오는 온라인 게임 및 오락과 경쟁해야 하는 상황에 직면해 있다. 온라인으로 체스 게임을 하는 동안 상대가 컴퓨터인지 인간인지 명확하게 구분할 수 없다는 점에서, 체스는 이미 튜링 테스트를 통과한 셈이다. 사람들은 상대가 컴퓨터가 아닌 인간일 때 더욱 열정적으로 게임에 임한다. 자신의 실력에 맞는 컴퓨터 상대를 쉽게 고를 수 있음에도 불구하고, 사람들은 컴퓨터와 게임을 하는 것이 쓸모없는 경험이라고 생각하는 경향이 강하다.

오늘날 체스 프로그램은 매우 정교하게 진화했다. 컴퓨터끼리의 게임과 그랜드마스터끼리의 게임을 구분하기 힘들 정도다. 오히려 컴퓨터 소프트웨어의 실력을 높이는 것보다 의도적으로 낮추는 것이 더 힘든 과제가 되고 있다. 의도적으로 실력을 낮춘 체스 소프트웨어들은 최고의 수와 어처구니없는 수를 왔다 갔다 하는 형태로 게임을 둔다. 세계 최고의 체스 프로그램 개발을 시작한 지 반세기가 지난 지금, 적절하게 실력을 낮춘 프로그램의 개발에 더 많은 노력을 기울이고 있는 현실은 참으로 아이러니하다. 안타깝게도 아서 클라크는 할의 체스 실력을 어떻게 평범한 수준으로 낮추었는지에 대한 실마리를 하나도 남겨놓지 않았다.

덧붙여 말하자면, 사람들은 행운에 따른 승리로는 큰 기쁨이나 성취감을 느끼지 못한다. 어려운 상황에서 성공을 거두고, 약자를 응원하는 것은 인간의 본성이다. 그러한 인간에게 "실력보다 운"이라는 말처럼 어리석은 조언도 없을 것이다. 치열한 경쟁 속에서 행운을 기대하기에 앞서 우리는 먼저 탄탄한 실력을 갖추어야 한다.

신화 속의 기사들

1985년에 체스 세계 챔피언에 오르기 전부터, 나는 서구 세상에서 체스의 이미지를 높이는 일에 관심을 가졌다. 그리고 체스와 체스 기사에 대한 부정적인 편견를 불식시키기 위해 노력했다. 또한 이를 위해 나 자신에게 주어진 힘을 잘 인식하고 있었다. 그래서 인터뷰나 기자회견을 할 때면 64칸의 체스판 이외에도 관심사가 다양한 원만한 사람이라는 이미지를 드러내기 위해 의식적으로 애를 썼다. 사실 별로 힘든 일도 아니었다. 실제로 나는 다방면에 관심이 많았고, 특히 역사와 정치를 좋아했다. 그럼에도 주류 언론은 나를 비롯한 많은 그랜드마스터를 특별한 재능을 가진 예외적인 인간으로 묘사하기에 바빴다.

사회적 인식이 달라지고 문화적 전통이 서서히 변화함에 따라 편견은 사라진다. 좋든 나쁘든 서구 세상은 전반적으로 체스를 까다롭고 지루한 게임으로 생각한다. 좋게는 똑똑한 사람이나 책벌레를 위한 게임으로, 나쁘게는 인간관계를 꺼려하는 괴짜들의 게임으로 널리 인식되어 있다. 그러나 최근 많은 학교에서 체스를 교과 과정에 포함시키면서 이러한 이미지는 점차 사라지고 있다. 체스가 정말로 까다롭고 지루한 게임이라면, 어떻게 여섯 살 아이들이 쉽게 배우고 즐길 수 있겠는가?

내가 자랐던 러시아에서 체스는 국민 게임이다. 누구나 즐길 수 있으면서도 전문적인 스포츠로 각광을 받고 있다. 소련의 체스 마스터와 교사들은 사회적 존경을 받으면서 경제적으로 풍족한 삶을 누렸다. 국민 대부분이 체스를 배웠고, 특별 교육을 받은 탄탄한 선수층에서 최고의 천재들이 두각을 드러냈다. 러시아 체스의 시작은 차르 시절로 거슬러 올라간다. 1917년 사회주의 혁명으로 권력을 잡은 볼셰비키 세력은 새로 탄생한 프롤레타리아트 사회에 군사적·지성적 가치를 강조하기 위해 체스를 중요한 홍보 수단으로 활용했다. 1920년대에는 뛰어난 체스 기사에게 병역을 면제해주었다. 그래서 이들은 전쟁터 대신 모스크바에서 처음 열린 소비에트 러시아 챔피언십에 참가할 수 있었다.[6]

스탈린은 체스 고수는 아니었지만, 소련인과 공산주의 체제의 우월성을 세계에 알리는 수단으로 체스를 적극적으로 장려하고 확산했다.[7] 나는 스탈린의 접근방식에는 동의하지 않지만, 소련이 1952년부터 1990년까지 열린 총 열아홉 번의 체스 올림피아드에서 열여덟 번이나 금메달을 차지하면서 체스 세상을 완전히 지배했다는 사실은 부정할 수 없다.[8] 세계 챔피언십 대회는 전후 1948년을 시작으로 1972년까지, 그리고 다시 1975년부터 소련의 붕괴 직전까지 소비에트 연방의 다섯 개 지역에서 개최되었다. 소련 붕괴 이후 아나톨리 카르포프와 맞붙었던 1990년 뉴욕 세계 챔피언십에서, 나는 소비에트 깃발 대신 어머니가 급히 손수 만들어준 러시아 국기를 자랑스럽게 달고 출전했다.[9]

아제르바이잔의 바쿠에서 체스 기사로 성년을 맞이했던 나는 1970년대에 체스에 대한 정치적 관심이 고조되면서 많은 혜택을 누렸다. 그 무렵 미국의 체스 기사 바비 피셔가 소련의 고수들을 잇달아 격파하면서 소련 수뇌부는 충격에 빠졌다. 결국 1972년에 피셔가 보리스 스파스키에게서 챔피언 타이틀을 빼앗을 때까지, 소련 정부는 왕관을 되찾아올 새로운 선수를 발굴하고 육성하는 사업에 국가적 자존심을 걸었다. 왕관은 예상보다 일찍 돌아왔다. 피셔가 1975년 챔피언 방어전을 거부하면서 타이틀은 자동적으로 다시 카르포프에게 넘어갔다.

나는 아주 어린 나이에 소련의 체스 학교에 들어갔다. 거기서 훈련을 받았고, 또한 전직 세계 챔피언 미하일 보트비닉의 학교에서 강의를 했다. 소련 체스 스쿨의 창시자로 불리는 보트비닉은 체스 컴퓨터의 역사에도 등장한다. 정식 교육을 받은 공학자인 보트비닉은 프로 기사 시절을 마감하고 나서, 소련 프로그래머들과 함께 체스 프로그램을 개발하는 데 많은 노력을 바쳤다. 그러나 전반적인 결과는 실패로 끝나고 말았다.

내게 체스란 직업으로서, 혹은 놀이로서 하나의 일상이었다. 젊은 스타 시절에는 대회에 참가하기 위해 종종 외국 여행을 떠났고, 그동안 체스 기사를 괴팍하거나 정신적으로 불안정한 천재로 바라보는 편견과 마주하게 되었다. 그러나 잘 납득이 되질 않았다. 나는 세계적인 체스 선수를 많이 알고 있었다. 그들은 어떤 의미에서건 '정상'이 아니라기보다 저마다 개성이 뚜렷한 사람들이었다. 세계 챔피언만 살펴보더라도, 바실리 스미슬로프Vasily Smyslov는 음악적 재능이 풍부했고, 끽연가인 미하일 탈Mikhail Tal은 재치 있는 농담꾼이었다. 엄격한 보트비닉은 정장 차림을 고집했던 반면, 자유분방한 스파스키는 흰색 테니스 운동복 차림으로 대회장에 나타나기도 했다.

잇달아 열린 다섯 번의 세계 챔피언십에서 감히 넘볼 수 없는 장벽이었던 카르포프는 시합은 물론 일상생활에서도 불같은 나와는 다른 얼음 같은 존재였다. 부드러운 태도와 여유 있는 성격은 조용하면서도 치명적인 그의 체스 스타일과 잘 어울렸다. 반면 나의 에너지와 솔직함은 체스에서도 역동적인 공격 성향으로 고스란히 드러났다. 이들 챔피언과 나의 유일한 공통점은 체스를 아주 잘 둔다는 것뿐이었다.

종종 그렇듯 소설 속 혹은 현실 속 몇몇 사례가 체스 기사에 대한 오랜 편견을 강화한다. 미국 뉴올리언스 출신의 체스 기사 폴 모피Paul Morphy는 1857~1858년의 원정 경기에서 유럽의 강자들을 꺾어 미국 최초의 세계 챔피언이 되었다. 하지만 영웅이 된 지 얼마 지나지 않아, 모피는 체스 기사 생활을 접고 변호사 일을 시작했다. 이후에 그는 많은 어려움에 시달렸고 나중에는 신경쇠약을 앓았다. 이를 두고 사람들은 체스 선수 시절에 과도한 스트레스를 받아 그렇게 되었다는 근거 없는 추측을 내놓았다.

좀 더 최근 사례인 미국의 진정한 세계 챔피언 바비 피셔의 이야기는 비교적 기록으로 잘 정리되어 있다. 피셔는 1972년 아이슬란드 레이캬비크에서 열린 전설적인 대결에서 보리스 스파스키를 물리치고 소련으로부터 힘겹게 세계 챔피언 타이틀을 빼앗았다. '세기의 대결'이 벌어지기까지 피셔가 보인 돌발적인 행동은 전 세계 언론을 뜨겁게 달구었다. 냉전시대의 마지막 대결인 그 매치는 전 세계에 중계되었다.

그때 나는 아홉 살의 나이로 체스 클럽에서 선수로 뛰고 있었고, 당연히 모든 게임을 주의 깊게 지켜보았다. 스파스키와의 경기 이전에 이미 두 명의 소련 그랜드마스터를 물리쳤던 피셔는 소련에서도 많은 인기를 누리고 있었다. 소련이 피셔의 체스에 열광했던 반면, 미국은 그를 한 사람의 체스 선수로 바라볼 뿐이었다.

피셔는 확실한 승리로 진정한 세계 챔피언이 되었다. 이를 계기로 체스는 미국에서 상업적으로 각광받는 스포츠로 거듭났다. 피셔의 게임과 국적, 그리고 카리스마는 체스가 미국에서 대중적인 게임으로 도약하는 특별한 기회로 작용했다. 미국에서 국가적 영웅이 된 피셔의 인기는 무하마드 알리와 어깨를 나란히 할 정도였다(1972년 헨리 키신저는 시합을 앞두고 피셔에게 전화를 걸어 격려했다. 알리에게도 똑같이 전화를 했을까).

그러나 영광의 순간도 잠시, 피셔는 엄청난 책임감과 부담을 느꼈다. 결국 그는 압박감을 이기지 못했다. 이후로 3년 동안 체스 세상을 떠났고, 1975년에는 그토록 힘들게 얻은 챔피언 타이틀을 꼼짝없이 박탈당하고 말았다. 피셔를 다시 체스판으로 돌아오게 하기 위해 천문학적인 대전료가 제시되었다. 피셔는 마음만 먹는다면 언제든 500만 달러라는 전례 없는 대전료를 받고 새로운 챔피언 카르포프와 맞붙을 수 있었다. 기회의 순간은 많았지만, 피셔는 스스로 무너졌다. 그는 소련의 체스 시스템을 완전히 무너뜨렸지만, 스스로는 아무것도 세우지 못했다. 피셔는 최고의 도전자이자 최악의 챔피언이었다.

1992년 피셔가 유엔의 제재를 받고 있던 유고슬라비아에서 스파스키와의 챔피언십 재대결 제안을 받아들였을 때, 그의 체스 실력이 예전만 못할 것이라는 우려와 함께 그의 완고한 반유대주의와 편집증적인 반미 감정이 다시 화두로 떠올랐다. 그 이후로 피셔는 가끔씩 모습을 드러냈고, 그때마다 체스 세상을 당황하고 움츠리게 만들었다. 심지어 그가 9·11 테러 소식을 듣고 대단히 기뻐했다는 소식도 전해졌다. 그 사실을 입증할 만한 증거 자료까지 나왔다면, 체스와 체스 기사의 이미지에 심각한 타격을 입혔을 것이다.

놀라운 승리를 거두었던 피셔는 조국을 버리고 망명했던 아이슬란 드에서 2008년 외로이 눈을 감았다. 지금도 사람들은 내게 이따금 피셔에 대해 묻는다. 하지만 분명히 밝히건대, 나는 피셔와 체스를 두어본 적도, 만나본 적도 없다. 많은 사람들이 무모하고 위험한 훈련 방식 때문에 피셔가 정신분열증이나 자폐증에 걸린 것이라고 말한다. 하지만 나는 설령 그가 미쳤다고 해도 그게 체스 때문이라고 생각하지 않는다. 피셔의 안타까운 몰락은 체스 때문에 벌어진 비극이 아니었다. 연약한 영혼의 소유자가 평생의 일을 그만두면서 벌어진 안타까운 사건이었을 뿐이다.

과학으로부터의 초대

체스를 둘러싼 전설과 상징들은 나와 나의 명성에 많은 도움이 되었다. 인권을 위한 노력, 기업과 학교에서 했던 강의와 세미나, 재단을 통한 교육 사업, 의사결정과 러시아를 주제로 한 책을 통해 받게 된 긍정적인 평가 또한 나의 자랑이지만, 아무에게나 허락되지 않는 '전 직 체스 세계 챔피언'이라는 타이틀이 나만의 고유한 명함이라는 사실에 감사한다. 2007년에 출간된 《챔피언 마인드》에서 자세하게 설명했듯이, 나의 체스 인생은 모든 측면에서 내 생각을 형성하고, 풍성한 아이디어로 가득 채워주었다.

1985년 최연소 세계 챔피언으로 등극했을 때, 나는 겨우 스물두 살이었다. 인생 경험이 부족했기에, 인터뷰를 할 때면 종종 어색한 분위기가 연출되곤 했다. 어린 나이에 스타가 된 사람들이 대개 그렇듯 나는 내가 왜 체스를 잘하는지 이유를 알지 못했다. 그러다 보니 체스 잡지 기자들에게 게임의 초반 및 종반 전략에 대해 자세하게 설명하기보다, 소련 정치나 식단, 혹은 수면 습관과 관련하여《타임》이나 《슈피겔》, 심지어《플레이보이》로부터 느닷없이 받은 노골적인 질문에 대답하기에 급급했다. 나름대로 성실히 답변했지만, 그들은 나의 평범한 대답에 실망한 듯 보였다. 내 답변 속에 특별한 비결은 없었다. 다만 타고난 재능과 끈질긴 노력, 그리고 어머니와 보트비닉에게서 배운 몇 가지 원칙에 대한 설명만 있었다.

체스 기사로 활동하는 동안 한 걸음 물러서서 체스가 내 인생, 그리고 외부 세상과 만나는 접점에 대해 생각해볼 기회가 종종 있었다. 하지만 2005년에 프로 기사 생활을 마감하고 나서야, 나는 내 생각을 깊이 들여다보고, 삶의 매순간을 만들어내는 의사결정의 렌즈로 체스를 바라볼 여유를 갖게 되었다.

이 책 전반에서 내가 현역 시절에 겪었던 특별한 사건을 소개할 것이다. 세계 챔피언으로 지냈던 20년의 세월 동안, 그리고 컴퓨터와 대결을 펼쳤던 오랜 세월 동안, 나는 체스를 경쟁과 대결이 아닌 다른 무언가로 바라보게 되었다. 새로 개발된 체스 컴퓨터와 벌이는 대결은 언제나 인간과 기계 사이에서 인류를 위한 깃발을 휘날리며 신성한 과학적 연구에 참여하는 도전이었다.

많은 그랜드마스터 동료들과 달리, 나는 과학의 초대를 거절하지 않았다. 오히려 도전과 실험에 흥미를 느꼈다. 우리는 뛰어난 체스 기계에게서 무엇을 배울 수 있을까? 컴퓨터가 세계 챔피언과 경쟁할 수 있다면, 그 밖에 무슨 일을 더 할 수 있을까? 기계가 정말로 생각할 수 있다면, 인간의 마음에 대해 어떤 이야기를 들려줄 것인가? 이 질문들 중 일부는 이미 해답을 얻었다. 그리고 나머지 많은 질문은 여전히 열띤 논쟁의 한가운데에 있다.

2

DEEP THINKING

생각하는 기계를 향한 도전

◆

비행기는 새처럼 날개를 퍼덕이지 않고서도 하늘을 난다.

헬리콥터는 아예 날개도 없이 난다.

그런데 왜 컴퓨터가 인간의 두뇌처럼

작동해야 한단 말인가?

인간의 사고방식과 기계의 사고방식이

교차하는 지점에 있는 체스는 이 질문에 대답하기 위한

가장 이상적인 실험 대상인 것으로 보인다.

◆

1968년에 소설에 이어 영화로
〈2001 : 스페이스 오디세이〉가 나왔을 때만 하더라도 컴퓨터, 혹은
자동화 기술과 연산능력을 갖춘 장치가 체스 세상에서 인간을 이길
것이라는 생각은 그저 공상과학에 불과했다. 컴퓨터가 개발된 이후
에도 사람들은 그 잠재력을 알지 못했다. 많은 사람들에게 완전한 자
동화 세상은 유토피아적 꿈이면서 동시에 디스토피아적 악몽이었다.

　사람들의 예측을 비판하거나 칭송하기에 앞서, 혹은 자신이 직접
예측을 내놓기에 앞서, 우리는 획기적인 신기술과 그에 따른 사회
적 변화로 인해 다양한 긍정적 효과와 함께 부작용도 나타날 것이라
는 사실을 염두에 두어야 한다. 예를 들어 자동화 시대의 가장 뜨거
운 논란거리인 실업 문제를 들여다보자. 1950년대를 시작으로 생산
과 업무가 자동화되고, 다양한 기술이 노동을 대체하면서 수백만 개
의 일자리가 사라졌다. 반면 생산성이 크게 높아지고 경제가 급속도
로 발전하면서 사라진 것보다 더 많은 일자리가 생겨났다.

　우리는 증기기관에 일자리를 빼앗긴 수많은 존 헨리를 가엾게 여
겨야 할까? 신기술의 등장으로 새로 직업교육을 받아야 했던 사무실

타이피스트와 조립 라인 근로자, 혹은 엘리베이터 안내원을 불쌍히 여겨야 할까? 아니면 지루하고 힘들고 위험한 노동에서 해방된 것을 축복으로 여겨야 할까?

기술 진보는 우리가 원한다고 해서 막을 수 있는 흐름이 아니다. 그리고 그러한 진보를 바라보는 시선은 우리의 준비 상태에 결정적인 영향을 미친다. 이러한 점에서 변화를 맞이하는 우리의 태도가 매우 중요하다. 점점 더 가속화되는 자동화의 흐름, 그리고 인공지능에 대한 유토피아적 혹은 디스토피아적 관점 사이에는 거대한 간극이 존재한다. 이제 우리는 선택해야 한다. 변화를 받아들일 것인가, 아니면 저항할 것인가? 신기술을 수용하여 미래를 이끌어갈 것인가, 아니면 변화의 흐름에 끌려다닐 것인가?

인간을 닮은 지능

내가 체스 기계에 흥미를 느꼈던 것처럼, 많은 과학자가 체스와 체스 기계에 관심을 보였다. 1950년대 컴퓨터 과학과 사이버네틱스 Cybernetics[노버트 위너Nobert Wiener가 1948년에 주창한 개념으로 인공두뇌 개발을 위한 응용과학—옮긴이] 유행을 선도한 수학자와 물리학자, 공학자들이 비록 체스 게임을 즐겼다고는 해도, 이들이 체스 기계의 발명을 꿈꿨을 것이라고는 상상하기 어렵다. 하지만 실제로 많은 과학자들이 체스 두는 법을 기계에게 가르칠 수 있다면 인간의 인지 기능을 둘러싼 비밀의 장막을 벗겨낼 수 있을 것이라 믿었다.

사실 모든 세대의 과학자들이 인공지능과 관련하여 이러한 환상을 갖고 있었다. 우리는 인간의 능력과 비슷하거나 이를 능가하는 기계를 만들려면 기계가 인간의 방식을 모방하도록 만들어야 한다고 생각한다. 그러나 그것은 고도의 지적 능력을 갖춘 호모 사피엔스에게서 고유하게 드러나는 착각일 뿐이다.

그 오류는 서로 다르면서도 연결된 두 가지 형태로 나타난다. 첫째, "기계가 X라는 과제를 수행하려면 전반적인 지능이 인간에 근접해야 한다." 둘째, "X라는 과제를 인간의 방식대로 수행하는 기계를 개발할 수 있다면, 우리는 지성의 핵심 원리를 이해한 것이다."

인공지능을 낭만적으로 묘사하고 의인화하려는 시도는 자연스러운 현상이다. 새로운 모형을 창조하고자 할 때, 당연하게도 우리는 기존 모형부터 살펴본다. 그리고 새로운 지성을 창조하고자 한다면, 우리는 인간의 지성을 살펴볼 것이다. 그것보다 더 우월한 모형이 있는가? 그러나 특정한 과제를 수행하는 기계를 개발하려는 도전은 큰 성공을 거둔 반면, 인간처럼 사고하는 기계를 개발하려는 시도는 계속해서 좌절을 경험했다.

그러나 기계가 굳이 자연의 방식을 모방할 필요도, 능가할 필요도 없다. 우리는 이러한 사실을 수천 년에 걸쳐 진화한 물리적 기술에서 확인할 수 있다. 또한 소프트웨어와 인공지능 기계로부터도 확인할 수 있다. 예를 들어 비행기는 새처럼 날개를 퍼덕이지 않고서도 하늘을 난다. 헬리콥터는 아예 날개도 없이 난다. 바퀴라는 발명품도 자연계에는 존재하지 않았다. 그럼에도 이들 도구 모두 인간에게 많은 도움을 준다. 그런데 왜 컴퓨터가 인간의 두뇌처럼 작동해야 한단 말인가? 인간의 사고방식과 기계의 사고방식이 교차하는 지점에 있는 체스는 이 질문에 답하기 위한 가장 이상적인 실험 대상인 것으로 보인다.

1940년대에 디지털 기술이 기계 시스템과 아날로그 방식을 침범하고, 1950년대에 반도체가 진공관의 영역을 장악하면서, 기술 분야의 전문가와 일반 대중은 인공지능을 단지 공상과학의 소재가 아니라 현실적으로 가능한 이야기로 바라보게 되었다. 그리고 인공지능 프로세스를 눈으로 볼 수 없기 때문에 많은 이들이 기계 안에 유령이 살고 있다고 상상하게 되었다. 사실 기계적인 방식의 계산기는 이미 17세기에 등장했고, 19세기 중반에는 키를 입력하여 조작하는 데스크톱 형태의 연산 기계가 다양한 지역에서 만들어졌다. 1834년에는 찰스 배비지Charles Babbage가 프로그래밍 가능한 기계적 방식의 계산기를 처음으로 설계했고, 1843년에는 에이다 러브레이스Ada Lovelace가 세계 최초로 '컴퓨터' 프로그램을 선보였다.

이들 기계는 놀라운 수준의 정교함을 보여주었지만 아무도 이것을 주머니 시계나 증기기관차보다 더 지성적인 장치라고 생각하지는 않았다. 가령 현금출납기의 작동 원리를 이해하지 못한다고 해도 내부에서 기계가 돌아가는 소리는 들을 수 있다. 또한 뚜껑을 열어보면 톱니바퀴들이 맞물려 돌아가는 장면을 직접 눈으로 확인할 수 있다. 기계가 연산과 같은 '논리' 작업을 인간보다 더 빨리 수행할 수 있다는 것은 분명 놀라운 사실이지만, 얼마나 인간의 정신과 유사하게 작동하는지에 대한 논의는 없었다.

그 이유는 초창기 기계들이 대부분 쉽게 이해할 수 있는 단순한 장치였기 때문이다. 또한 인간의 인지 기능에 대한 이해도 부족했다.

아리스토텔레스가 살았던 기원전 4세기 이후로, 사람들은 오랫동안 뇌가 일종의 냉각 기관이며, 사고나 인지 같은 고등 기능은 심장에서 이루어진다고 믿었다. 지금도 우리는 이러한 생각의 흔적을 "가슴으로 배운다"라는 표현에서 찾아볼 수 있다. 19세기 말 신경세포의 존재가 밝혀지면서 비로소 사람들은 뇌를 전기적인 방식으로 작동하는 연산 장치로 바라보기 시작했다. 그 이전에 뇌는 신체기관이라기보다 하나의 상징이었으며, 고대 로마인들이 말한 '정기精氣', 즉 영혼이 머무르는 장소였다.

하지만 오늘날 우리 사회는 인간의 의식이 신체기관과 경험의 합작품이라는 주장을 받아들이고 있다. 인간의 의식은 이성을 넘어 지각과 감각, 기억, 그리고 가장 특징적으로 소망과 욕망을 간직하고 드러내는 의지까지 포함한다. 줄기세포를 배양하는 접시 속에서 뇌세포를 자라나게 할 수 있다는 것은 흥미로운 실험 아이디어가 될 수 있겠지만, 정보의 입력과 출력을 확인할 수 없다면 이를 의식이라 부를 수 없을 것이다.

무차별 대입법 vs 지능형 검색

컴퓨터가 막 개발되었을 무렵의 역사를 살펴보았다면, 이제 체스 기사로 시선을 돌려보자. 컴퓨터가 개발된 후 수십 년 동안 체스는 항상 그 기술의 최전선에 있었다. 체스의 인기 덕분에 당시 컴퓨팅 기술의 개척자들 대부분이 열정적인 체스 팬이었다. 그래서 이들 공학자는 체스를 프로그래밍 이론과 전기적 발명의 실험 무대로 보았다.

어떻게 기계에게 체스를 가르칠 수 있을까? 1949년 미국의 수학자이자 공학자인 클로드 섀넌Claude Shannon이 자신의 논문에서 그 원리를 처음으로 소개한 이후로 그 이론은 오랫동안 크게 달라지지 않았다. 〈체스 컴퓨터 프로그래밍Programming a Computer for Playing Chess〉이라는 제목의 논문[1]에서 섀넌은 앨런 튜링이 몇 년 앞서 이론적으로 내놓았던 범용 컴퓨터를 운용하기 위한 도구로서 "컴퓨팅 루틴 혹은 '프로그램'"의 개념을 제시했다. 지금은 너무나 일반적인 표현이 되어버린 '프로그램'을 섀넌은 따옴표로 표기함으로써 전문용어임을 강조했다.

그의 추종자들과 마찬가지로 섀넌 역시 "실용적인 쓸모가 전혀 없는" 체스 기계를 제안한 것에 대해 조금은 겸연쩍어 했다. 그래도 그는 통신 라우팅에서 통역에 이르기까지 다양한 분야에서 그 잠재적 가치를 예언했다. 또한 많은 학자들과 마찬가지로 체스가 어떻게 적합한 실험 무대가 될 수 있는지 자세히 설명했다.

그가 제시한 이유는 다음과 같다.

- 허용된 움직임(기물의 이동)과 최종 목표(체크메이트)에서 문제를 분명하게 정의할 수 있다.
- 지나치게 단순하지도, 복잡하지도 않다.
- 체스를 솜씨 있게 두기 위해서는 '사고'가 필요하다. 우리는 기계가 사고할 수 있다는 사실을 받아들이거나, 혹은 '사고'가 의미하는 범위를 축소해야 한다.
- 구분이 가능한 체스 게임의 구조는 현대 컴퓨터의 디지털 특성과 잘 어울린다.

특히 세 번째 이유에 주목해보자. 여기서 섀넌은 컴퓨터 과학과 추상적인 세계를 함축적인 표현으로 연결 짓고 있다. 체스를 두는 데 사고가 필요하다는 말은 체스 기계가 정말로 사고를 하거나, 아니면 여기서 말하는 사고가 우리가 일반적으로 생각하는 사고와는 다른 개념이라는 뜻이다. 또한 체스 규칙을 기억하고, 무작위로 기물을 움직이고, 기억(혹은 데이터베이스)으로부터 정보를 끄집어내어 실행에 옮기는 것이 섀넌이 정의한 사고가 아니라는 점에서, 나는 '솜씨 있게 skillful'라는 표현이 대단히 중요하다고 생각한다.

미국의 수학자 노버트 위너Norbert Wiener 역시 1948년에 출간된 책《사이버네틱스Cybernetics》의 마지막 부분에서 섀넌이 제시한 사고의 개념을 똑같이 언급했다. "체스 기계를 개발할 수 있을까? 그리고 그러한 형태의 기술을 통해 기계의 잠재력과 인간의 의식 사이의 본질적 차이를 확인할 수 있을까?"[2]

섀넌은 한 걸음 더 나아가 체스의 규칙과 기물의 가치, 평가 기능, 그리고 더 중요하게는 미래의 체스 기계가 활용하게 될 검색 도구 등을 포함하여 체스 프로그램에 필요한 다양한 요소를 소개했다. 그는 오늘날 '미니맥스minimax' 알고리즘이라고 부르는 가장 기본적인 검색 단위에 대해서도 설명했다. 미니맥스는 게임 이론에서 나온 개념으로, 다양한 분야의 논리적 의사결정 과정에 활용된다. 간단하게 말하자면, 미니맥스 시스템은 확률을 평가하고 최선에서 최악의 순서대로 분석 대상을 나열하는 기능을 수행한다.

체스 프로그램은 평가 시스템을 활용하여 특정 포지션에서 가능한 경우의 수를 검색하고, 확인된 모든 포지션의 가치를 평가한다. 그리고 그렇게 완성된 평가 목록에서 맨 위에 있는 수를 실행에 옮긴다. 여기서 프로그램은 시간이 허용하는 범위 안에서 양측의 모든 가능한 경우의 수를 분석해야 한다.

섀넌은 또한 검색 기술을 '유형 A'와 '유형 B'로 분류했다는 점에서 중요한 기여를 했다. 이는 어려운 전문용어이지만, 유형 A는 '무차별 대입법brute force'으로, 유형 B는 '지능형 검색intelligent search' 정도로 이해할 수 있다. 유형 A는 모든 경우의 수를 대입해보는 기법으로 최대한 치밀하게 각각의 수를 분석한다. 반면 유형 B는 상대적으로 효율적인 알고리즘으로서, 인간이 몇 가지 경우의 수만을 집중적으로 분석하고 평가하는 방식과 유사하다.

예를 들어 빵집에서 패스트리를 고르는 상황을 생각해보자. 우리는 원하는 패스트리를 고르기 위해 모든 빵을 살펴볼 필요는 없다. 앞에 놓여 있는 빵의 이름이 무엇인지, 무슨 원료로 만들어졌는지 일일이 물어볼 필요도 없다. 내가 좋아하는 패스트리가 어떻게 생겼는지만 알고 있으면 된다. 그러면 우리는 매장 안에 진열된 수많은 빵들 중에서 몇 가지로 선택의 폭을 순식간에 좁힐 수 있다.

그런데 잠깐! 구석에 처음 보는, 정말 맛있어 보이는 빵이 있다. 그럴 때 우리는 점원에게 그 빵의 이름을 물어보고, 두뇌의 평가 기능을 활용하여 맛이 어떨지 추측해본다. 그 빵이 맛있어 보이는 이유는 무엇일까? 아마도 예전에 먹어본 적이 있는 맛있는 빵과 비슷하게 생겼기 때문일 것이다. 체스 기사들 역시 바로 이러한 방식으로 각각의 수를 분석한다. 그리고 두뇌의 패턴 매칭 기능이 알람을 울리면 더욱 흥미롭게 대상을 관찰한다.

빵집 비유로 여러분을 배고프게 했다면 미안하다. 그래도 나는 이 비유가 매우 적절하다고 생각한다. 여러분이 매일 가는 빵집에서라면, 빵 고르기는 거의 자동적으로 이루어질 것이다. 아마도 방문 시간이나 기분에 따라 고르는 메뉴가 정해져 있을 것이다. 하지만 생전 처음 방문한 나라에서 빵집을 찾았다면? 그 빵집에 대한 정보가 전혀 없는 상태에서 과거의 직관과 경험은 별 쓸모가 없다. 이런 경우 우리는 무차별 대입법, 즉 유형 A를 적용해야 한다. 즉 각각의 빵에 대해 이름과 성분을 물어보고, 가능하다면 시식도 해봐야 한다. 물론 이러한 과정을 거치고 나면 마음에 드는 빵을 선택할 수 있겠지만 최종 결정에 이르기까지 상당한 시간이 필요하다.

체스 초심자, 혹은 복잡하고 생소한 포지션에 맞닥뜨린 중급자가 바로 이러한 경우에 해당한다. 하지만 체스는 다분히 제한된 게임이며, 모든 포지션에는 직관적으로 해석할 수 있는 패턴과 표식이 들어 있다. 체스 마스터의 기억 속에는 수만 가지 포지션이 저장되어 있으며, 이는 회전하거나 뒤집어진 형태에서도 마찬가지로 유용하다. 뛰어난 체스 기사들은 암기가 필요한 오프닝 시퀀스 opening sequences [게임 초반부 수의 연결—옮긴이]를 벗어나면 기억보다 초고속 두뇌 엔진을 더 많이 활용한다.

내 게임, 혹은 다른 사람의 게임을 살펴볼 때, 의식적이고 체계적인 방식으로 모든 수를 검색하는 측면은 찾아보기 힘들다. 또한 일부의 수는 강제적이다. 다시 말해 킹이 공격을 받았거나, 혹은 특정한 수를 두지 않고서는 게임을 내주어야 하는 경우처럼 필연적으로 어떤 수를 두어야만 하는 상황이 있다. 또는 자신의 기물이 잡혔을 때, 상대의 기물을 잡는 방식으로 되받아치지 않으면 치명적인 손실을 입게 되는 경우도 그렇다. 이와 같은 강제적 수가 한 게임에 수십 차례 등장할 때도 있다. 이러한 순간에는 검색 작업이 필요하지 않다. 우리가 길을 걸을 때 차도로 내려서지 않도록 의식적으로 조심하지는 않는 것처럼, 노련한 체스 선수는 강제적 수에 반사적으로 대응한다.

이런 경우를 제외하고, 일반적으로 특정 포지션에서 서너 가지의 수가 가능하다. 때로는 열 가지 이상의 수가 존재하기도 한다. 본격적인 검색 작업에 돌입하기에 앞서, 나는 심도 있게 분석해야 할 몇 가지 수를 추려낸다. 그리고 주어진 상황에 따라 알맞은 선택을 내린다. 즉 먼저 전략을 세워두고, 상대가 고민을 하는 동안 다양한 수를 예측한다. 그리고 상대가 내 예측대로 움직일 때, 나는 즉각적으로 대응한다. 일반적으로 나는 네다섯 수를 내다보고 수를 둔다. 그리고 예측에 따라 게임이 흘러갈 때, 숨을 고르고 계산을 한 번 더 점검한다.

나는 추려낸 몇 가지 수들을 분석하고 평가하는 작업에 게임 시간의 대부분을 쓴다. 그리고 계산을 통해 나의 직관을 점검한다. 상대가 예상치 못한 수를 선택했을 때는 좀 더 여유를 갖고 체스판 전체를 둘러보며 새로운 위험과 기회를 파악한다.

인간의 의식은 컴퓨터처럼 작동하지 않는다. 그렇기 때문에 추려낸 후보 수를 정렬하는 작업은 하지 않는다. 컴퓨터처럼 모든 경우의 수에 점수를 매겨 순위를 정하지 않는 것이다. 그렇다 보니 노련한 기사도 게임을 치르는 동안 때로 흔들리는 모습을 보인다. 이는 인간의 인지 기능의 단점이자 장점이다. 정신적으로 흔들리면 냉철한 분석이 힘들어진다. 반면 때로는 영감을 촉발하여 후보 목록에 없는 기발하고 역설적인 아이디어를 창조하기도 한다.

앞서 소개한 《챔피언 마인드》에서 나는 직관적 통찰력이 계산의 안개를 뚫고 나아간다는 이야기를 했다. 여기서 나는 8대 세계 챔피언 미하일 탈을 자연스레 떠올리게 된다. 탈은 체스판에서 현란한 기술적 상상력을 보여주어 '리가의 마술사Magician from Riga'라는 별명을 얻었다. 탈은 1976년에 출간한 자신의 책에서 소련의 그랜드마스터와 대결할 때 나이트를 희생하는 전략에 대해 고민하는 동안 머릿속에 떠올랐던 생각을 이렇게 들려주었다.

아이디어가 하나씩 쌓였다. 나는 미묘한 방식으로 대응하고자 했다. 이러한 접근법이 통할 때도 있지만, 완전히 쓸모없는 것으로 드러날 때도 있다. 결국 내 머릿속에서 모든 가능한 경우의 수가 뒤죽박죽 엉켜버리고 말았다. 그리고 트레이너들이 잔가지를 하나씩 쳐나가야 한다고 강조하는 그 유명한 '베리에이션 트리tree of variations'가 순식간에 무성하게 뻗기 시작했다.

그러다 소련의 유명한 아동문학 시인인 코르네이 추콥스키Korney Chukovsky의 오래된 시구가 뜬금없이 떠올랐다.

오, 얼마나 힘든 일인가
하마를 늪에서 끌어내기란

체스판에서 왜 하마를 연상했는지 잘 모르겠다. 관중은 아마도 내가 그 포지션을 분석하고 있다고 생각했겠지만, 사실 나는 '어떻게 하마를 늪에서 끌어낼 것인가?'를 고민하고 있었다. 잭 jack [타이어 교체 시 차량을 들어올리는 기구—옮긴이]은 물론 지렛대와 헬리콥터, 로프 사다리를 동원하는 방법까지 생각했다. 그리고 오랜 고민 끝에 기술자로서 패배를 인정하면서 심술궂게 결론을 내렸다. "음, 그냥 내버려두는 게 낫겠어!"

그러자 갑자기 하마가 사라졌다. 하마는 체스판으로 불쑥 들어왔다가 홀연히 사라졌다. 그 순간 포지션이 내 눈에 선명하게 들어왔다. 모든 경우의 수를 계산하는 것이 불가능하다는 판단이 서면서, 순전히 직관적으로 나이트를 희생하기로 결정했다. 그 이후로 게임이 더욱 흥미진진하게 전개될 것으로 보였기 때문에 나는 그 선택을 포기할 수 없었다.

다음 날 내가 그 포지션을 40분 동안 들여다보고 나서 나이트를 희생하는 정확한 판단을 내렸다는 신문 기사를 읽고서 흡족한 마음이 들었다.[3]

탈은 탁월한 체스 감각은 물론 독특한 유머와 솔직함을 갖춘 사람이다. 집중력과 논리적 사고는 프로 기사에게 핵심적인 자질이지만, 나는 일반인이 생각하는 것보다 직관적 통찰력에 훨씬 더 많이 의존한다.

체스라고 하는 게임은 연구실에서 하는 실험이 아니라 긴장감이 극한에 달하는 경쟁이다. 시간에 쫓기며 엄청난 압박감을 느낄 때,

많은 체스 기사들이 심리적으로 쉽게 허물어진다. 그랜드마스터조차 시각적으로 착각을 일으키고, 때로 치명적인 실수를 저지른다. 10분의 장고 끝에 둔 수가 악수로 드러날 때가 있다. 그러면 충격과 좌절에 빠진다. 반대로 상대가 기물을 움직이고 나서 기막힌 수가 눈에 들어올 때도 있다. 그러면 환희가 솟구친다. 여기서 이러한 의문이 든다. 10분을 투자해서 나의 직관을 검산해야 할까? 아니면 올바른 선택이었기를 기대하면서 곧장 실행에 옮겨야 할까? 물론 컴퓨터는 이러한 심리적 과정을 겪지 않는다. 컴퓨터는 1초에 수백만 가지의 포지션을 분석하면서도 아무런 흔들림 없이 게임을 이어나간다.

다시 1949년으로 돌아가서, 클로드 섀넌은 계속해서 깊숙이 파고들어야 하는 유형 A의 접근방식이 성공할 것으로 보지 않았다. 고려해야 할 경우의 수는 현실적으로 처리가 불가능한 규모다. 특히 유형 A를 채택한 체스 기계가 1마이크로초(100만분의 1초)에 하나의 포지션을 분석할 수 있다고 하더라도(지극히 낙관적인 관점) 기물을 한 번 이동하는 데 16분 이상의 시간이 걸리고, 혹은 일반적으로 40수 정도를 두게 되는 게임에서 10시간 이상이 필요하다는 사실을 매우 안타깝게 생각했다. 또한 탐색 트리search tree를 통해 세 수밖에 내다보지 못하기 때문에 아주 약한 상대가 아닌 이상 절대 이길 수 없을 것으로 보았다.[4]

체스 프로그램 개발에서 가장 중요한 문제는 분기계수branching factor, 즉 가능한 경우의 수가 이어지면서 검색의 규모가 기하급수적으로 커진다는 사실이다. 이러한 문제는 당시 컴퓨팅 기술에 대한 중대한 압박이었다. 체스에서 양측은 여덟 개의 피스piece[일반적으로 피스는 체스판의 모든 말을 의미하지만, 때로는 폰을 제외한 킹, 퀸, 룩, 비숍, 나이트만을 의미하기도 한다—옮긴이)와 여덟 개의 폰pawn으로 이루어진 총 열여섯 개의 기물로 시작한다. 그 첫 네 번의 수로 만들어낼 수 있는 경우의 수는 3000억 가지가 넘는다(비록 그중 95퍼센트가 의미 없는 수이기는 하지만). 여기서 유형 A를 선택한다면, 그 방대한 양의 경우의 수를 모두 고려해야 한다.

문제는 더욱 심각해질 수 있다. 일반적인 포지션에서는 대략 40가지의 이동이 가능하다. 각각의 이동에 대한 상대의 반응까지 고려한다면 1600가지 경우의 수를 검색해야 한다. 그것도 단 두 번의 '플라이ply'(프로그래머들이 '반수half-move'라고 일컫는), 즉 백이 한 번, 흑이 한 번 두고 난 이후의 상황이다. 여기에 두 수(네 번의 플라이)가 추가되면 경우의 수는 250만 가지가 된다. 그리고 한 수가 더 추가되면 41억 가지가 된다. 일반적으로 체스 한 게임이 약 40수로 구성된다는 점을 감안한다면, 전체적으로 가능한 경우의 수는 천문학적인 규모가 된다. 태양계 안에 존재하는 원자의 수와 비교할 수 있을 정도다.

해박하고 우아한 체스 기사였던 섀넌은 바로 이러한 이유로 선택적이고, 그래서 효율적으로 작동하는 유형 B의 접근방식에 희망을 걸었던 것이다. 유형 B의 알고리즘은 모든 가능한 포지션을 똑같은 깊이로 분석하지 않는다. 그 대신 노련한 인간 기사처럼 현실적으로 의미가 있고 강력해 보이는 수를 추려낸다. 그리고 의미가 없는 선택지는 애초에 배제한 다음, 유효한 후보군만을 집중적으로 분석한다.

체스 기사는 실질적으로 의미가 있는 몇 가지 수를 재빨리 파악한다. 노련한 기사일수록 분류와 선별 작업을 신속하게 처리한다. 체스 초심자가 수를 분석하는 방식은 유형 A를 기반으로 하는 프로그램의 방식과 유사하다. 초심자는 무차별 대입법을 통해 각각의 이동에 따른 결과를 예상한다. 하지만 이러한 접근방식은 1초에 수백만 개의 포지션 분석이 가능한 컴퓨터에게나 적절한 것이다. 인간에게는 현실적으로 불가능한 방식이다. 1초에 두세 가지 포지션을 평가하는 것은 세계 챔피언에게도 벅찬 일이다.

특정 포지션에서 가장 합리적인 네다섯 가지 수를 추려내고 나머지를 완전히 배제한다고 하더라도, 의사결정을 위한 탐색 트리의 가지는 아주 빠른 속도로 생성될 것이다. 그렇기 때문에 효율적 검색이 가능한 유형 B 알고리즘을 개발했다 하더라도, 수백만 가지의 포지션을 추적하고 평가하기 위해서는 대단히 빠른 프로세싱 속도와 방대한 저장 공간이 여전히 필요하다.

앞서 앨런 튜링의 '종이 기계'를 살펴보았다. 튜링의 발명품은 오늘날 세계 최초의 체스 프로그램으로 인정받고 있다. 맨체스터에서 열린 앨런 튜링 탄생 100주년 기념식에 나는 연설자로 초대를 받았다. 그리고 거기서 튜링의 종이 기계를 오늘날의 컴퓨터로 구현한 프로그램과 게임을 벌이는 영광을 누렸다. 지금의 기준으로 보면, 튜링의 체스 프로그램은 대단히 낮은 수준이다. 그러나 튜링이 살았던 시대에는 그가 개발한 체스 프로그램을 시험해볼 컴퓨터가 아예 존재하지 않았다는 사실을 감안한다면, 그의 발명은 실로 놀라운 것이었다.

튜링이 체스 프로그램을 개발하고 세월이 흘러 컴퓨터가 등장했을 때에도, 그 처리 속도는 실망스러울 정도로 느렸다. 덕분에 섀넌의 선택이 옳았으며, 유형 B야말로 개발을 위한 현실적인 방안이라는 주장이 널리 인정받았다. 섀넌이 낙관적으로 전망했던 것처럼 1마이크로초에 하나의 포지션을 검토할 수 있는 컴퓨터가 그로부터 수십 년 후에야 비로소 모습을 드러냈다는 점에서, 유형 B는 합리적인 선택이었다. 당시에는 컴퓨터가 모든 이동을 분석하고 충분히 검색하려면 수 주일이 걸렸다. 그런 속도로 게임을 치르려면 수년의 시간이 필요했다. 그러나 나중에 드러났듯이(최종적인 결론은 아니었지만) 전반적인 차원에서 인간과 비슷한 접근방식이 무차별 대입법보다 더 낫다는 주장은 틀린 것이었다.

속도, 알고리즘 프로그램의 난제

1956년 로스앨러모스의 원자력연구소에서는 체스 컴퓨터 분야의 차세대 혁신이 모습을 드러내고 있었다. 그곳의 연구원들은 위너와 튜링, 섀넌의 이론을 종합하여 체스 기계를 완성했다. 그들이 내놓은 1세대 컴퓨터인 거대한 크기의 매니악 1은 2400개의 진공관으로 구성되었고, 메모리에 프로그램을 저장할 수 있는 획기적인 기능까지 갖추었다. 수소폭탄을 개발했던 과학자들은 매니악 1을 보자마자 체스 프로그램으로 그 성능을 시험해보고자 했다. 물론 매니악 1의 성능은 다분히 제한적이었고, 6×6 형태의 축소된 체스판을 사용해야 했다. 매니악 1은 자신과 게임을 벌이기도 했고, 강한 선수와 맞붙어 패배하기도 했다(당시 체스 기사는 퀸이 없는 상태에서 게임을 했다). 이후 매니악 1은 체스 초보자에게 승리를 거두는 쾌거를 기록했다. 비록 언론은 이 사건에 주목하지 않았지만, 지적 능력이 필요한 게임에서 컴퓨터가 인간을 꺾은 역사적인 순간임에 틀림없다.

그로부터 1년이 흐른 1957년에 카네기멜론 대학의 연구팀은 유형 B를 활용한 체스 알고리즘의 비밀을 풀어냈으며, 앞으로 10년 안에 세계 챔피언을 꺾을 기계를 내놓겠다고 호언장담했다. 하지만 당시 컴퓨터의 처리 속도와 비용을 감안한다면, 그들의 선언은 1960년대가 저물기 전에 인간을 달에 보내겠다는 존 F. 케네디의 야심만큼이나 무모한 것이었다.

어쩌면 그들의 선언은 무지와 비현실적 인식의 산물이었을 것이다. 미국이 1967년부터 세계 챔피언을 꺾을 체스 프로그램 개발에 산업적 역량을 집중했다고 하더라도, 그 도전은 아마도 실패로 끝났을 것이다. 물론 아폴로 프로젝트 역시 새로운 소재와 기술 개발이라는 거대한 장벽을 넘어야 했지만, 케네디 행정부는 기술적 한계를 극한으로 밀어붙임으로써 목표를 달성했다. 그렇다고 하더라도 아폴로 프로젝트는 상대적으로 예측 가능한 일정표를 기반으로 연구 개발이 진척된 시대의 결과물이었다. 비록 프로젝트가 시작된 1962년부터는 아니라고 하더라도, 여기에 참여했던 과학자들은 인간을 달에 보내려면 무엇이 필요한지 정확히 이해했다.

컴퓨터의 성능이 무어의 법칙에 따라 2년에 두 배로 발전하고 있었음에도,[5] 카네기멜론 연구팀이 야심찬 선언을 내놓은 지 30년이 흐른 1997년까지도 세계 챔피언 수준의 체스 기계는 등장하지 않았다. 그들이 내놓은 첨단 '스마트' 알고리즘에 치명적인 결함이 발견되었고, 이후에 밝혀진 바에 따르면 그들은 이 문제를 해결하기 위한 접근방식을 제대로 이해하지 못했다. 체스는 너무 복잡했던 반면, 컴퓨터는 너무 느렸던 것이다. 1960년대에 수만 시간의 게임 데이터가 알고리즘 개발에 기여하면서 프로그래밍에 대한 지식과 하드웨어 설계 방식에서 놀라운 진보가 이루어졌지만, 그랜드마스터와 대결할 수 있을 만큼 충분히 빠른 속도로 프로그램을 운용하고 데이터를 저장할 수 있는 컴퓨터 하드웨어는 1980년대가 되어서야 비로소 등장했다.

1967년에 미국 정부가 NASA(미국항공우주국) 예산과 맞먹는 자금을 체스 프로그램 개발에 투자했다고 하더라도, 사람들은 컴퓨터가 세계 챔피언을 꺾을 수 있다고는 상상하지 못했을 것이다. 1977년에도 그 가능성은 많은 의심을 받았다. 로스앨러모스 국가연구소가 1976년에 도입한 크레이 1이라는 이름의 슈퍼컴퓨터는 당시 세계에서 가장 빠른 컴퓨터로, 1초에 1억 6000만 회 연산 처리를 수행할 수 있었다(즉 160메가플롭스). 반면 내가 2003년 대결에서 무승부를 기록했던 딥주니어Deep Junior는 네 개의 펜티엄 4 프로세서를 탑재한 모델로, 각각의 프로세서는 크레이 1보다 약 스무 배 빠른 성능을 선보였다. 그리고 체스에 특화된 하드웨어를 기반으로 1997년의 딥블루만큼 혹은 그 이상의 실력을 보여주었다.[6]

그러나 딥주니어의 처리 속도가 딥블루보다 더 빠른 것은 아니었다. 실제로 딥블루의 연산 처리 속도는 1초에 1억 5000만 회로 딥주니어의 300만 회보다 평균 50배나 더 빨랐다. 하지만 처리 속도는 기계의 체스 실력을 결정하는 하나의 요소일 뿐이다. 하드웨어의 성능을 최대한 끌어올리려면 프로그래밍의 효율성이 무엇보다 중요하다. 1970년대로 거슬러 올라가는 다양한 체스 프로그래머 세대가 내린 결론에 따르면, 체스 프로그램이 최고의 실력을 발휘하기 위해서는 스마트한 검색 루틴 설계와 프로그램 최적화가 무엇보다 중요하다.

프로그래머가 새로운 데이터를 기계의 검색 알고리즘에 추가할 때 장점과 단점이 동시에 발생한다. 기본적인 형태의 체스 프로그램도 체크메이트의 개념이나 피스의 상대적 가치를 이해해야 한다. 프로그래머가 룩과 비숍 모두 폰 세 개와 동등한 가치를 가진다고 입력한 경우, 체스 기계는 룩이 비숍보다 더 강력한 힘을 발휘할 수 있는 특정한 상황에 직면했을 때 효과적으로 대응하지 못할 것이다. 체스 기계는 양측에 몇 개의 피스와 폰이 남았는지 아주 빨리, 아주 능숙하게 파악해야 한다. 그리고 체스 지식이 상대적으로 부족한 프로그래머라고 하더라도 얼마든지 합리적인 방식으로 기물에 가치를 부여할 수 있다.

피스와 폰의 가치 평가 다음으로, 체스 기계는 누가 체스판에서 더 넓은 공간을 장악하고 있는지, 혹은 폰의 배치와 킹의 안전 같은 추상적인 정보를 파악해야 한다. 그러나 이를 위해 프로그래머가 더 많은 데이터를 입력할 때마다 검색 속도는 느려지게 된다. 결론적으로 프로그래머는 빠르고 멍청하거나, 혹은 느리고 똑똑한 체스 기계를 선택할 수밖에 없다. 이는 대단히 흥미로운 선택의 분기점이다. 이후 세계 챔피언에 도전할 정도로 충분히 똑똑하면서도 동시에 충분히 빠른 체스 기계가 등장하기까지는 수십 년의 세월이 더 걸렸다.

초창기의 예측은 크게 빗나갔지만, 그래도 진보는 20년 동안 꾸준히 이어졌다. 프로그래밍 기술에서 도전과 실패가 반복되고, 무어의 법칙이 현실로 드러나면서, 1977년에는 상위 5퍼센트 체스 기사 정도의 실력을 갖춘 기계들이 등장했다. 물론 이들 기계는 초심자도 하지 않을 어처구니없는 실수도 종종 보였다. 그럼에도 처리 속도는 간

헐적인 중대한 실수를 만회할 수 있을 만큼 충분히 빨랐고, 인간 기사와의 대결에서 정교한 방어 기술과 날카로운 전술을 보여주었다.

그러나 하드웨어의 처리 속도가 빨라진 것은 진보의 한 부분에 불과했다. 진보의 과정에서 드러난 대부분의 성과는 프로그래밍을 통한 검색 알고리즘의 속도 향상으로부터 비롯되었다. '알파-베타 가지치기alpha-beta pruning'라는 이름의 알고리즘이 비논리적인 수를 초기에 제거하면서 더 깊고 더 빠른 분석이 가능해졌다. 이 알고리즘은 유형 A, 즉 무차별 대입법을 기반으로 한 형태로, 섀넌이 설명한 미니맥스의 업그레이드 버전이다. 이 알고리즘은 현재 선택한 수보다 가치가 낮은 경우의 수를 모두 자동적으로 배제한다. 바로 이러한 개선과 다양한 최적화 기술에 힘입어 유형 A가 유형 B를 압도하기 시작했다. 그리고 효율적인 무차별 대입법이 인간의 사고방식과 직관을 모방하는 체스 기계를 개발하는 과정에서 지배적인 위치를 차지하게 되었다. 체스 데이터 역시 중요한 요소지만, 여기서 무엇보다 중요한 것은 처리 속도였다.

오늘날 체스 프로그램은 이러한 알파-베타 검색 알고리즘을 기본적인 미니맥스 개념에 적용하는 형태를 취하고 있다. 프로그래머들은 그 알고리즘을 기반으로 평가 기능을 설계하고, 이로부터 최적의 결과를 이끌어내고자 한다. 알파-베타 알고리즘을 기반으로 한 초창기 프로그램들이 당시 가장 빠른 하드웨어를 만나면서 체스 기계의 실력은 놀라울 정도로 향상되었다. 가령 1970년대 말 TRS-80과 같은 초창기 컴퓨터를 기반으로 한 체스 소프트웨어는 아마추어 기사들 대부분을 물리칠 정도의 실력을 뽐냈다.

다음번 혁신은 뉴저지에 위치한 벨연구소Bell Laboratories에서 나왔다. 벨연구소는 수십 년 동안 수많은 특허권을 확보하고 여러 명의 노벨상 수상자를 배출하고 있었다. 벨연구소의 켄 톰슨Ken Thompson은 수백 개의 칩으로 체스 컴퓨터를 완성했다. 그가 개발한 벨Belle은 1초에 18만 개의 포지션 검색이 가능했다. 당시만 하더라도 범용 슈퍼컴퓨터의 검색 속도는 초당 5000개에 불과했다. 벨은 체스 게임에서 아홉 번의 플라이를 내다볼 수 있었고, 마스터 등급에 해당하는 실력을 보여주었다. 벨 컴퓨터는 다른 체스 기계들에 비해 월등한 기량을 뽐내며 1980년부터 1983년까지 모든 컴퓨터 체스 대회를 석권했다. 하지만 결국 차세대 슈퍼컴퓨터 크레이를 기반으로 한 체스 프로그램에 왕좌를 내어주고 말았다.

사르곤Sargon과 체스마스터Chessmaster 같은 일반 체스 프로그램 역시 인텔과 AMD가 주도한 프로세서 속도의 급격한 발전 덕분에 지속적인 성능 향상을 보여주었다. 그리고 다음으로 카네기멜론 대학은 벨연구소의 특화된 하드웨어를 기반으로 차세대 체스 기계를 내놓았다. 컴퓨터 과학자이자 원격 체스(우편이나 이메일로 주고받는 체스 게임) 세계 챔피언인 한스 벌리너Hans Berliner의 연구팀이 개발한 하이테크HiTech는 1988년에 그랜드마스터 등급의 실력을 보여주었다. 그리고 다시 한 번, 벌리너 교수의 제자인 머리 캠벨Murray Campbell과 쉬펑슝許峰雄이 개발한 프로그램이 하이테크를 뛰어넘었다.

두 사람이 만든 특화된 하드웨어 장비인 딥소트Deep Thought는 1988년 11월 정기 토너먼트 대회에서 세계 최초로 그랜드마스터를 꺾는 파란을 연출했다. 1989년에 졸업한 두 사람은 딥소트와 함께 IBM에 입사했다. 그리고 거기서 그들의 프로젝트는 컴퓨터 업계에서 IBM을 부르는 애칭인 '빅블루Big Blue'를 반영하여 딥블루Deep Blue라는 이름으로 새롭게 거듭났다. 이로부터 체스 기계 이야기의 마지막 장이 시작되었다.

3

DEEP THINKING

인간 vs 기계

◆

기계는 절대 실수하지 않는다.

그래서 모든 직업군은 기계로부터 압박을 받을 수밖에 없다.

그러한 압박이 사라진다는 말은 곧 인류의 진보가

멈춰 섰다는 것을 의미한다.

언제나 그러하듯이 우리는 이러한 흐름을

로봇의 손이 우리의 목을 조여오는 것으로 바라볼 수도 있고,

아니면 인간이 스스로 도달할 수 있는 곳보다

더 높은 곳으로 도약하게 해주는 것으로 바라볼 수도 있다.

◆

최초의 기계가 등장한 이후로 인간
과 기계의 대결은 기술과 관련된 논의의 일부로 자리 잡았다. 기술
분야에서 새로운 전문용어가 끊임없이 탄생하고 있지만, 이야기의
기본 구조는 변하지 않았다. 인간은 기계와의 경쟁에서 패하고 쫓겨
나고 있다. 기계는 인간이 지금까지 해온 일들을 대체하고 있다. 특
히 산업혁명기에 증기기관을 비롯하여 농업과 제조업 분야의 다양한
자동화 기계가 대거 등장하면서 '인간 대 기계'는 중요한 논의 주제
로 떠올랐다.

　1960년대와 1970년대에 로봇 혁명이 일어나면서 좀 더 정교하고
지능적인 기계들이 노동조합을 중심으로 강력한 사회적·정치적 영
향력을 행사하던 노동자들의 일자리를 점차 침범해나갔다. 그 과정
에서 인간과 기계의 대결은 더욱 암울한 국면으로, 그리고 더욱 전면
적인 상황으로 접어들었다. 또한 뒤이은 정보혁명은 서비스를 비롯
한 다양한 사무직 분야에서 수많은 일자리를 앗아갔다.

　이제 우리는 인간과 기계가 대결을 벌이는 거대한 시나리오 속에
서 다음 장으로 넘어가고 있다. 오늘날 첨단 기계는 그들에 관한 기

사를 쓰는 사람들까지 '위협'하고 있다. 우리는 매일같이 기계가 법률, 금융, 의료 분야의 다양한 화이트칼라 직업군을 위협하고 있다는 기사를 접하게 된다. 기계는 절대 실수하지 않는다. 그래서 모든 직업군은 기계로부터 압박을 받을 수밖에 없다. 그러한 압박이 사라진다는 말은 곧 인류의 진보가 멈춰 섰다는 것을 의미한다. 언제나 그러하듯이 우리는 이러한 흐름을 로봇의 손이 우리의 목을 조여오는 것으로 바라볼 수도 있고, 아니면 인간이 스스로 도달할 수 있는 곳보다 더 높은 곳으로 도약하게 해주는 것으로 바라볼 수도 있다.

일자리의 위험과 기회

기계가 인간의 노동을 대체하는 현상을 당연한 흐름으로 바라보는 입장은 항생제 때문에 장의사들이 일자리를 잃게 되었다고 한탄하는 부정적인 입장보다 나을 바 없다. 문명이 진화하는 동안 노동은 언제나 인간으로부터 기계로 넘어갔다. 그동안 삶의 기준이 높아지고 인권이 개선되었다. 냉난방이 이루어지는 쾌적한 방 안에 앉아 조그마한 디지털 장비로 인류의 모든 지식을 검색하면서, 우리가 직접 노동을 하지 않아도 되는 현실을 한탄한다는 것은 놀라운 사치가 아닌가! 지금도 세상 곳곳에서는 수많은 사람들이 하루 종일 땀 흘려 일하면서도 깨끗한 식수와 현대적인 의료 혜택을 누리지 못하고 있다. 그들은 말 그대로 기술 부족으로 죽어가고 있다.

오늘날 대학을 졸업한 전문직 근로자들만이 어려움을 겪는 것은 아니다. 인도의 콜센터 직원들 역시 인공지능 소프트웨어 때문에 일자리를 잃고 있다. 전자제품 생산라인에서 일하는 중국 노동자들 또한 디트로이트를 무색케 할 정도의 빠른 속도로 로봇에게 일자리를 빼앗기고 있다. 오늘날 개발도상국의 노동자 집단은 농업을 포함한 다양한 형태의 노동으로부터 벗어나기 위해 도시로 몰려든 사람들이다. 이제 그들은 다시 농장으로 돌아가야 할 처지에 직면해 있다. 그중 일부는 돌아가는 길을 선택할 것이다. 하지만 대다수에게 그건 결코 합리적 선택이 아니다. 그것은 변호사와 의사들이 이제 사라져버린 공장으로 되돌아가야 하는지 묻는 것과 같다. 우리에게 후퇴는 없다. 오직 전진만이 있을 뿐이다.

우리는 기술의 진보가 언제, 어디서 멈출지 선택할 수 없다. 기업들은 세계화되고, 노동은 자본만큼이나 유동적인 요소가 되었다. 자동화의 파도에 휩쓸린 사람들은 변화의 물결이 그들을 더욱 빈곤한 곳으로 몰고 갈 것이라고 걱정한다. 하지만 동시에 우리 사회는 변화의 물결을 타고 경제 성장을 일구어냄으로써 새로운 일자리를 창출할 수 있다. 비록 지능형 기계의 개발과 확산의 속도를 늦출 수 있다고 하더라도(하지만 어떤 방법으로?) 그것은 소수를 위해 고통을 잠시 덜어주는 미봉책에 불과하다. 또한 장기적으로 보면 모두의 여건을 더욱 악화시키는 선택이다.

안타깝게도 지금까지 많은 정치인과 CEO들이 소수의 이해관계 집단의 단기적 이익을 위해 사회적으로 중요한 장기적 이익을 외면해왔다. 러다이트 운동처럼 기존 일자리를 지키기 위해 애쓰는 것보다 교육 및 재교육을 통해 노동자들이 변화의 흐름을 받아들이도록 도움을 주는 방식이 훨씬 효과적일 것이다. 하지만 오늘날 정치 지도

자들은 체스에서 흔히 쓰이는 용어인 '계획과 희생'에 별로 관심이 없는 듯하다.

2016년 미국 대통령 선거에서 도널드 트럼프는 멕시코와 중국으로부터 "일자리를 되찾겠다"는 공약으로 승리를 거두었다. 그는 미국 근로자들이 급여 수준에서 비교가 되지 않는 나라의 근로자들과 경쟁을 할 수 있고, 그리고 경쟁해야만 한다고 주장했다. 하지만 수입품에 높은 관세를 부과할 경우 소비재 가격이 크게 오를 것이며, 이는 경제적으로 빈곤한 계층에게 감당하기 힘든 부담으로 작용할 것이다. 애플이 중국 공장에서 생산한 것보다 두 배 비싼 가격으로 빨간색, 흰색, 파란색의 신제품을 세계 시장에 내놓는다면, 얼마나 많은 소비자들이 이를 선택할 것인가? 우리는 세계화의 부작용 없이 그 혜택만을 누릴 수는 없다.

인공지능처럼 세상을 뒤흔들고 있는 혁신의 위험에 주목할 수 있다는 것은 일종의 특권이기도 하다. 그 위험성은 대단히 실질적인 것이다. 새로운 해결책은 늘 새로운 문제를 낳기 마련이고, 그에 따라 또다시 더 많은 해결책을 모색하는 방식으로 혁신을 이어나가지 못한다면 이런 위험을 제거할 수 없다. 미국 사회는 앞으로 자동화 과정에서 많은 일자리를 대체해나가야 한다. 기존 일자리를 보호하려는 노력이 아니라, 미래를 이끌어갈 새로운 일자리를 창출해야 한다. 미국 사회는 지금까지 그렇게 해왔고, 앞으로도 할 수 있다. 여기서 나는 1920년에 30퍼센트였던 농업 인구가 한 세기가 흘러 2퍼센트로 떨어진 변화에 대해 이야기하려는 것이 아니다. 그 대신 최근에 진행되고 있는 산업구조의 재편에 대해 많은 이야기를 하고자 한다.

새로운 스푸트니크 순간

1957년 10월 7일 소련 과학자 세르게이 코롤료프Sergey Korolyov는 스푸트니크 1호의 발사에 성공했다. 이를 계기로 향후 수십 년 동안 이어질 우주 경쟁이 본격적으로 시작되었다. 아이젠하워 미국 대통령은 모든 우주 프로젝트의 일정을 앞당기도록 지시했다. 1957년 12월에 미국이 최초로 발사한 로켓인 뱅가드호가 폭발한 사건 역시 그러한 다급함을 부추겼을 것이다. 언론은 그 사고를 실패한 스푸트니크라는 의미로 플로프니크Flopnik라고 불렀다. 뱅가드호의 실패에 크게 당황한 미국 행정부는 빠른 시일 안에 성과를 보여주기 위해 우주 프로젝트에 더욱 박차를 가했다.

이후 미국에서는 '스푸트니크 순간Sputnik moment'이라는 용어가 정식으로 사전에 등재되었다. 경쟁 상대의 필요성을 상기시켜주는, 외국의 성공 사례를 의미한다. 예를 들어 1970년대 OPEC의 석유 금수조치 역시 또 하나의 스푸트니크 순간이었다. 미국 정부가 이를 계기로 재생 가능한 에너지 개발에 더욱 많은 관심을 갖게 되었기 때문이다. 그 뒤에 1980년대 일본 제조업의 성장, 1990년대 유럽연합의 탄생, 지난 10년 동안 아시아 국가의 도약이 또 다른 스푸트니크 순간으로 떠올랐다.

더 최근에 미국이라는 잠자는 거인을 깨운 스푸트니크 순간은 상하이 학생들이 표준화된 수학, 과학, 독해 시험에서 월등히 높은 성적을 거두었다는 2010년도 보고서가 발표되었을 때였다. 《워싱턴포스트》는 2016년 10월 13일자 머리기사에서 "중국이 인공지능 분야에서 미국을 추월하고 있다"라고 경고했다. 이는 아마도 2010년의 시험 성적과 무관하지 않을 것이다. 그 밖에 또 다른 스푸트니크 순간으로 어떤 게 있을까? 다들 알다시피, 미국인들은 그들의 선조를 제외하고 모든 도전에서 대단히 저조한 기록을 보이고 있다.

이후 새로운 스푸트니크 순간들이 계속해서 등장하면서, 실질적 공포와 가상적 공포의 결합물이자 지름 60센티미터의 쇳덩어리인 스푸트니크의 충격은 자연스럽게 퇴색해버렸다. 당시 미국의 언론 기사들은 공산주의 이데올로기와 독보적인 기술력이라고 하는 충격적인 조합에 대한 놀라움과 두려움으로 가득했다. 결론적으로 스푸트니크는 미국인들의 두려움과 분노를 자극하고, 국가적 자존심에 상처를 내는 원초적인 방식으로 미국 사회의 열정을 일깨웠던 것이다.

미국은 이러한 도전에 응답했다. 1958년(대통령에 당선되어 1960년대가 저물기 전에 인간을 달에 보내겠다는 당찬 포부를 밝히기 3년 전), 상원이던 존 F. 케네디는 국가방위교육법National Defense Education Act을 지지했다. 이 법안의 골자는 미국 전역에 걸쳐 정부가 직접 과학 교육을 지원하는 것이었다. 실제로 이 프로그램으로부터 많은 기술자와 공학자, 과학자들이 배출되어 오늘날 우리가 살아가는 디지털 세상을 설계하고 구축한 일꾼 세대를 이루게 되었다.

국가 자원을 램프 속 지니처럼 필요할 때마다 끌어낼 수 있는지는 여전히 논의 주제로 남아 있다. 두 번의 세계대전을 통해 미국이 경험했던 것처럼, 전쟁 공포가 사회 단결을 위한 필요조건이라는 생각은 참으로 암울한 전망이다. 그러나 교수형을 앞둔 죄수의 집중력은 놀라울 정도로 날카로워진다고 했던 새뮤얼 존슨Samuel Johnson의 언급처럼, 실체적 위협은 집중을 강화하는 힘이 있다. 국가 차원에서 혁신을 추진하기 위해서는 무엇보다 정치인과 경영자, 그리고 변화를 지지하는 국민의 갈망이 중요하다.

1970년대에 미국 소비자 수백만 명이 경쟁력 높은 일본의 자동차를 선택했다. 그리고 미국 대학과 기업들은 중국인 대학원생을 적극적으로 받아들였다. 세계화 시대에 치열한 기술 경쟁이 벌어지는 동안 사람들은 자신보다 실력이 뛰어난 사람이나 지역으로부터 도움을 얻을 수 있다는 사실을 이해하게 되었다. 실제로 미국인과 미국 사회 역시 다른 지역의 사람들과 사회로부터 많은 도움을 받았다. 하지만 그렇다고 해서 과학기술 분야의 주도권을 포기할 수는 없다. 미국 사회는 세계 경제를 선도하기 위한 혁신을 창조할 잠재력을 여전히 갖고 있다. 그러나 미국이 지금의 수준에 안주한다면, 세상은 더 평범해질 것이다.

아이젠하워 행정부의 특별 자문을 지낸 MIT 총장 제임스 킬리언James Killian은 소련의 성공에 관한 기술적인 질문을 받았을 때, 문화적인 관점에서 답변을 들려주었다. "소련 정부는 과학기술에 많은 관심과 열정을 쏟았습니다. 그 결과 과학 분야에서 훈련을 받은 많은 전문가가 양산되었습니다."《핵과학자 회보Bulletin of the Atomic Scientists》는 1957년 12월호에서 킬리언의 이야기를 소개했다. 회보 편집자들은 우주 프로젝트 주도권을 소련에게 빼앗긴 미국 정부의 접근방식을 비판했고, 같은 호에 실린 사설을 통해 단호한 입장을 밝혔다. "야심 찬 목표를 추구하면서도 미국은 스스로의 잠재력을 일깨우기보다 현재 상태를 유지하는 데 더 많은 노력을 집중했다."

온건하게, 혹은 객관적으로 설명한다 하더라도 미국 사회는 치열한 기술 경쟁 속에서 언젠가부터 나태하고 근시안적이고 보수적인 모습을 보여왔다. 나는 미국이 다시 한 번 스스로의 위치를 확인해야 할 때가 되었다고 생각한다. 물론 실리콘밸리는 아직까지 세계 최대의 혁신 센터로 자리 잡고 있고, 미국 사회는 그 어느 곳보다 성공에 필요한 제반 환경을 풍요롭게 마련해놓고 있다. 하지만 혁신을 제한하는 것이 아니라 촉진하기 위해 미국 정부가 법안을 내놓은 마지막 시점이 언제였던가?

나는 진보를 향한 자유 시장의 힘을 믿는다. 미국에서 혁신이 봇물처럼 터져나오기 시작했을 때, 과학에 대한 소련의 관심과 열정은 이미 비교 대상이 아니었다. 그러나 정부가 과도한 규제와 근시안적인 정책으로 혁신을 가로막을 때, 항상 문제가 발생한다. 지금의 무역 정책과 엄격한 이민 규제가 계속해서 이어진다면, 미국 사회는 앞으로 있을 새로운 혁신과 스푸트니크 순간을 이끌어나갈 최고의 인재를 끌어들이는 데 많은 어려움을 겪을 것이다.

기계는 우리의 경쟁 상대가 아니다

인공지능의 확산을 막기 위한 싸움은 전기와 로켓 기술에 반대하며 로비를 벌이는 것과 같다. 지혜롭게 사용하기만 한다면, 기술은 우리의 삶을 더 건강하고 풍요롭게 만들어줄 것이다. 또한 더 똑똑하게 만들어줄 것이다. 인류가 세상에 대한 지식으로부터 발명을 이끌어내었다기보다 발명을 통해 이해와 지식의 범위를 넓힐 수 있었다는 주장은 흥미로운 사고의 전환이다.

예를 들어 13세기에 시작된 유리세공 기술은 이후 망원경과 현미경의 발명으로 이어졌고, 이를 통해 인류는 항해를 떠나고 의학 연구를 추진함으로써 주변 환경에 대한 통제력을 크게 높였다. 그리고 나침반은 인간이 정보를 얻기 위해 처음으로 개발한 발명품이다. 기원전 3000년으로 거슬러 올라가는 주판 역시 인간의 지적 능력을 강화한 최초의 발명품이다. 문자와 종이, 인쇄술 또한 처음부터 지식 창조를 위해 발명한 것은 아니었지만, 오늘날 인터넷과 마찬가지로 지식을 전하고 확산하는 중요한 임무를 수행했다.

체스 게임에서 컴퓨터와 대결했던 나 자신의 경험은 그러한 법칙을 증명한 특별한 사건이었다. 기계가 얼마나 많은 일자리를 대체하든 간에, 기계는 우리의 경쟁 상대가 아니다. 우리는 목표를 세우고 삶을 개선하는 과정에서 다른 사람들과 경쟁한다. 그리고 이러한 경쟁에서 이기기 위해서는 성능이 우수한 기계를 개발하고 훈련하고 관리하는 인재가 필요하다. 적어도 기계 스스로 그 모든 과제를 처리할 수 있을 때까지는 그렇다. 혁신은 그렇게 계속된다. 우리가 기술 경쟁에 뒤처져 있다면, 그것은 노력이 부족했거나 아니면 야심찬 목표를 세우고 원대한 꿈을 꾸지 않았기 때문이다. 이제 우리는 기계가 할 수 있는 일에 대해 걱정하기보다 기계가 여전히 하지 못하는 일에 주목해야 한다.

다시 한 번 강조하지만, 나는 신기술 때문에 많은 사람들이 피해를 입을 것이라는 사실을 결코 당연하게 여기지 않는다. 기계가 인간의 삶을 위협한다는 것이 정확하게 어떤 의미인지 나보다 더 잘 아는 사람은 없을 것이다. 체스 기계가 세계 챔피언을 물리쳤을 때 무슨 일이 벌어질지 아무도 알지 못했다. 프로 체스 대회는 계속 열릴 것인가? 기계가 세계 챔피언 자리를 차지한 뒤에도 후원자와 언론은 체스 대회에 계속해서 관심을 가질 것인가? 또한 사람들은 계속해서 체스를 둘 것인가?

다행스럽게도 이런 질문에 대한 답은 모두 '그렇다'로 드러났다. 하지만 암울한 시나리오를 우려했던 일부 체스 관계자는 기계의 도전을 적극적으로 받아들이는 나의 태도를 탐탁지 않게 여겼다. 물론 내가 도전을 회피했다면, 혹은 기계가 세계 챔피언이 아닌 다른 선수에게 도전하도록 했다면, 체스 세상은 시간을 좀 더 벌 수 있었을 것이다. 만약 1997년 5월에 딥블루가 내가 아니라 나의 챔피언 자리를 노리고 있던 아난드나 카르포프에게 도전해서 이겼더라면, 사람들은 이렇게 물었을 것이다. "그런데 카스파로프도 이길 수 있을까?" 하지만 그렇게 계속해서 미룬다고 해도 내가 버틸 수 있는 한계는 세계 챔피언에서 물러났던 2000년, 혹은 일등의 자리에서 체스계를 은퇴했던 2005년이었을 것이다. 나는 선택할 수 있는 입장이 아니었다. 컴퓨터에 패한 최초의 세계 챔피언이 된다고 하더라도, 컴퓨터와의 대결에서 도망친 세계 챔피언으로 기억되는 것보다는 나을 것 같았다.

무엇보다 나는 도망치고 싶지 않았다. 오히려 새로운 도전과 과학 실험, 체스를 홍보하기 위한 기회가 될 것으로 보았다. 게다가 솔직하게 말해서 그에 따른 사회적 관심과 상금에도 욕심이 났다. 그 결과를 떠나, 세계 최초의 대결을 왜 다른 사람에게 양보해야 한단 말인가? 중차대한 역사적 역할을 맡을 주인공을 포기한 채, 왜 구경꾼이 되어야 한단 말인가?

나는 기계와의 대결에서 패할 때 엄청난 비극이 벌어질 것이라는 종말론적 예언을 믿지 않았다. 나는 디지털 시대에 체스의 미래를 언제나 낙관적인 시선으로 바라보았다. 당시 유행하던 진부하고 애매모호한 정당화, 즉 "자동차가 달리는 세상에서도 달리기 시합은 계속되고 있다"는 위안 때문만은 아니었다. 존 헨리의 이야기와 달리, 자동차가 등장한 뒤에도 사람들은 여전히 걸어 다니고 있다. 그리고 더 많은 것들이 우사인 볼트의 최고 속도인 시속 44킬로미터보다 더 빨리 달린다. 코요테는 시속 64킬로미터로, 캥거루는 시속 70킬로미터로 달린다.[1] 그런데 그래서 뭐 어쨌단 말인가?

물론 체스는 스포츠와 다르다. 가장 큰 이유는 획기적인 체스 기계가 인간의 플레이에 직간접적으로 도움을 주기 때문이다. 그러한 도움을 스포츠 세상에 널리 퍼진 스테로이드 같은 약물 정도로 생각할 수 있을 것이다. 혹은 기량을 강화하거나, 잘못 사용할 경우에 스포츠 존재 자체를 위협할 수 있는 외부 보조 장치로 생각할 수도 있을 것이다. 체스는 개별 움직임으로 이루어진 게임이다. 그래서 인간은 컴퓨터가 선택한 이동과 전략을 그대로 따라 할 수 있다. 기계가 널리 알려진 어떤 체스 오프닝에 오류가 있다는 사실을 알려주고, 그 오프닝을 격파할 수 있는 구체적인 방법까지 보여준다면 어떨까? 그러면 인간은 기계가 제시한 아이디어를 그대로 따라 하는 자동장치로 전락할 것인가? 가장 강력한 컴퓨터를 보유한 사람이 우승자가 될 것인가? 혹은 디지털 보조 장치를 활용하는 속임수가 만연하게 될 것인가? 이런 질문은 지극히 현실적이고 심각한 것이다. 하지만 그렇다고 해서 컴퓨터가 체스를 정복하고, 인간끼리의 대결을 쓸모없게 만들어버릴 것이라는 암울한 판타지를 우리가 받아들여야만 하는 것은 아니다.

초창기 체스 프로그램의 등장

다른 신기술과 마찬가지로 체스 기계의 성능이 향상되고 활용 범위가 커지면서 그 장단점이 동시에 모습을 드러내기 시작했다. 하지만 나는 그 사실을 일찍 깨닫지 못했다. 사실 '체스 엔진'을 기반으로 작동하는 일반 컴퓨터용 소프트웨어의 초기 버전은 실력이 형편없어서 체스 기사에게는 별 의미가 없었다. 체스 소프트웨어 대부분이 일반 소비자들을 대상으로 개발되었고,[2] 체스 실력보다는 화려한 3D 그래픽이나 피스들이 살아 움직이는 애니메이션 효과에 초점을 맞추었다. 1990년대 초 체스 기계는 강력하고 위험한 경쟁 상대로 성장했지만, 그럼에도 플레이는 엉성하고 진부했으며, 체스 기사를 위한 훈련에는 실질적인 도움이 되지 못했다.

대신에 나는 초기에 나와 다른 기사의 준비 작업을 도와주는 컴퓨터 툴 개발에 관심을 쏟았다. 만일 수천 회의 게임 정보를 담은 데이터베이스가 구축되어 있다면, 수십 권 분량의 자료를 뒤지거나 빼곡하게 적힌 공책을 일일이 들춰보지 않고도 원하는 정보를 순식간에 찾을 수 있다. 게다가 새로운 정보도 손쉽게 업데이트할 수 있다.

1985년 나는 독일 기술 분야의 작가이자 체스 마니아인 프레데리크 프리델Frederic Friedel과 함께 그러한 기능을 담당할 소프트웨어 개발에 대해 논의하기 시작했다. 프리델은 프로그래머인 마티아스 뷜렌베버Matthias Wüllenweber와 함께 함부르크에 체스베이스ChessBase라는 회사를 설립했고, 1987년 1월에 같은 이름으로 획기적인 프로그램을 출시했다. 아타리 ST급의 컴퓨터만 있다면, 누구든 체스베이스를 활용하여 과거의 모든 게임을 정보화 시대에 그대로 되살려낼 수 있었다. 체스베이스 사용자는 몇 번의 클릭만으로 모든 체스 게임 정보를 수집, 분류, 분석, 비교, 검토할 수 있게 되었다. 내가 1987년에도 언급했던 것처럼, 체스베이스와 같은 소프트웨어 개발은 인쇄술의 발명만큼이나 혁명적인 사건이었다.

1990년대 초 나는 최고 수준의 체스 프로그램에 몇 번 패한 적이 있었다. 나는 이들 프로그램이 앞으로 계속해서 강력해질 것으로 보았다. 개인용 컴퓨터가 널리 보급되지 않았던 시절에 사람들은 체스 기계의 가능성을 지나치게 과대평가하거나 혹은 과소평가했다. 나를 비롯한 초기 낙관론자들은 체스 분석에서 기하급수적으로 증가하는 분기계수로 인해 중대한 장벽에 부딪히겠지만, 프로그래밍과 CPU 기술의 발전으로 체스 기계가 그 장벽을 넘어설 것으로 보았다.

나는 체스 프로그램이 발전하면 체스가 더욱 대중화될 것으로 내다보았다. 사실 내가 체스에서 성공을 거둘 수 있었던 것은 타고난 재능과 강인한 어머니뿐만이 아니라, 지리적 여건도 크게 작용했다. 소련 시절에 나는 체스와 관련한 책과 잡지, 교사는 물론 두터운 선수층에 쉽게 접근할 수 있었다. 그 이전만 하더라도 유고슬라비아를 제외하고 이 같은 환경을 제공해줄 수 있는 나라는 없었다. 소련의 막강한 체스 파워는 정부가 인재 개발을 위해 막대한 자원을 투자했던 오랜 전통으로부터 비롯되었다.

　그리 비싸지 않은 개인용 컴퓨터로 그랜드마스터 등급의 체스 프로그램을 가동할 수 있게 되면서, 기존 질서가 완전히 무너졌다. 노련한 코치에 비할 정도는 아니라고 해도, 최고의 프로그램은 체스 교육에 큰 도움이 되었다. 또한 체스가 인터넷을 타고 세상 곳곳으로 전파되면서 중대한 변화가 일어나기 시작했다. 세계적인 체스 기사 양성에서 가장 중요한 것은 인재의 조기 발굴이다. 그 과제는 강력한 컴퓨터 프로그램이 등장하면서 한층 쉬워졌다. 오늘날 세계적인 기사들 명단에 체스 전통이 거의 없거나 전무한 국가 출신도 많이 포함되어 있다는 사실은 결코 우연이 아니다. 오늘날 컴퓨터가 다양한 방식으로 체스 세상에 영향을 미치면서 전통의 중요성이 사라지고 있다. 현재 중국과 인도의 체스 문화는 주로 정부 지원과 스타 선수 육성으로 형성되었지만, 그랜드마스터 등급의 체스 프로그램을 바탕으로 한 집중적인 훈련 역시 이들 국가의 기사들이 빠른 속도로 세계 정상급 집단에 진입하도록 도움을 주었다. 예전에는 많은 나라들이 자국의 체스 역량을 높이기 위해 소련에서 코치를 초빙하고, 엄청난 예산이 들어가는 국제 대회를 개최하고, 자국 기사를 외국에 보내어 세계적인 선수들과 경쟁하도록 했다. 오늘날에는 중국 기사 여섯 명이 세계 50위권에 포진해 있다. 물론 러시아가 열한 명으로 여전히 가장 많지만, 이들 기사의 평균 연령은 32세로 중국의 25세보다 훨씬 높다.

　현재 세계 챔피언인 마그누스 카를센Magnus Carlsen은 노르웨이 출신으로 1990년생이다. 카를센은 체스에서 컴퓨터가 인간을 압도한 세상에서 성장했다. 아이러니하게도 카를센의 체스는 지극히 '인간적인 스타일'이다. 그의 직관적인 행마법은 컴퓨터 프로그램의 영향을 크게 받지 않은 듯 보인다. 사실 그것은 카를센만의 차별성이다. 이에 대해서는 나중에 다시 한 번 살펴보도록 하자.

내가 체스 기계와 대결을 펼쳤던 이야기로 넘어가기 전에, 먼저 경쟁의 오랜 역사를 살펴보자. 체스 기사로 활동하면서 오랜 시간 경쟁을 하면서 보냈음에도, 나는 체스에서 경쟁적인 측면보다 컴퓨터 체스의 역사, 특히 컴퓨터와 인간의 대결로부터 인공지능과 지각의 비밀을 밝혀내는 것에 더 관심이 많았다.

어떤 방식으로든 컴퓨터의 플레이에서 진화를 목격한다는 것은 흥미진진한 일이었다. 그것 자체로 과학의 발전을 의미하는 것이기 때문이다. 물론 사회적 관심은 경기 결과에 집중되었지만, 승패를 떠나 경기 자체를 분석하는 작업이 내겐 더 중요했다. 체스에서 컴퓨터와 인간이 각각 어떤 강점과 약점을 드러내는지 이해하기 위해서는 결과보다 과정에 주목해야 한다.

세계 체스 기사의 순위를 결정하는 국제 레이팅 시스템을 기준으로 할 때, 우리는 간단한 도표만으로도 체스 기계가 최초의 메인프레임에서 시작하여 체스에 특화된 하드웨어를 거쳐, 오늘날의 첨단 프로그램에 이르기까지 꾸준한 발전을 이어왔다는 사실을 쉽게 확인할 수 있다. 체스 기계의 실력은 1960년대 초보자 수준에서 1970년대의 강력한 플레이를 거쳐, 1980년대 후반에는 그랜드마스터 등급으로, 그리고 1990년대 말에는 세계 챔피언을 꺾을 정도로 성장했다. 그 여정에서 폭발적인 도약은 없었다. 대신 무어의 법칙에 의해 하드웨어의 성능이 마법처럼 향상되는 가운데, 전 세계 개발자들은 글로벌 공동체를 통해 서로 배우고 경쟁하면서 점진적인 개선을 일구어나갔다.

체스 기계가 초보자 등급에서 그랜드마스터 등급으로까지 진화할 수 있었던 것은 전 세계 수많은 인공지능 프로젝트의 성과 덕분이었다. 다양한 인공지능 발명품은 초기의 어처구니없는 수준에서 재미있지만 쓸모없는 단계로, 그리고 불편하지만 유용한 단계를 거쳐 마지막으로 인간을 능가하는 단계로 진화했다.

우리는 그 진화의 과정을 음성 인식과 음성 합성, 무인 자동차와 무인 트럭, 그리고 애플의 시리와 같은 가상 비서 소프트웨어에서 쉽게 확인할 수 있다. 이 같은 장비와 기술이 재미있는 장난감 수준에서 실용적인 도구로 발전해나가는 과정에는 항상 티핑 포인트가 존재한다. 그리고 그 시점이 지나면 개발자가 생각했던 것보다 훨씬 더 강력한 장비와 기술로 거듭나게 된다. 이러한 진화는 다양한 기술이 오랜 시간에 걸쳐 결합하는 형태로 나타난다. 예를 들어 인터넷은 서로 다른 여섯 가지 기술 층이 조합된 결과물이다.

신기술에 대한 회의주의는 아주 빠른 속도로 보편적인 수용으로 이동한다. 오늘날 우리는 평생 동안 눈부신 기술 변화를 겪고 있지만, 그럼에도 신기술이 등장할 때마다 놀라움과 충격을 경험한다. 그러다 불과 몇 년 만에 적응한다. 하지만 충격에서 수용으로 넘어가는 흥미로운 시간 동안 우리는 고개를 똑바로 들고 서 있어야 한다. 그래야 미래를 내다보며 준비할 수 있기 때문이다.

미지의 세계를 향한 첫 걸음

내가 바쿠에서 태어나기 9일 전, 그리고 함부르크에서 32대의 컴퓨터와 다면기를 펼치기 22년 전, 또한 딥블루와 운명적인 재대결을 벌이기 34년 전에, 모스크바에서 체스 기계와 그랜드마스터 간의 공식적인 대결이 최초로 펼쳐졌다. 아직까지 그 게임을 기억하는 사람은 거의 없다. 체스 역사에 길이 남을 역사적인 순간도 아니었다. 하지만 나는 대단히 중요한 사건이었다고 생각한다.

2006년에 세상을 떠난 소련의 그랜드마스터 다비드 브론스타인 David Bronstein은 여러모로 나와 유사했다. 그는 체스를 둘 때나 그렇지 않을 때나 언제나 왕성한 호기심과 실험적인 자세로 체스를 대했다. 또한 직설적인 성격 탓에 소련 공산당과 갈등을 빚기도 했다. 브론스타인은 체스를 널리 알리기 위해 다양한 아이디어를 내놓았다.[3] 그는 새로운 방식의 체스까지 선보였다. 브론스타인은 처음부터 체스 컴퓨터와 인공지능에 각별한 관심을 보였고, 최신 프로그램과의 대결을 항상 원했다. 브론스타인은 체스 컴퓨터로부터 인간의 사고방식에 대한 통찰을 얻을 것이라고 기대했다. 프로 생활을 마감한 뒤에는 컴퓨터 체스를 주제로 많은 글을 썼다.

1963년 당시 브론스타인은 세계 최고의 체스 기사였다.[4] 그로부터 12년의 세월이 흘러 세계 챔피언십에서 강력한 보트비닉과 맞붙었다. 1963년 4월 4일 브론스타인은 모스크바 수학연구소 Moscow Institute of Mathematics에서 소비에트 M-20이라는 이름의 메인프레임 컴퓨터와 대결을 벌였다. 내가 그를 만났더라면 첫 수를 두고 나서 어떤 느낌이

들었는지 물어보았을 것이다. 그는 아마도 처음부터 M-20의 실력이 초보자에 불과하다고 확신하지는 못했을 것이다. 그 게임은 미지의 세계를 향한 첫 걸음이었고, 그래서 특별한 상대를 대적하기 위해 준비할 수 있는 것이 아무것도 없었기 때문이다.

새뮤얼 존슨의 유명한 말을 여기에 적용하자면, 브론스타인은 아마도 M-20의 체스 실력이 아니라, 어쨌든 기계가 체스를 둘 줄 안다는 사실에 놀랐을 것이다. 브론스타인은 공격적으로 게임에 임했고, 약한 상대를 가지고 놀았다. 그는 컴퓨터가 자신의 기물을 잡도록 내버려두면서 공격 포지션으로 전환하여 흑킹을 공격했다. 결국 브론스타인은 10분 만에 깔끔한 체크메이트로 게임을 끝냈다. 총 23수가 걸렸다.

브론스타인의 승리는 강력한 기사와 1세대 체스 기계 사이에서 벌어진 대결의 전형적인 사례였다. 컴퓨터는 과도한 욕심을 부렸고, 이로 인해 자멸했다. 초창기 체스 프로그램은 기물의 가치 평가에 집중했다. 다시 말해 어느 쪽이 더 많은 피스와 폰을 가지고 있는지를 중요하게 생각했다. 사실 이러한 평가 기능과 이를 위한 프로그래밍 작업은 그다지 어렵지 않다. 체스판 위에 있는 모든 기물의 가치를 평가하고 이를 합산하는 일은 컴퓨터에게 너무나 쉬운 작업이다. 체스의 기본적인 가치 체계는 200년 전에 이미 완성되었다.[5] 그 기준에 따르면 폰은 1점, 나이트와 비숍은 3점, 룩은 5점, 퀸은 9점이다.

킹의 경우는 조금 복잡하다. 킹은 이동성에서 약하지만, 절대 내줄 수 없는 가장 가치 있는 기물이다. 체스에서는 절대 상대의 킹을 잡을 수 없다. 다만 공격에서 벗어날 수 없을 때, 즉 체크메이트 상황에서 게임은 끝난다. 킹을 평가하기 위한 한 가지 방법은 킹에게 100만 점의 가치를 부여하는 것이다. 그럴 경우 체스 프로그램은 이를 최우선적으로 보호할 것이다. 체크메이트는 명백한 끝내기 상황이며, 컴퓨터는 그 상황을 분명하게 인식한다. 네 수 만에 체크메이트를 할 방법이 있을 때, 네 수를 내다보는 컴퓨터라면 인간이 보기에 아무리 복잡한 포지션에서라도 그 수를 어떻게든 찾아낼 것이다.

초심자, 특히 아이들은 기물에 집착한다. 상대의 피스를 잡는 일에만 몰두하고, 피스의 유동성이나 킹의 안전성 같은 요소는 무시한다. 물론 기물이 중요하지만, 체크메이트를 당했을 때 상대 기물을 얼마나 많이 잡았는지는 전혀 중요하지 않다는 것은 오로지 경험으로만 배울 수 있다.

기물의 가치를 평가하는 기준은 포지션에 따라 다르다. 예를 들어 좋은 위치에 자리 잡은 나이트는 갇힌 룩보다 가치가 높다. 그리고 역동적이고 전략적인 게임 단계인 미들게임middlegame[오프닝과 엔드게임 사이의 중반부-옮긴이]에서 비숍은 세 개의 폰보다 더 가치가 높다. 하지만 엔드게임에서는 또 달라진다. 프로그래머는 게임 단계별로 가치 평가 기준을 다양하게 설정할 수 있지만, 알고리즘 속으로 더 많은 데이터를 집어넣을수록 검색 속도는 더 느려지게 마련이다.

초창기 체스 기계는 인간처럼 학습하지 못했다. 경험으로부터 배울 수 없었던 것이다. 반면 아이들은 체크메이트를 당할 때마다 깨닫게 된다. 그리고 게임에서 크게 졌을 때 당시의 패턴을 머릿속에 기억한다. 그러나 컴퓨터는 똑같은 실수를 반복해서 저지르고, 인간은 그러한 약점을 교묘하게 이용할 수 있다. 1980년대로 돌아간다면, 우리는 컴퓨터에게 이긴 게임을 살펴보고, 그때와 똑같은 수로 다시 한 번 승리를 거둘 수 있다.

검색 시간이 단 1마이크로초만 더 길어져도 컴퓨터의 선택은 달라질 수 있다. 이러한 점에서 시간은 체스 컴퓨터에서 대단히 중요한 요소다. 한 수에 평균 60초가 걸리는 인간이 55초 만에 수를 둔다고 해도 별 차이는 없을 것이다. 컴퓨터는 그렇지 않다. 컴퓨터는 아주 짧은 시간에 방대한 경우의 수를 검색하기 때문에, 시간이 길어질수록 선택의 질은 높아진다.

초창기 체스 프로그램과 인간 초보자의 실력이 비슷하다는 사실은 중요한 오해를 불러일으킬 수 있다. 이로 인해 사람들은 컴퓨터가 인간처럼 생각한다고 예상한다. 그러나 모라벡의 역설이 말하는 것처럼, 컴퓨터는 인간이 어려워하는 수의 계산에 강한 반면, 인간에게 쉬운 패턴 인식과 유사성의 발견에 약하다. 체크메이트를 제외하고, 포지션 평가는 다양한 요인에 의해 좌우된다. 그렇기 때문에 검색 속도가 매우 느렸던 초창기 시절의 컴퓨터 전문가들은 강력한 유형 A(무차별 대입법)를 기반으로 프로그램을 설계하는 방식이 현실적으로 불가능하다고 판단했던 것이다.

1950년대 말 MIT는 브론스타인과 대결했던 소련의 체스 프로그램보다 몇 년 앞서 어느 정도 실력을 갖춘 프로그램을 선보였다. IBM 7090을 기반으로 한 코톡-매카시Kotok-McCarthy라는 이름의 이 프로그램은 검색 속도를 높이기 위해 알파-베타 가지치기라는 알고리즘을 채택했으며, 이후에 등장하는 모든 강력한 알고리즘의 근간이 되는 기술을 활용했다.

당시 체스계를 이끌던 소련은 유형 A를 선택했다. 이 사실은 소련이 미국과 달리 강력한 선수를 많이 확보하고 있었다는 점에 비춰볼 때, 흥미로운 결정이었다. 둘 다 그리 강력한 체스 기사는 아닌 앨런 코톡과 존 매카시는 체스 게임을 풀어나가는 방식을 다분히 낭만적인 시선으로 바라보았다. 내가 보기에, 소련이 무차별 대입법을 선택한 것은 당연한 귀결이었다. 그들의 선택은 최고의 체스와 전략에 대한 탁월한 이해를 반영하는 것이었다. 강력한 체스 기사들 사이의 승패는 하나의 폰이 결정한다. 약한 기사는 자신의 약점과 치명적인 실수에 주목한다. 초심자나 일반인은 체스를 양측 모두의 치명적인 실수에 따라 이리저리 요동치는 정신없는 롤러코스터라고 느낀다.

낭만적인 관점에서 체스 기계를 설계할 경우, 과학적 정확성보다 영감의 순간을 중요하게 여긴다. 상대가 실수를 저지를 것이라 예상한다면, 본인의 실수도 그리 치명적인 것만은 아니다. 이 말은 곧 알고리즘의 결함을 어느 정도 감안한다는 뜻이다. 반면 유형 B는 복잡하고 혼란스러운 시스템 속에서 집중해야 할 수를 처음부터 선별함으로써 최고의 결과를 얻고자 한다. 코톡-매카시 프로그램은 가능한 열 가지 혹은 스무 가지 수를 모두 살펴보지 않고 단 네 가지의 수로 시작한다. 즉 한 번의 선택을 위해 먼저 네 가지 수를 선별한 다음 그 중에서 세 개를 추려낸다. 그리고 다시 두 가지로 좁혀나가는 방식으로 더 좁게, 더 깊이 파고들어간다.

설계의 관점에서 볼 때, 이러한 접근방식은 강력한 인간 기사가 수를 분석하는 방식과 유사하다. 그러나 이는 체스 마스터가 수천 가지 패턴을 인식하고, 인간 두뇌의 놀라운 병렬처리 기술을 활용하여 매우 정확하게 초기 메뉴를 선별한다는 사실을 간과하는 것이다. 이 같은 경험의 가치를 외면한 채, 기계가 단순한 연산 작업을 통해 몇 가지 의미 있는 수를 선별하기를 기대하는 것은 눈을 가린 체스보다 눈을 가린 다트 게임에 더 가깝다고 하겠다.

체스를 인공지능의 실험실이라고 말할 수 있는 이유는 발전 단계를 확인하고, 서로 경쟁하는 여러 이론을 시험할 수 있는 최적의 환경을 갖추고 있기 때문이다. 그리고 그 환경은 다름 아닌 체스판이다! 소련은 미국보다 늦게 출발했지만, 전보로 체스를 두던 1966~1967년에 ITEP라는 프로그램 개발에 박차를 가하고 있었다. ITEP(Institute for Theoretical and Experimental Physics, 모스크바 이론 및 실험 물리학 연구소) 프로그램은 유형 A를 선택했다. 그리고 시대에 뒤떨어진 코톡-매카시 프로그램에 비해 훨씬 정교한 프로그램으로 밝혀졌으며, 실제 대결에서도 3 대 1로 승리를 거두었다.

그 무렵 미국의 프로그래머 리처드 그린블래트Richard Greenblatt는 코톡-매카시 이론에 체스에 대한 자신의 폭넓은 이해를 접목함으로써 검색 범위를 크게 확대했다. 그린블래트가 개발한 프로그램인 맥핵 VIMac Hack VI는 코톡-매카시의 4, 3, 2, 2가 아니라 15, 15, 9, 9의 검색 형태로 출발했다. 그린블래트는 이러한 방식으로 노이즈를 제거했고, 더 정확하고 강력한 프로그램을 완성했다. 또한 맥핵 VI에 수천 가지의 오프닝 데이터베이스를 추가했다. 이후 맥핵 VI는 인간 체스 대회에 참가하여 체스 레이팅을 인정받은 최초의 컴퓨터가 되었다.

그러나 이 같은 혁신과 성공에도 불구하고 유형 B 프로그램 시대는 인간 체스 기사들의 시대보다 더 일찍 막을 내리고 말았다. 이제 무차별 대입법의 새 시대가 열리고 있었다.

세상이 뒤바뀌리라는 예감

내가 처음으로 컴퓨터를 접한 것은 1983년이었다. 물론 그때부터 컴퓨터로 체스를 둔 것은 아니었다. '영국의 애플'이라 불리는 컴퓨터 기업 에이콘Acorn은 그해 런던에서 열린 빅토르 코르치노이Viktor Korchnoi와의 매치에서 후원을 맡았다. 에이콘은 대회장에 자사의 컴퓨터를 진열해놓았다. 당시 유럽 지역의 기업이나 얼리어댑터들은 1세대 개인용 컴퓨터를 구매하는 데 엄청난 돈을 지불해야 했다. 그리고 에이콘은 그 시장에서 나름대로 선전하고 있었다. 나는 코르치노이와의 매치에서 이겼고, 이를 계기로 이듬해 아나톨리 카르포프와 맞붙게 될 첫 번째 세계 챔피언십에 한 발 더 다가서게 되었다. 또한 우승 상품으로 에이콘 개인용 컴퓨터를 받았다. 바쿠에 있는 집으로 돌아가는 아에로플로트 비행기 옆자리에는 소련 대사가 앉아 있었고, 내 소중한 우승 트로피는 VIP 좌석에서 담요에 덮여 있었다.

고향으로 돌아오는 동안에도 컴퓨터가 생겼다는 사실이 믿어지지 않았다. 그때까지 나는 체스의 올림포스를 오르는 일에만 최선을 다했고, 다른 곳에 관심을 둘 여유가 없었다. 게다가 그 무렵 소련에서는 연구실을 제외하고 컴퓨터를 찾아보기 힘들었다. 1977년에 나온 애플 II의 소련식 복제품이라 할 수 있는 AGAT도 1983년에 모습을 드러냈다. 이 컴퓨터는 소련 전역의 학교에 서서히 보급되기 시작했지만, 일반 시민이 구입하기는 힘들었다. AGAT의 가격은 소련 근로자 평균 월급의 스무 배였다. 더군다나 소련의 여러 다른 복제품처럼 6년 전에 출시된 애플 II의 성능조차 충실히 구현하지 못했다. 미국 컴퓨터 잡지 《바이트BYTE》는 1984년 기사에서 이 컴퓨터를 이렇게 평가했다. "AGAT는 거저 준다고 해도 오늘날 세계 시장에서 살아남기 힘들 것이다."[6]

그들의 혹평은 냉전시대의 일상적인 비난만은 아니었다. 이 무렵 미국에서는 컴퓨터 혁명이 일어나고 있었다. 컴퓨터 가격은 상당히 비쌌지만, 그래도 중산층 가구가 어느 정도 감당할 수 있는 수준이었다. 1982년 8월에는 엄청난 인기를 끌었던 코모도어 64가 출시되었다. 1983년 초에는 시장 표준으로 자리 잡은 IBM의 XT가 등장했다. 1984년 말 기준으로 미국 전체 가구의 8퍼센트 이상이 컴퓨터를 소유하고 있었다. 그러나 인구 100만의 아제르바이잔 수도 바쿠의 경우는 달랐다. 내가 에이콘과 함께 비행기에서 내리던 순간, 아마도 바쿠에 있는 컴퓨터의 전체 대수는 0에서 1로 늘어났을 것이다.

컴퓨터와의 첫 대면은 잊지 못할 순간이었지만, 앞서 밝혔듯이 나는 매우 바빴고 주로 사촌과 친구들이 8비트 에이콘 컴퓨터인 BBC 마이크로를 가지고 비디오 게임을 하며 놀았다. 그래도 한 가지만큼은 내 인생과 컴퓨터에 대한 나의 생각에 큰 영향을 미쳤다. 그건 컴퓨터 체스 게임이 아니었다. 다름 아닌 개구리를 차도로 안전하게 건너게 하는 게임이었다.

1985년 초 나는 프레데리크 프리델이라는 낯선 사람으로부터 소포를 받았다. 편지에서 그는 자신을 체스 팬이자 독일 함부르크에서 활동하는 과학 분야의 작가라고 소개했다. 소포 안에는 여러 가지 컴퓨터 게임이 담긴 플로피 디스크가 들어 있었다. 그중에는 내가 열광하게 된 호퍼Hopper라는 게임도 있었다. 나는 이후로 몇 주 동안 짬이 날 때마다 호퍼의 기록 갱신에 도전했다.

그로부터 몇 달 후 컴퓨터 다면기 대회를 비롯한 여러 행사 일정으로 함부르크에 갔을 때 시간을 내서 교외 지역에 있는 프리델의 집을 방문했다. 그는 아내와 두 아들인 열 살 마틴, 세 살 토미와 함께 살고 있었다. 그의 가족은 나를 편안하게 맞아주었다. 그는 나에게 최신 컴퓨터를 보여주었다. 나는 프레데리크와 대화를 나누던 중에 그가 보내준 게임들 중 하나를 완전히 마스터했다고 자랑했다.

경쟁 상대가 하나도 없었다는 사실은 숨긴 채 나는 이렇게 말했다. "제가 바쿠에서 호퍼 챔피언이랍니다." 그러면서 1만 6000점을 기록했다는 말까지 덧붙였다. 예상과 달리 프레데리크는 별로 놀라지 않는 눈치였다.

"대단하군요. 하지만 우리 집에서는 별로 높은 점수가 아닌데요."

"네? 그것보다 더 높은 점수를 기록했다고요?"

"네. 제 기록은 아닙니다."

"아, 마틴이 비디오 게임 천재인가 보군요."

"마틴도 아니에요."

나는 프레데리크의 미소를 보고 프리델 집안의 호퍼 챔피언이 다름 아닌 세 살짜리 토미라는 사실을 알아챘다. "정말 토미인가요?" 프레데리크가 막내를 불러 함께 호퍼를 했을 때, 나의 추측은 현실이 되었다. 나는 손님 자격으로 제일 먼저 게임을 했고, 놀랍게도 내 최고 기록인 1만 9000점을 달성했다.

하지만 나의 기쁨은 곧 사라지고 말았다. 토미는 컴퓨터 앞에 앉자마자 조그마한 손을 보이지 않을 만큼 빨리 놀렸고, 점수는 순식간에 2만 점을 넘어섰다. 그리고 곧바로 3만 점을 돌파했다. 나는 패배를 인정할 수밖에 없었다.[7]

물론 그 패배를 카르포프에 패한 것과 비교할 수는 없겠지만, 어쨌든 나는 그때부터 이런 의문이 들었다. 러시아는 앞으로 어린아이도 능숙하게 컴퓨터를 다루는 서구와 경쟁할 수 있을까? 소련에서 컴퓨터를 가진 몇 안 되는 사람인 내가 독일 꼬마에게 무참히 지고 말았는데도?

그 사건을 계기로 나는 1986년 컴퓨터 기업 아타리와 후원 계약을 맺을 때, 그 돈으로 50대가 넘는 아타리 최신형 컴퓨터를 사서 모스크바에 청소년 컴퓨터 클럽을 만들었다. 그 클럽은 소련 역사상 최초의 청소년 조직이 되었다. 나는 외국에 나갈 때마다 중요한 하드웨어와 소프트웨어를 계속해서 날라다주었고, 클럽은 점차 뛰어난 컴퓨터 과학자와 마니아의 중심지가 되었다.

클럽 회원들은 내게 프로젝트에 필요한 장비 목록을 보내주었다. 그 때문에 공항에서 웃지 못할 장면이 연출되기도 했다. 여행을 마치고 돌아올 때면 나는 항상 커다란 선물 보따리를 든 산타클로스의 모습이었다. 공항에서 나를 반기는 사람들 중에는 체스 팬은 물론, 선물 보따리에 관심이 많은 컴퓨터 전문가들도 있었다. 한번은 공항 검색대 직원이 이렇게 소리친 적도 있었다. "가리! 이번에는 윈체스터 총을 가지고 온 겁니까?!" 사실 그건 윈체스터 기관총이 아니라 구하기 힘든 윈체스터 하드디스크였다.[8]

한번은 프레데리크와 함께 컴퓨터가 프로 체스 세상에 미칠 영향에 대해 이야기를 나눈 적이 있다. 당시 많은 기업이 스프레드시트와 워드프로세서, 그리고 데이터베이스를 사용하기 위해 컴퓨터를 적극적으로 도입하고 있었다. 그렇다면 체스 세상도 그래야 하지 않을까? 컴퓨터는 틀림없이 강력한 체스 무기가 될 것으로 보였다. 나는 가만히 앉아 기다릴 수만은 없었다.

앞서 소개했듯 우리 두 사람의 대화는 첫 번째 버전의 체스베이스 탄생으로 이어졌다. 체스베이스는 머지않아 프로 체스 소프트웨어를 의미하는 보통명사가 되었다. 1987년 1월 나는 강력한 팀과 맞붙게 될 다면기 대회를 준비하면서 초기 버전의 체스베이스를 활용했다. 그전인 1985년에 독일의 프로 리그팀 선수 여덟 명을 상대로 다면기 시합을 펼친 적이 있었는데, 아깝게 패하고 말았다. 당시 나는 자신감이 넘쳤지만 몸은 극히 피로한 상태였다. 게다가 상대를 제대로 알지 못했고, 그들의 스타일을 파악할 시간적 여유도 부족했다.

나는 이번 다면기 재대결을 준비하면서 체스베이스가 내 체스 인생을 완전히 바꾸어놓을 것이라고 예감했다. 나는 아타리 ST 컴퓨터에 프레데리크와 마티아스가 건네준 '00001'이라는 숫자가 적힌 체스베이스 디스켓을 집어넣었고, 불과 몇 시간 만에 상대 선수들의 과거 경기를 살펴볼 수 있었다. 컴퓨터가 없었다면 몇 주는 족히 걸릴 작업이었다. 하지만 이번에는 컴퓨터의 도움으로 이틀 만에 준비를 마치고 편안한 마음으로 경기에 임할 수 있었다. 결과는 7 대 1의 압도적인 승리였다. 그 순간 앞으로 많은 시간을 컴퓨터 앞에서 보내게 될 것이라는 생각이 들었다. 하지만 얼마나 많은 시간을 컴퓨터와 대결하는 데 보내게 될지는 짐작할 수 없었다.

새로운 물결에 올라타기

나는 컴퓨터의 도움으로 체스 준비 작업을 더욱 신속하고 정확하게 마무리할 수 있었다. 몇 년 뒤 한 사진 기자가 나를 찾아왔을 때 그 사실을 분명히 확인하게 되었다. 기자는 체스판 앞에 앉은 내 모습을 원했다. 그런데 한 가지 문제가 있었다. 그곳에 체스판이 없던 것이다! 그 이유는 컴팩 노트북으로 모든 준비 작업을 했기 때문이다. 그 노트북은 무게가 무려 5킬로그램이었지만, 그래도 '휴대용'이라고 부를 만한 진정한 노트북이었다. 노트북은 공책과 두꺼운 오프닝 백과사전을 들고 다니는 것보다 훨씬 가볍고 간편했다. 게다가 경기가 끝나고 인터넷으로 게임 내용을 곧바로 확인할 수 있었다. 예전에는 몇 주 혹은 몇 달을 기다려 체스 잡지를 통해 확인하는 수밖에 없었다.

머지않아 그랜드마스터들이 노트북을 가지고 돌아다니는 것은 흔한 풍경이 되었다. 물론 세대 차이는 있었다. 나이 많은 기사들은 노트북 사용을 어렵고 낯설게 느꼈다. 특히 수십 년 동안 기존의 준비와 훈련 방식에 익숙한 기사들은 더욱 그랬다. 게다가 노트북은 무척 비쌌고, 나처럼 후원사의 도움이나 우승 상품으로 컴퓨터를 갖게 된 행운을 누린 기사는 극소수에 불과했다.

컴퓨터와 데이터베이스의 등장으로 프로 체스 세상이 어떻게 변했는지 살펴본다면, 앞으로 산업과 사회 전반이 신기술을 어떻게 받아들일지 짐작해볼 수 있다. 이미 많은 예측이 나와 있기는 하지만, 나는 동기에 대한 연구가 충분히 이루어지지 않았다고 본다. 젊고 기존 방식에 익숙하지 않은 사람들은 신기술에 개방적이다. 하지만 나이가 개방적인 태도를 가로막는 유일한 요인은 아니다. 성공의 경험도 그러한 작용을 한다. 놀라운 성공을 거두었을 때, 또는 현재 상황이 자신에게 유리할 때, 사람들은 기존 방식을 좀처럼 포기하지 않는다.

기업체에서 강의를 할 때면, 나는 이러한 문제를 '성공의 중력'이라는 용어로 설명한다. 그리고 종종 내가 겪은 고통스러운 사례 몇 가지를 소개한다. 가령 나는 2000년 블라디미르 크람니크Vladimir Kramnik와의 대결에서 세계 챔피언 자리를 빼앗기고 말았다. 그전까지 나의 성적은 절정을 달리고 있었다. 세계 최고의 대회에서 전례 없는 연승을 이어나가면서 레이팅도 최상으로 끌어올렸다. 나는 자부심으로 가득했다. 그리고 총 16게임의 10월 런던 대회를 앞두고 꼼꼼하게 준비를 하고 있었다. 나보다 열두 살 어린 크람니크는 가장 위험한 상대였으며, 나와의 전적에서 강한 모습을 보였다. 하지만 런던 대회는 크람니크가 처음으로 참가한 세계 챔피언십 매치였다. 나는 벌써 일곱 번째였다. 경험과 성적 면에서 나는 크람니크를 월등히 앞서고 있었다. 게다가 예감마저 좋았다. 내가 어떻게 크람니크에게 질 수 있단 말인가?

하지만 나는 상대의 흐름에 휘말리면서 게임의 방향을 바꾸지 못했다. 철저하게 준비한 크람니크는 내가 싫어하는 지루한 형태의 포지션으로 게임을 몰아갔다. 나는 크람니크의 그러한 전략에 적절한 대응 방안을 찾아야 했다. 그러나 그가 유도한 포지션에서 벗어나 내게 유리한 방향으로 게임을 끌어가지 못했고, 마치 붉은 망토를 향해 무작정 달려드는 황소처럼 앞으로 나아가기만을 반복했다. 결국 나는 2패 13무로 게임을 마쳤다. 단 한 번의 승도 챙기지 못한 채 타이틀을 내주고 말았다.

그때 나는 서른일곱 살이었고, 체스 기사로서 그리 나이가 많은 편은 아니었다. 신기술을 받아들이고 유행을 선도하는 데도 두려움이 없었다. 나의 잘못은 크람니크가 나보다 더 철저하게 준비했다는 사실을 인정하지 않은 것이었다. 나는 철저한 준비야말로 나의 최대 장점이라 믿었다. 그리고 계속된 성공은 영원히 이어질 듯 보였고, 모든 환희의 순간은 나를 뻣뻣하고 변화에 둔감하게 바꾸어놓았다. 더 심각한 문제는 점차 변화의 필요성마저 느끼지 못하게 되었다는 사실이다.

이러한 성공의 중력은 나만의 문제는 아니다. 시장의 리더들도 혁신과 변화에 저항한다. 우리는 실제로 이와 관련한 수많은 사례를 찾아볼 수 있다.

1951년도 영화 〈흰 양복의 사나이〉에 나오는 한 가지 에피소드를 소개할까 한다. 이 영화의 주인공 알렉 기네스는 화학자다. 그는 낡지도 더러워지지도 않는 기적의 섬유를 개발한다. 하지만 자신의 발명으로 그가 얻은 것은 명성과 부, 혹은 노벨상의 영광이 아니었다. 대신에 그는 발명품의 진정한 의미를 깨달은 성난 군중으로부터 쫓기는 신세가 되고 만다. 기네스의 발명품이 상용화된다면, 사람들은 더 이상 새 옷을 사지 않을 것이며, 그러면 섬유산업에 종사하는 수많은 노동자들이 일자리를 잃게 될 것이었다. 또한 세제 업계의 노동자들과 세탁업자들도 그 뒤를 따르게 될 것이었다.

말도 안 되는 소리라고? 물론 그렇다. 하지만 영구적으로 사용 가능한 전구가 개발된다면, 과연 전구 기업들이 그 발명품을 만들어 팔 것인지 의심해보지 않을 수 없다. 만약 기업들이 기존의 비즈니스 모델에서 한 푼이라도 더 짜내기 위해 변화에 저항하거나 출시를 연기하려 든다면, 전구 산업은 아마도 더 처참한 몰락을 맞게 될 것이다. 나는 1999년에 검색 엔진인 알타비스타AltaVista의 TV 광고에 출연한 적이 있다.[9] 하지만 그렇다고 해서 구글의 새로운 검색 엔진이 나왔을 때에도 그걸 그대로 쓰겠다는 의미는 아니었다.

나는 20대 시절에 디지털 정보 혁신의 물결을 맞이했다. 그때 그 물결은 쓰나미가 아니라 느린 파도였다. 물론 화면으로 게임을 즐기는 것은 인쇄물을 통한 방식보다 훨씬 효과적이었다. 분명히 실질적인 경쟁력은 있었지만, 그렇다고 해서 핵폭탄의 위력만큼은 아니었다. 그리고 몇 년 뒤 인터넷이 급속히 확산되면서 많은 그랜드마스터들이 정보 전쟁에 더욱 가열차게 뛰어들었다. 가령 화요일에 모스크바에서 열린 게임에서 새로운 오프닝 아이디어가 등장했다면, 수요일에 전 세계의 수많은 체스 기사들이 이를 따라 했다. 이러한 변화는 이른바 오프닝 노블티opening novelty라고 하는 비밀병기의 수명을 몇 주 혹은 몇 달에서 몇 시간으로 줄여버렸다. 이제 체스 기사들이 교묘한 함정으로 여러 명의 상대를 속이기는 불가능한 일이 되었다.

물론 그건 경쟁 상대들이 온라인 세상에 살고 있고, 최신 정보에 밝을 때에만 해당하는 이야기다. 그러나 상황은 오랫동안 그렇지 못했다. 50대의 그랜드마스터에게 자신이 아끼는 가죽 양장의 분석 노트와 게임 회보지, 혹은 기존의 다양한 준비 습관을 포기하라고 말하는 것은 유명 작가에게 펜을 버리고 워드프로세서로 글을 쓰라고, 혹은 화가에게 캔버스를 버리고 스크린으로 그림을 그리라고 말하는 것과 같다. 새로운 도구를 재빨리 받아들인 체스 기사들은 살아남았다. 반면 그렇지 않은 사람들 대부분은 레이팅 목록에서 사라졌다.

정확한 인과관계를 입증할 수는 없겠지만, 체스베이스가 널리 확산된 1989년부터 1995년 사이에 많은 베테랑 기사들이 갑작스럽게 몰락했던 것은 신기술의 수용 능력과 무관하지 않을 것이다. 1990년 세계 100위 안에 드는 체스 기사 가운데 1950년 이전의 출생자는 스무 명 이상이었다. 하지만 1995년 레이팅 순위 100위 안에는 일곱 명밖에 없고, 정상급은 단 한 명이었다. 그는 바로 결코 늙지 않는 빅토르 코르치노이였다. 1931년생인 코르치노이는 에이콘이 후원한 1983년 런던 챔피언십 예선전에서 나와 맞붙기도 했다.

또 한 사람의 예외가 있는데, 나의 위대한 라이벌 카르포프다. 1951년생인 카르포프는 컴퓨터와 인터넷을 멀리했음에도 50대의 나이에 최고의 자리를 지켰다. 그래도 그는 놀라운 재능 및 경험과 더불어, 전 세계 챔피언 자격으로 많은 동료로부터 도움을 받을 수 있었다. 그리고 그것은 대부분의 체스 기사들이 누릴 수 없는 카르포프만의 경쟁력이었다. 이후 과학기술이 발달하면서 체스에서 조수 혹은 '세컨드second'의 도움을 받을 수 있는 막강한 경쟁우위의 중요성은 점차 줄어들었다. 이것이야말로 기술이 체스 세상의 민주화에 기여한 가장 큰 공헌일 것이다.

컴퓨터의 등장은 고령의 기사들의 경력을 단축시킨 반면, 동시에 젊은 선수들이 더 빨리 성장할 수 있는 발판이 되어주었다. 그 이유는 컴퓨터가 게임 엔진의 기능을 했을 뿐만이 아니라, 데이터베이스 프로그램이 두뇌가 말랑말랑한 젊은 기사를 무한한 정보의 바다로 데려다주었기 때문이다. 나 또한 젊은이들이 하나의 게임에서 다음 게임으로, 그리고 하나의 분석 가지에서 다음 가지로 순식간에 넘어가는 모습을 보고 깜짝 놀라곤 했다. 다음에 다시 살펴보겠지만, 컴퓨터를 기반으로 한 훈련 방식에는 단점도 있다. 그래도 분명한 사실은 컴퓨터의 등장으로 경기장 혹은 체스판이 젊은이에게 유리한 쪽으로 기울었다는 점이다. 프로 기사로 경력을 쌓아가는 동안, 나는 과거의 모든 챔피언처럼 차세대 기사들의 도전에 직면했다. 그들은 내가 어릴 적에는 존재하지 않았던 정교한 디지털 도구와 함께 성장한 세대였다.

다행스럽게도 나는 그 물결에 올라탈 수 있는 시기에 태어났다. 하지만 그 물결로부터 더욱 강해진 새로운 형태의 경쟁자와 최전선에서 맞붙어야 했다. 체스 기계는 서서히 세계 챔피언 자리를 향해 다가오고 있었고, 1985년 11월 9일 그들의 상대는 바로 나였다.

체스 기계는 언제쯤 세계 챔피언을 꺾을 것인가

역사적으로 많은 체스 프로그래머들이 "체스 기계는 언제쯤 세계 챔피언을 꺾을 것인가?"라는 질문에 대해 나름대로 예측을 내놓았다. 그리고 지금 우리가 알고 있듯이 컴퓨터 기술의 걸음마 시절부터 그들의 대답은 어김없이 빗나갔다. 그래도 10년 후면 가능할 것이라는 카네기멜론 대학의 대담한 1957년 선언은 완전한 허풍은 아니었다. 어쨌든 그 대학 연구팀이 개발한 딥블루가 결국 그 일을 해냈기 때문이다. 비록 그들이 장담했던 10년이 아니라 40년의 세월이 걸리기는 했지만.

1982년 로스앤젤레스에서 열린 12회 북미 컴퓨터 체스 챔피언십에서는 세계 최고의 체스 기계들이 챔피언 자리를 놓고 치열한 경쟁을 벌였다. 특히 켄 톰슨Ken Thompson이 들고 나온 체스용 하드웨어 장비인 벨은 탁월한 실력을 뽐냈으며, 하드웨어 아키텍처 개발과 이후 딥블루로 실현된 맞춤형 체스용 칩 개발의 가능성을 보여주었다. 톰슨은 벨을 공동으로 개발한 조 콘던Joe Condon과 더불어 그 유명한 벨연구소에서 연구를 수행하면서 많은 업적을 쌓았다. 또한 유닉스 운영체제를 공동 개발하기도 했다.

결과만 놓고 볼 때, 톰슨의 벨은 클로드 섀넌이 1950년에 제시했던 딜레마, 즉 "똑똑하지만 느린" 유형 A와, "빠르지만 멍청한" 유형 B 중 무엇이 더 우월한지 분명한 대답을 들려주었다. 결과적으로 충분히 빠른 검색 속도를 갖춘 유형 A가 좀 더 최적화된 접근방식인 것으로 드러났다. 데이터 부족을 비롯한 다양한 제약에도 불구하고, 벨은 초당 16만 개 포지션을 검색함으로써 더욱 성능 좋은 마이크로프로세서 컴퓨터는 물론 크레이 슈퍼컴퓨터까지 시대에 뒤떨어진 물건으로 만들어버렸다. 1982년 대회에서 컴퓨터 체스 분야의 여러 전문가들은 인터뷰에서 기계가 세계 챔피언(당시 카르포프)을 꺾을 시점에 대해 조심스럽지만 낙관적인 전망을 드러냈다.

컴퓨터 체스에 많은 기여를 했던, 특히 홍보와 조직 업무에 주력했던 몬티 뉴본Monty Newborn은 5년이면 충분하다고 장담했다. 컴퓨터 전문가이자 체스 마스터인 마이크 밸보Mike Valvo는 10년으로 예상했다. 또한 유명한 컴퓨터 프로그램인 사르곤Sargon 개발자들은 15년으로 구체적인 시점을 밝혔다. 반면 톰슨은 20년 후인 2000년에야 가능할 것이라고 예측하면서, 비교적 비관적인 대다수 집단에 편승했다. 그런 일은 절대 일어나지 않을 것이라고 말하는 이들도 있었다. 그 이유로 체스 기계의 처리 속도가 빨라지면서 개발자들이 더 많은 데이터를 추가함으로써 속도가 다시 느려지게 되는 문제점을 거론했다. 그럼에도 그 시기에 유행했던 "언제 이루어질 것인가?"와 "정말로 이루어질 것인가?"라는 두 가지 질문 중에서 후자는 조만간 종적을 감추게 되었다.

그 후 10년 동안 지속적인 발전이 이루어지면서, 1980년대 말에 컴퓨터 체스 전문가들은 인간 대 기계의 대결이 그들에게 유리한 국면으로 넘어가고 있으며, 예언의 시점을 더 구체적으로 지목할 수 있게 되었다고 확신했다. 1989년 캐나다 에드먼턴에서 열린 세계 컴퓨터 체스 챔피언십에서 43명의 전문가를 대상으로 한 설문조사 결과는 인간 대 기계의 대결에서 최근에 나타난 성과를 반영하는 것이었다. 1988년 컴퓨터가 최초로 토너먼트 대회에서 그랜드마스터를 물리치면서, 기술 발전을 향한 로드맵은 더 많은 데이터와 더 빠른 처리 속도에 초점을 맞추고 있었다. 오직 한 사람만이 1997년을 운명의 해로 지목했던 반면, 다른 전문가들의 전망은 이를 중심으로 10년의 편차로 펼쳐져 있었다. 그중 주목할 만한 사례로 딥블루 개발팀의 머리 캠벨은 1995년을, 클로드 섀넌은 1999년을 지목했다.

컴퓨터 체스 전문가들이 오랫동안 쏟아냈던 잘못된 예측과 허황된 근거만을 들추는 것은 어쩌면 부당한 처사일지 모른다. 어쨌든 예측은 어려운 일이며, 세월이 흘러 잘못된 예측을 비판하는 것은 쉽다. 그럼에도 우리가 주목해야 할 사실이 있다. 그것은 컴퓨터 체스를 둘러싼 수많은 낙관주의와 비관주의가 오늘날 인공지능과 관련한 예측이 홍수처럼 범람하는 상황을 미리 보여주었다는 점이다.

일반적으로 사람들은 신기술의 부작용을 중요하게 생각하지 않는 반면, 그 잠재적 가능성에 대해서는 과대평가한다. 우리는 기술 혁신이 하룻밤 사이에 모든 것을 바꾸어놓으리라 기대한다. 그러나 필연적이면서도 좀처럼 해결하기 힘든 기술적 장애물이 나타나면서 기대는 어긋나고 만다. 우리는 직관적인 관점에서 기술 발전을 바라본다. 즉 선형적인 진보를 가정한다. 하지만 이러한 생각은 이미 개발이 완료되고 도입이 확산된 성숙한 기술에만 해당한다. 예를 들어 무어의 법칙이 정확하게 설명하듯 반도체와 태양열 분야의 발전은 느리고 점진적인 형태로 진행되고 있다.

발전의 형태를 비교적 정확하게 예측할 수 있는 시점에 앞서 두 단계가 존재한다. 그것은 투쟁과 혁신의 단계다. 이러한 관점은 빌 게이츠의 생각과도 같은 맥락에 있다. 그는 이렇게 말했다. "우리는 앞으로 2년 동안 벌어질 변화에 대해서는 과대평가하면서도, 향후 10년 동안 벌어질 변화를 과소평가하려는 경향이 있다."[10] 우리는 선형적인 형태의 발전을 가정하지만, 현실은 후퇴와 성숙의 반복으로 나타난다. 시간이 흐르면서 적절한 기술이 결합되거나, 혹은 충분히 많은 사람들이 신기술을 수용할 때 진보가 단속적인 형태로 일어나면서 사람들을 놀라게 한다. 그리고 이후 성숙 단계로 접어들면서 완만한 성장 곡선을 이룬다. 기술이 직선 형태로 상승한다는 일반적인 믿음과 달리 S자 곡선을 그리는 것이다.

체스 기계는 1950년대와 1960년대에 투쟁 단계에 머물러 있었다. 많은 과학자가 부족한 자원을 가지고 다양한 실험을 했고, 유형 A와 유형 B중 어떤 것이 미래지향적인 접근방식인지 밝혀내기 위해 애썼다. 그들은 지금으로서는 믿기 힘들 정도로 느려터진 프로그래밍 툴과 하드웨어를 사용했다. 당시 체스 기계에서 가장 중요한 요소는 무엇이었을까? 체스 데이터? 아니면 처리 속도? 다양한 개념에 대한 정의가 아직 정립되지 못한 상태에서, 사람들은 새로운 혁신이 등장할 때마다 엄청난 잠재력을 기대했다.

그러한 와중에 한 체스 기사는 과학자들의 낙관주의를 이용해서 개인적인 이득을 얻을 수 있다고 생각했다. 내가 컴퓨터 체스 세상이 '가장 원하는' 인물로 떠오르기 전에, 스코틀랜드의 체스 마스터 데이비드 레비David Levy는 컴퓨터와 대결을 펼치면서 짭짤한 부수입을 올렸다. 1968년에 두 명의 유명한 인공지능 전문가들이 기계가 세계 챔피언을 꺾는 일은 10년 이후에야 가능할 것이라는 예언을 한 직후, 레비는 그 기간 동안 어떤 컴퓨터도 자신을 이기지 못할 것이라고 장담했다. 클로드 섀넌이 로드맵을 제시했던 1949년 이후 20년 동안 등장한 과도기의 체스 기계를 살펴본다면, 우리는 레비의 호언장담이 단지 허풍은 아니었다는 주장에 동조하게 된다.

여기서 잠시 체스 용어를 살펴보자. 레이팅 2400대인 인터내셔널 마스터는 마스터(2200)보다 높고, 그랜드마스터(2500 이상)보다는 낮다.

오늘날 정상급elite의 레이팅은 2700대다. 현재 정상급에는 전 세계에 40명가량이 있는데, 그중에서 마그누스 카를센이 2882로 정상을 차지하고 있다. 나의 레이팅은 1999년에 2851이었고, 딥블루와 재대결을 펼쳤을 당시에는 2795였다. 레이팅은 시간이 흐르면서 점점 높아진다. 1972년 바비 피셔의 레이팅은 2785로, 에베레스트와 같은 높이였다. 이후 몇 명이 이를 넘어섰다. 물론 레이팅이 높다고 해서 실력이 피셔보다 우위라고 말할 수는 없다. 또한 많은 기사들이 함께 게임을 벌이는 토너먼트와 달리, 두 선수가 여러 번의 게임을 벌이는 대회 방식을 매치match라 부른다.

1970년대 초 레비는 어떤 체스 프로그램보다 압도적인 실력을 보여주었다. 그의 내기가 끝날 때까지 어떤 체스 기계도 마스터 등급에 이르지 못했다. 또한 레비는 체스 컴퓨터의 강점과 약점을 잘 알고 있었다. 그리고 검색 기술의 발달로 컴퓨터가 전술적 측면에서 더욱 정교해지는 반면, 전략적 계획 수립과 미묘한 엔드게임에 약하다는 사실을 파악하고 있었다. 레비는 그러한 전략을 끈질기게 밀어붙였고, 컴퓨터를 상대로 "아무것도 하지 않으면서 잘하는" 전략을 고수했다. 체스 기계는 특정 포지션에서 약점을 반복적으로 드러냈다. 결국 레비는 체스 게임에서, 그리고 내기에서 완벽한 승리를 거두었다.

레비의 순항은 적어도 노스웨스턴 대학이 내놓은 그 이름도 간단한 '체스'가 등장하기 전까지 계속되었다. 래리 앳킨Larry Atkin과 데이비드 슬레이트David Slate가 개발한 체스는 체스 기사에 대적할 만한 강력하고 일관적인 실력과 함께 인간이 종종 저지르는 치명적인 실수로부터 자유로운 세계 최초의 체스 기계였다. 1976년에 나온 버전 4.5

는 실력이 낮은 기사들이 참여하는 대회에서 우승을 차지함으로써 그 성능을 입증해 보였다. 이듬해 나온 버전 4.6은 미네소타 오픈 토너먼트에서 우승을 차지하면서 마스터 등급까지는 아니라고 해도 전문 기사의 레이팅 수준을 보였다.

이후 투쟁 단계가 끝나고 급속한 혁신 단계가 시작되었다. 한층 빨라진 하드웨어의 처리 속도와 20년에 걸친 프로그래밍 기술의 진보가 만나면서 혁신의 속도는 정점에 도달했다. 과대평가에 따른 실망이 수십 년 동안 이어지고 나서, 새롭게 시작된 혁신의 속도는 사람들의 예상을 뛰어넘었다. 1978년에 레비가 버전 4.7의 체스와 맞닥뜨렸을 때, 그 컴퓨터 세계 챔피언은 지금까지 그가 상상했던 어떤 기계보다 강력했다. 그 체스 기계는 총 여섯 게임으로 이루어진 매치에서 레비를 상대로 한 번의 무승부와 한 번의 승리를 기록했지만, 그를 꺾을 만큼 강력하지는 못했다.

레비는 체스 기계 분야에서 유명 인사가 되었고, 이를 주제로 많은 책과 글을 썼다. 그리고 국제컴퓨터게임협회International Computer Games Association(ICGA) 회장을 맡으면서, 2003년 뉴욕에서 펼쳐졌던 나와 딥 주니어와의 매치를 주최하기도 했다. 1986년에는 《ICGA 저널》에 "무차별 대입법 프로그램이 언제 카스파로프를 이길 것인가?"라는 제목의 글을 발표했다. 나는 이 글에서 레비가 체스 컴퓨터의 희생양이 자신은 아니라는 사실에 안도하고 있다는 사실을 눈치챌 수 있었다.

자신의 내기에 승리한 레비는 또 한 번 새로운 도전을 했다. 그는 자신을 이긴 컴퓨터에게 1000달러의 상금을 주겠노라고 공언했다.

미국 과학 잡지《옴니(Omni)》가 여기에 4000달러의 상금을 추가하자 관심은 더욱 뜨거웠다. 결국 카네기멜론의 대학원생들이 체스 전용 컴퓨터 딥소트를 가지고 그 상금을 타내기까지 무려 10년의 세월이 걸렸다.

4

DEEP THINKING

기계는 무엇을 중요하게 생각하는가

◆

"컴퓨터는 유효한 질문을 던지는

방법을 알고 있습니다.

다만 어떤 질문이 더 중요한지를 모를 뿐입니다."

◆

딥소트가 말했다. "그 위대한 질문에 대한 답은……."

"네……!"

"삶과 우주, 그리고 세상 만물에 대한……."

"네……!"

"그 대답은……!" 딥소트는 잠시 뜸을 들인다.

"네……!!!……?"

그러고는 위엄 있는 목소리로 차분하게 대답한다. "42입니다."

룬쿠왈이 외쳤다. "42! 750만 년 연구의 결과가 그겁니까?"

딥소트는 말했다. "철저히 검토해본 결과 그렇게 확신했습니다. 솔직히 말해서 진짜 문제는 아무도 그 질문의 뜻을 이해하지 못한다는 것입니다."[1]

세상의 모든 멋진 농담처럼, 더글러스 애덤스Douglas Adams의 《은하수를 여행하는 히치하이커를 위한 안내서》에 등장하는 세상에서 제일 빠른 컴퓨터와 그 개발자가 나누는 대화에는 심오한 철학이 담겨 있다. 인간은 질문의 진정한 의미를 이해하지 못한 채, 혹은 그 질문의 타당성을 확신하지 못한 채 해답을 찾기 위해 끊임없이 노력한다. 인간과 기계의 관계를 주제로 강의를 할 때면, 나는 피카소의 일화를 종종 인용하곤 한다.[2] 그는 한 인터뷰에서 이렇게 말했다. "컴퓨터는 아무짝에도 쓸모없는 물건입니다. 항상 대답만 내놓으니까요." 대답은 멈춤을, 그리고 결론을 뜻한다. 그러나 피카소에겐 결론이란 없다. 그에겐 오로지 탐구해야 할 새로운 질문만이 있을 뿐이다. 컴퓨터는 해답을 얻기 위한 최상의 도구지만, 우리가 어떤 질문을 던져야 하는지에 대해서는 하등 쓸모없는 존재다.

올바른 질문 던지기

2014년 나는 이와 같은 사고방식에 대한 사람들의 흥미로운 반응을 확인하게 되었다. 나는 코네티컷에 위치한 세계 최대 헤지펀드 기업인 브리지워터 어소시에이츠로부터 강연 요청을 받았다. 나중에 알게 된 사실이지만, IBM의 인공지능 프로젝트 왓슨의 개발자 중 한 사람인 데이비드 페루치David Ferrucci가 바로 그 헤지펀드에서 일하고 있었다. 왓슨은 미국의 TV 퀴즈 프로그램인 〈제퍼디〉에 출연해서 큰 인기를 누렸던 인공지능 프로그램이다. 하지만 페루치는 인공지능에 대한 IBM의 데이터 기반의 접근방식에 대해, 그리고 왓슨의 인기를 최대한 빨리 상업적으로 이용하려는 그들의 태도에 대해 회의감이 들었다고 했다. 페루치는 데이터마이닝data mining 기법을 바탕으로 유효한 상관관계를 밝혀내는 차원을 넘어서서, 인공지능의 핵심적인 '원리'를 밝혀내기 위한 '경로' 연구에 몰두하고 있었다. 다시 말해 페루치는 인공지능의 실용적 활용 가능성 그 이상을 원했고, 단지 결과물을 만들어내는 것이 아니라 인공지능의 존재 자체를 밝혀내고 싶었다.

흥미롭게도 페루치는 자신의 연구를 위해 세계적인 IT 기업인 IBM 대신에 혁신으로 유명한 브리지워터를 선택했다. 브리지워터 또한 새로운 예측 분석 모형을 바탕으로 투자 성과를 개선하기 위한 새로운 방안을 모색하고 있었다. 그들은 "연역적 사고와 귀납적 추론을 조합함으로써 근본적인 경제 이론을 구축하고 적용하고 수정하고 설명하는 기계를 상상해보라"고 말했던 페루치의 연구를 지원함으로써 실질적인 도움을 얻을 수 있을 것으로 기대했다.[3]

페루치의 이 말은, 특히 '설명'이라는 말은 우리가 주목해야 할 중요한 표현이다. 당시 세계 최고의 체스 프로그램도 기본적인 전술적 선택만 제시할 뿐, 그 선택에 대한 이론적 근거를 제시하지 못했다. 체스 컴퓨터는 탁월한 수를 보여주었다. 하지만 그 수는 인간이 이해할 수 있는 사고방식을 통해 나온 결과물이 아니다. 다만 컴퓨터가 판단하기에 다른 수보다 더 가치가 높기 때문에 선택된 것이다. 물론 슈퍼컴퓨터는 게임을 수행하고 전략을 분석하는 과정에서 대단히 유용한 도구임에 틀림없지만, 인간의 눈으로 볼 때 그건 수학 교사라기보다 계산기에 불과했다.

페루치의 말은 피카소나 더글러스 애덤스처럼 문제의 핵심을 찔렀다. 페루치는 말했다. "컴퓨터는 유효한 질문을 던지는 방법을 알고 있습니다. 다만 어떤 질문이 더 중요한지를 모를 뿐입니다." 나는 이 말이 무척 마음에 든다. 다양한 의미의 층을 함축하고 있을 뿐만이 아니라, 매우 유용한 지혜까지 선사하기 때문이다.

먼저 이 말을 있는 그대로 해석해보자. 가장 단순한 형태는 인간이 미리 짜놓은 대본대로 컴퓨터가 질문을 던지고 상대의 대답을 기록하는 방식이다. 그러나 이러한 형태를 인공지능이라 부르기는 어렵다. 자동화된 디지털 기록 장치에 불과하다. 다음으로, 기계가 실제 목소리로 질문을 하고 인간의 대답에 적절한 반응을 보이는 방식이 있다. 이는 원시적인 형태의 데이터 분석보다 고차원적인 기능을 수행하는 것이다. 실제로 다양한 소프트웨어와 웹사이트는 10년이 넘는 세월 동안 음성 기능이 빠진 상태로 바로 이 같은 방식의 도움말 서비스를 제공해왔다. 사용자가 질문이나 문제를 입력하면, 도움말 프로그램이나 챗봇이 '충돌', '오디오', '파워포인트' 같은 키워드를 인식해서 관련된 도움말 페이지를 보여주거나 관련된 질문을 던진다.

구글 같은 검색 엔진을 사용해보았다면, 이러한 시스템을 이미 경험해본 셈이다. 이 사실은 우리에게 많은 것을 의미한다. 인터넷 사용자들은 "와이오밍 주의 주도는 어디인가?"라고 검색창에 입력하지 않는다. 그냥 "와이오밍 주도"라고만 입력해도 같은 결과를 얻을 수 있기 때문이다. 하지만 이제 사용자들은 단어만 입력하는 방식보다 평소에 사용하는 말을 그대로 쓰면서 원하는 검색 결과를 얻을 수 있기를 바라고 있다. 시리, 알렉사, 오케이 구글, 코타나 등 인간의 말을 점점 더 잘 알아듣고 있는 가상 비서에게 말할 때에도 완전한 문장으로 말하고 싶어한다. 이에 따라 오늘날 인간이 인공지능과 교류하는 방식을 연구하는 소셜 로보틱스 분야는 많은 압박을 받고 있다.

보고 말하고 행동하는 기술은 우리가 앞으로 로봇을 사용하게 될 방식에 중대한 영향을 미칠 것이다.

2016년 9월 나는 옥스퍼드에서 열린 소셜 로보틱스 컨퍼런스에서 연설을 하게 되었다. 거기서 나는 나이젤 크룩Nigel Crook과 함께 그의 로봇인 아티Artie와 이야기를 나눌 기회가 있었다. 당시 크룩 박사는 옥스퍼드 브룩스 대학에서 인공지능과 소셜 로보틱스를 연구하고 있었다. 그는 내게 실제로 행인들이 로봇에 대해 많은 관심과 두려움을 드러내는 공공장소에서 로봇을 활용하는 연구를 추진할 필요가 있다고 강조했다. 실제로 기계적인 표정과 몸짓을 구현하는 기술은 스마트폰에서 음성만 흘러나오는 기술과는 차원이 다르다. 이러한 기술에 대해 어떻게 느끼는지와 상관없이, 우리는 앞으로 다양한 장소에서 그 기술을 경험하게 될 것이다.

인공지능의 미래를 제시하는 페루치 같은 과학자들이 고민하는 심오한 차원에서 컴퓨터가 정말로 유효한 질문을 던질 수 있는지 다시한 번 생각해보자. 오늘날 검색이나 간단한 질문에 답을 제시하기 위해 단지 연관성의 정도를 평가하는 수준을 뛰어넘어, 방대한 데이터를 기반으로 사건의 인과관계를 밝혀내는 정교한 알고리즘 개발 작업이 진행되고 있다. 하지만 올바른 질문을 던지기 위해서, 먼저 컴퓨터는 무엇이 의미 있고 더 중요한지를 구분할 줄 알아야 한다. 그리고 사용자가 정말로 무엇을 원하는지 파악해야 한다.

나는 전략과 전술의 차이를 이해하고, 장기적인 목표를 반응과 기회, 혹은 성취와 구분할 줄 알아야 한다고 강조한다. 하지만 결코 쉬운 일은 아니다. 이를 위해서 기업은 사훈을 세우고, 조직의 방향이 사훈을 향해 올곧이 나아가고 있는지 수시로 확인해야 한다. 물론 환경에 적응하는 것도 중요한 과제다. 그러나 이를 위해 매번 전략을 갈아치운다면, 기업은 진정한 목표를 달성할 수 없다. 우리는 자신이 정말로 무엇을 원하는지, 그리고 그것을 어떻게 얻을 것인지 이해하는 과정에서 많은 어려움을 겪는다. 그렇기 때문에 기계가 큰 그림을 바라보도록 가르치는 과정에서도 곤란을 겪는 것이다.

스스로 학습하는 기계

기계는 무엇이 더 중요한지 혼자서 판단하지 못한다. 구체적인 기준을 입력하거나, 혹은 혼자 판단이 가능할 정도로 충분한 정보를 제공하지 않는 이상 불가능하다. 무엇이 중요한지 그 기준을 기계에 입력한다는 것은 어떤 의미일까? 기계는 인간이 입력한 기준대로 판단한다. 그렇기 때문에 인간은 기계를 대신해 기준을 마련해야 한다. 물론 그것은 시간이 오래 걸리는 작업이다. 하지만 오늘날 기계는 결과로 우리를 놀라게 하는 단계에서, 이제 그러한 결과를 내놓기 위해 활용한 접근방식으로 우리를 놀라게 하는 단계로 도약을 시작하고 있다. 그 두 가지는 엄청난 차이다.

간단한 사례를 통해 살펴보도록 하자. 일반적인 체스 프로그램은 게임 규칙을 정확히 알고 있다. 기물을 어떻게 움직이는지, 언제 체크메이트가 이루어지는지 이해한다. 또한 기물의 가치(폰은 1점, 퀸은 9점 등)는 물론, 행마법과 폰의 활용법 같은 다양한 지식을 알고 있다. 여기서 일반적인 규칙을 넘어선 모든 데이터는 체스 지식에 해당한다. 만약 폰이 퀸보다 가치가 높다는 정보를 입력할 경우, 체스 기계는 망설임 없이 퀸을 포기해서 쉽게 게임을 내주고 말 것이다.

그런데 만일 체스 기계에 아무런 정보를 입력하지 않는다면? 다시 말해 게임 규칙만 입력하고, 나머지 체스 지식은 스스로 터득하도록 프로그래밍한다면 어떨까? 예를 들어 룩이 비숍보다 가치가 높고, 더블폰[자신의 폰 두 개가 동일 파일에 있는 경우─옮긴이]은 취약한 구조이며, 오픈파일open file[자신의 폰이 하나도 없는 파일─옮긴이]은 유용한 형태라는 지식을 컴퓨터 스스로 깨닫도록 프로그래밍할 수 있다고 해보자. 이는 강력한 체스 기계의 개발 가능성뿐만이 아니라, 기계의 접근방식으로부터 우리가 새로운 지식을 습득하는 법을 배울 수 있는 가능성의 문을 열어놓는 일이다.

오늘날 이러한 작업을 수행하는 시스템이 실제로 존재한다. 이러한 시스템은 유전자 알고리즘genetic algorithm이나 신경망neural net과 같은 기술을 활용하여 스스로를 프로그래밍할 수 있다. 그러나 아쉽게도 인간이 직접 입력한 지식을 바탕으로 하는 기존의 빠른 검색 프로그램보다 더 나은 성능은 아직까지 보여주지 못하고 있다. 이는 기술의 한계라기보다는 체스의 한계라고 말하는 편이 옳을 것이다. 분석 대상이 복잡할수록, 활동적이고 자율적인 알고리즘이 고정된 방식의 인간 지식보다 더 뛰어난 결과물을 만들어낼 가능성이 높아진다. 체스는 그만큼 복잡한 게임은 아니다. 나 역시 체스가 단순한 형태의 생명체보다 더 복잡하다고 말할 수 없다.

30년 세월이 걸리기는 했지만, 나의 사랑하는 체스는 최고의 인간 기사를 물리치기 위한 전략적 사고를 수행하는 무차별 대입법 기반의 빠른 검색에 매우 취약한 게임인 것으로 드러났다. 딥블루의 평가 기능과 오프닝 훈련에 대해 많은 연구가 이루어지고 있지만, 프로세서 속도가 몇 세대를 거치면서 더욱 빨라지고 나면 이러한 노력의 의미는 모두 사라지고 말 것이다. 좋든 나쁘든 간에, 결국 체스는 많은 체스 컴퓨터 전문가들이 안타까워하는 요소인 속도를 넘어선 새로운 해결책을 발견해내도록 압박할 만큼 심오한 게임은 아닌 것이다.

컴퓨터 체스 세상의 두 개척자는 1989년에 〈위상의 추락에 관한 고찰Perspectives on Falling from Grace〉이라는 제목의 논문에서 체스 기계가 그랜드마스터 수준으로 도약할 수 있도록 만들어준 접근방식을 비판했다.[4] 소련의 컴퓨터 과학자 미하일 돈스코이Mikhail Donskoy는 1974년 제1회 컴퓨터 체스 세계 챔피언십에서 우승을 차지한 프로그램인 카이사Kaissa를 공동으로 개발했다. 그리고 캐나다의 조너선 쉐퍼Jonathan Schaeffer는 앨버타 대학의 동료 연구원들과 함께 수십 년 동안 게임 기계 개발 분야에서 두각을 나타내고 있었다. 조너선은 체스에 대한 자신의 연구 성과를 발판으로 강력한 포커 프로그램을 개발했고, 그가 만든 프로그램인 치누크Chinook는 체커 세계 챔피언십에 출전해서 압도적인 모습을 보였다.

돈스코이와 새퍼는 한 유명 컴퓨터 체스 잡지에서 도발적인 기사를 통해 컴퓨터 체스가 어떻게 오랜 세월에 걸쳐 진정한 인공지능에서 벗어나 오로지 승리를 위한 도구가 되어버렸는지 설명했다. 그들은 알파-베타 검색 알고리즘의 성공을 주요 요인으로 꼽았다. 경쟁에서 손쉽게 이길 수 있는 무기가 손 안에 있는데 굳이 왜 다른 무기를 찾으려 든단 말인가? 두 사람은 이렇게 썼다. "컴퓨터 체스가 초기 개발 단계에서부터 강력한 위력을 발휘한 것은 참으로 안타까운 일이다." 컴퓨터 체스에게 중요한 것은 무조건 게임에서 이기는 것이 었고, 검색 속도가 빠를수록 더 위협적이었다. 이로 인해 체스 컴퓨터는 과학의 영역을 벗어나고 말았다. 놀라운 속도의 무차별 대입법 기술로 무장한 체스 컴퓨터들이 모든 트로피를 차지하면서 패턴과 과학, 그리고 인간적인 접근방식은 자연스럽게 외면을 받았다.

두 사람의 주장은 많은 이들에게 충격을 안겨주었다. 그 이후로 체스는 심리학과 인지과학의 중요한 연구 대상이 되었다. 1892년 알프레드 비네Alfred Binet는 "수학적 천재성과 인간 계산기mathematical prodigies and human calculators"를 주제로 한 연구에서 체스 기사들을 분석했다. 비네의 연구 결과는 이후 기억력과 다양한 정신 활동에 관한 연구에 중요한 기여를 했다. 선천적 재능과 후천적 지식 및 경험 사이의 관계에 대한 비네의 통찰력은 이후 연구의 토대를 마련했다. 그는 이렇게 썼다. "어떤 사람은 훌륭한 선수로 성장하지만, 다른 사람은 최고의 선수로 태어난다."[5] 이후 비네는 테오도르 시몽Théodore Simon과 함께 IQ 테스트를 개발했다. 1946년 비네의 연구는 네덜란드 심리학자 아드리안 데 흐로트Adriaan de Groot에 의해 한 걸음 더 나아가게 되었다. 흐로트는 많은 체스 기사들을 대상으로 한 연구에서 패턴 인식의 중요성을 보여주었고, 의사결정 과정에서 직관에 담긴 신비를 밝혀냈다.

1956년에 '인공지능artificial intelligence'이라는 용어를 처음으로 사용했던 미국의 컴퓨터 과학자 존 매카시John McCarthy는 초파리가 생물학 연구에서, 특히 유전학에서 과학 실험의 이상적인 대상이 될 수 있었던 이유를 설명하면서 체스를 "인공지능의 초파리Drosophila of AI"라고 불렀다.[6] 1980년대 말부터 컴퓨터 체스 과학자들은 거대한 실험의 흐름을 따라가기 시작했다. 1990년 벨연구소의 켄 톰슨은 기계 인식의 실질적인 진보를 이룩하기 위한 야심찬 대상으로 바둑을 지목했다. 그리고 같은 해에《컴퓨터와 체스, 그리고 인지Computers, Chess, and Cognition》라는 책에서 '인공지능 연구의 새로운 초파리?A New Drosophila for AI?'라는 제목으로 많은 지면을 할애하여 바둑에 관한 이야기를 들려주었다.

19×19의 격자판과 361개의 흑과 백의 돌로 이루어진 바둑은 무차별 대입법을 적용하기에 지나치게 거대한 행렬을 이룬다. 그리고 체스에서 나타나는 치명적인 전술적 실수를 인간의 치명적인 약점으로 규정하기에 지나치게 미묘한 게임이다. 한 바둑 프로그래머 연구팀은 1990년의 논문에서 바둑을 인공지능의 새로운 연구 대상으로 정의하면서, 체스를 정복한 이후로 20년이 걸릴 것이라고 예측했다. 결국 이들의 예상은 비교적 정확한 것으로 드러났다. 내가 딥블루에게 패한 지 19년이 흐른 2016년에 구글의 인공지능 프로젝트 딥마인드DeepMind, 그리고 이로부터 탄생한 바둑 프로그램 알파고AlphaGo가 세계 최고의 바둑 기사 이세돌을 꺾는 파란을 일으켰다.

우리가 여기서 더 주목해야 할, 그리고 충분히 예측할 수 있었던 사실은 인공지능 프로젝트의 관점에서 알파고 개발에 사용된 도구가 체스 기계의 개발에 사용되었던 도구보다 훨씬 더 흥미진진한 방식이었다는 점이다. 다시 말해 알파고는 일반적인 형태의 알파-베타 검색을 비롯한 여러 정교한 기술은 물론, 기계학습과 신경망 기술까지 활용하여 더 나은 수를 두는 방법을 스스로 학습했던 것이다. 드디어 딥블루의 시대가 저물고 알파고의 시대가 개막되었다.

하지만 한계는 체스라는 게임의 내부에만 존재하는 것은 아니었다. 인공지능을 뒷받침하는 컴퓨터 과학 또한 한계를 드러냈다. 인공지능에 대한 앨런 튜링의 꿈을 실현하기 위한 한 가지 전제는 인간의 두뇌가 하나의 컴퓨터이며, 인간의 생각을 실질적으로 모방할 수 있다는 것이다. 이러한 접근방식은 여러 컴퓨터 과학자 세대에 영향을 미쳤다. 가령 학자들은 신경세포를 스위치로, 대뇌피질을 저장 장소로 바라보는 흥미로운 비유를 활용했다. 하지만 이러한 비유의 타당성을 입증할 생물학적 증거는 내놓지 못했다. 결국 이러한 접근방식은 '인간의 사고와 기계의 사고가 근본적으로 다르다'는 관점의 변화로 이어졌다.

나는 둘 사이의 차이를 강조하기 위해 '이해understanding'와 '목적purpose'이라는 용어를 즐겨 쓴다. 우선 '이해'를 살펴보자. 왓슨처럼 인간의 자연어를 이해하도록 설계된 프로그램은 수많은 단서를 취합하여 문맥을 구성함으로써 인간이 직관적으로 파악하는 의미를 이해한다. 가령 "The chicken is too hot to eat"라는 문장은 '닭이 열이 나서 먹이를 먹지 못한다', 혹은 '닭고기가 너무 뜨거워 먹을 수 없다'라는 해석이 가능하다. 이 문장은 이 같은 애매모호함이 있기는 하지만, 그래도 우리가 그 의미를 오해할 가능성은 거의 없다. 앞뒤 문맥을 통해 정확한 의미를 파악할 수 있기 때문이다.

인간은 문맥을 통해서 자연스럽게 의미를 파악한다. 그 과정에서 우리의 두뇌는 집중하지 않은 상태에서도 방대한 데이터를 쉽게 처리한다. 두뇌는 이러한 작업을 숨 쉬는 것처럼 거의 힘들이지 않고 해낸다. 마찬가지로 노련한 체스 기사는 특정 포지션에서 특정 수가 유리하다는 사실을 직관적으로 파악한다. 또한 우리는 빵집 진열장에서 자신이 좋아하는 빵을 순식간에 골라낸다. 그러나 무의식 차원에서 직관적으로 이루어지는 이러한 판단은 때로 오류를 범한다. 그래서 뜻하지 않게 불리한 포지션에 처하기도 하고, 맛없는 빵을 먹고 실망하기도 한다. 그럴 경우 다음번에는 우리의 의식이 직관보다 더 우월한 지위에 서게 된다.

반면 기계는 입수하는 모든 데이터 조각들에 대해 문맥을 구축해야 하며, 엄청난 양의 데이터를 처리해야 문맥을 이해할 수 있다. 가령 컴퓨터는 'hot chicken'의 정확한 의미를 파악하기 위해 질문을 던진다. 가장 먼저, 'chicken'이란 무엇인가? 살아 있는 것인가, 아니면 이미 죽은 것인가? 농장에 있는가? 먹을 수 있는 것인가? 또한 먹는다는 것은 무슨 의미인가? 언젠가 영어가 모국어가 아닌 청중에게 이 사례를 설명했을 때, 한 사람이 'hot'에는 뜨겁다는 의미뿐만이 아니라 매콤하다는 의미도 담겨 있다고 지적했다.

더 정확한 답

어쨌든 우리는 아주 간단한 문장에서도 다양한 의미를 발견할 수 있다. 이와 관련하여 왓슨 프로그램은 데이터 규모가 충분하고, 빠른 속도로 데이터에 접근하고, 충분히 합리적인 방식으로 처리할 수 있다면 기계도 얼마든지 정확한 답을 내놓을 수 있다는 사실을 보여주었다. 수십억 가지 포지션을 분석하여 최고의 수를 선택하는 체스 엔진과 마찬가지로, 기계는 인간의 언어를 가치와 확률로 분석함으로써 질문에 대한 답을 내놓는다. 그리고 처리 속도가 빠를수록, 데이터 규모가 풍부하고 그 품질이 우수할수록, 또한 프로그램이 효율적일수록 기계는 더 정확한 대답을 내놓게 된다.

컴퓨터가 올바른 질문을 할 수 있는지와 관련하여 한 가지 아이러니를 추가하자면, 왓슨이 두 명의 전 우승자를 물리치면서 놀라운 능력을 뽐냈던 퀴즈 프로그램 〈제퍼디〉는 경쟁자들에게 의문문의 형태로 대답하도록 요구했다. 예를 들어 사회자가 "이 소련 프로그램이 1974년 제1회 세계 컴퓨터 체스 챔피언십에서 우승을 차지했습니다"라고 문제를 내면, 참가자는 버튼을 누르고 이렇게 대답해야 한다. "카이사는 무엇입니까?" 그러나 이는 1500만 기가바이트의 데이터 속에서 정답을 찾아내는 프로그램의 역량과는 아무런 상관없는 단순한 규정에 불과하다.

어쨌든 왓슨은 인간 참가자들을 압도함으로써 충분한 성과를 보여주었다. 아무런 이해도 의지도 없었는데 말이다. 인공지능 프로그램은 의료 분야에서 암 환자나 당뇨 환자의 데이터를 장기간에 걸쳐 분석하고, 다양한 특성과 습관, 증상 사이의 상관관계를 분석함으로써 질병을 예방하고 발견하는 데 도움을 줄 수 있다. 그렇다면 기계에 정말로 중요한 것은 이해와 목적이 아니라 현실적인 유용성이 아닐까?

어쩌면 그럴지도 모른다. 하지만 인간이 직접 가르치지 않고서도 빠른 속도로 혼자서 학습 가능한 차세대 인공지능을 연구하는 과학자에게는 그렇지 않다. 인간이 모국어를 문법책으로 배우지 않는 것처럼 기계도 마찬가지다.

인공지능의 진화 과정을 다시 한 번 정리해보자. 인간은 엄격한 규칙을 기반으로 자신의 행동을 모방하는 기계를 개발했다. 그러나 그 성능은 보잘것없고 매우 부자연스럽다. 이후 최적화와 속도 개선이 이루어지면서 전반적인 성능이 향상되었다. 다음으로 프로그래머들이 규칙을 완화하는 대신, 기계가 스스로 학습하면서 새로운 규칙을 창조하거나 기존 규칙을 무시하도록 허용하면서 혁명이 일어났다. 무언가를 잘 하기 위해서 우리는 기본 원칙을 지켜야 한다. 하지만 최고가 되기 위해서는 그 원칙을 언제 포기해야 할지 알아야 한다. 이는 단지 학문적인 이야기가 아니라, 내가 체스 기계와 대결을 벌였던 20년 세월을 요약한 이야기이기도 하다.

5

DEEP THINKING

인간의 마음은
어떻게 이루어져 있는가

◆

컴퓨터는 상황이 유리하다고 우쭐대지도,

혹은 불리하다고 실망하지도 않는다.

게임을 치르는 여섯 시간 동안 지치지 않고,

시계 초침 소리에 신경 쓰지도 않으며,

허기가 지거나 집중력이 흐트러지는 일도 없다.

게다가 화장실에 갈 필요도 없다.

더욱 심각한 문제는 상대가 기계라고 생각할 때,

신경 시스템을 다스리기가 더 힘들어진다는 사실이다.

◆

체스에 대한, 그리고 그 기술적 발전에 대한 통계적 예측을 내놓는 과정에서 한 가지 문제는 체스가 경쟁적인 스포츠라는 사실이다. 여기서 나는 체스가 스포츠인지 게임인지, 아니면 취미나 예술 혹은 과학인지를 놓고 쓸모없는 논쟁을 벌일 생각은 없다. 다만 국제올림픽위원회의 판단을 존중할 뿐이다. 올림픽위원회는 '정신적 스포츠'는 기량을 뽐내기 위해 신체적 역량을 요구하지 않는다는 점을 근거로 브리지와 체스를 올림픽 정식 종목으로 인정해달라는 요청을 거부했다.[1] 물론 체스 마스터들이 게임에서 순식간에 수많은 기물들을 옮기는 장면을 목격한 사람이라면 위원회의 그러한 결정에 동의하지는 않겠지만 말이다.

적어도 경쟁을 한다는 점에서 체스는 스포츠의 정의에 부합한다. 인간과 체스 기계의 대결을 스포츠라고 볼 수 있는 이유 역시 경쟁이라는 요소에 있다. 경쟁의 목표는 멋진 플레이가 아니다. 그것은 승리라고 하는 유일한 목표를 달성하기 위한 수단일 뿐이다.

물론 우리는 체스를 통해 진리를 깨닫고, 혹은 예술적 성취감을 느낄 수 있다. 하지만 체스를 두는 오랜 시간의 마지막에 놓인 것은 승리와 패배, 혹은 무승부다.

컴퓨터는 심리전을 치르지 않는다

체스의 스포츠적 특성을 잘 보여주는 또 하나의 요인은 치열한 경쟁에 수반되는 심리적·생리적 현상과 경기 후 스트레스다. 스포츠 과학에서 말하는 스트레스 반응은 일반적인 스포츠 종목만큼이나 체스에서도 뚜렷하게 나타난다. 체스를 둘 때 사람들은 머릿속에서 기물을 움직이는 정신적인 활동 외에도 신경적 차원에서 엄청난 긴장을 하게 된다. 이러한 긴장감은 게임 전에, 그리고 게임 내내 사람들의 마음을 지배한다. 또한 기물을 이동하거나 경기 중에 떠오르는 아이디어에 따라 높아졌다 낮아진다. 긴장감은 몇 시간 동안 지속되며, 특히 박빙의 게임은 운명이 끊임없이 뒤바뀌고 격전지가 이리저리 옮겨 다니는 심리적 롤러코스터다. 순식간에 기쁨이 슬픔으로 바뀌고, 단 한 번의 수로 절망이 환희로 솟구친다. 아무리 마음이 느긋한 체스 기사라 해도 게임이 끝날 때면 아드레날린 과다 분비로 녹초가 되기 마련이다. 그렇기 때문에 게임을 치를 때마다 심리적 에너지를 잘 관리하고, 몇 주에 걸쳐 진행되는 대회 동안에 마음을 잘 다스리는 능력은 그랜드마스터가 되기 위한 핵심 자질이다.

패배의 충격으로부터 회복하는 것 역시 중요한 과제다. 체스는 변명을 대기 힘든 게임이다. 일반적인 스포츠처럼 심판이나 날씨, 혹은 팀 동료의 실수를 탓할 수 없다. 카드나 주사위놀이처럼 행운에 기댈 수도 없다.

체스 게임에서 졌다면, 상대의 실력이 더 높거나 혹은 스스로 실수를 한 것이다. 체스 기사는 자존감이 무척 강하기 때문에, 패배는 심리적으로 중대한 영향을 미친다. 체스 기사는 가슴 아픈 패배를 홀홀 털어버리고 다시 자신감을 회복하는 것, 그리고 패배를 객관적으로 분석해서 같은 실수를 반복하지 않도록 하는 것 사이에서 절묘한 균형점을 찾아야 한다.

체스는 또한 인간과 기계의 결합에 의해 불완전한 상태로 진행된다는 점에서 스포츠라 말할 수 있다. 나는 2003년에《나의 위대한 선배들My Great Predecessors》이라는 연작물을 쓰기 시작했다. 나는 거기서 세계적인 체스 기사들의 다양한 게임을 분석했다. 그 과정에서 컴퓨터의 도움을 받았던 게임에서조차 그들의 명성에 걸맞은 놀라운 전략을 발견할 수 있었다. 동시에 최고 고수들끼리의 전설적인 게임에서도 다양한 실수와 혼란을 확인할 수 있었다. 게다가 몇 년 후《모던 체스Modern Chess》시리즈에서 나 자신의 게임들을 분석했을 때에도 같은 모습을 발견할 수 있었다. 이 점에서 마지막 실수를 하지 않은 쪽이 승리자라는 체스의 격언은 일리가 있다. 그러나 다른 한편으로, 실수는 체스의 결함이 아니라 하나의 특성이다. 여러분이 큰 실수 없이 자신이 원하는 까다로운 포지션에 이르렀다면, 특히 이를 통해 견고한 방어막을 구축했다면, 상대는 심리적으로 흔들리게 될 것이다.

독일 세계 챔피언 에마누엘 라스커Emanuel Lasker는 체스를 전쟁이라고 생각했다. 철학자이자 수학자인 라스커가 챔피언이던 시절에 체스는 신사들의 놀이였다. 라스커의 자서전에 서문을 쓴 인물은 다름 아닌 그의 동료이자 우상이었던 알베르트 아인슈타인이었다. 라스커는 자신의 체스 실력만큼이나 뛰어난 심리 및 정보 기술로 27년이라고 하는 기록적인 기간 동안 챔피언의 자리를 지켰다. 1910년에 발간된 책 《체스 속 상식Common Sense in Chess》에서 라스커는 오프닝 전술에 대해 이야기하기 전에 이렇게 설명했다.

체스는 게임이기도 하고, 게임이 아니기도 하다. 사실 체스는 숭고한 목적이 아니라 시간 때우기용으로 개발되었다. 하지만 그저 놀이에 불과했다면 오랜 세월을 버텨내지 못했을 것이다. 체스는 열광자들의 활약으로 과학이자 예술로 무르익었다. 그럼에도 체스의 본질은 과학도 예술도 아닌, 우리가 그 안에서 기쁨을 느낄 수 있는 싸움이라는 데 있다.

라스커는 체스에 심리적 접근방식을 처음으로 도입한 인물이었다. 그는 최고의 수란 상대가 가장 불편하게 느끼는 수라고 말했다. 즉 체스는 '체스판이 아닌 인간'을 다루는 게임이다. 물론 훌륭한 수는 상대를 당황하게 만든다. 그러나 라스커는 상대에 따라 차별화된 전략과 전술을 선택함으로써 실전에서 효과를 거둘 수 있다고 말했다. 다시 말해 체스에서 무엇보다 중요한 것은 승리이며, 그 승리의 열쇠는 상대의 장단점에 대한 정확한 이해다.

라스커의 이러한 접근방식은 그 이전에 세계 챔피언을 지낸 빌헬름 슈타이니츠Wilhelm Steinitz와는 전혀 다른 것이었다. 자존심 세고 고집불통인 슈타이니츠는 상대가 누구인지 한 번도 신경 쓴 적이 없다고 장담했다. "적어도 내게 게임 상대란 추상적인 존재 또는 자동 기계와 같은 것이다." 섬뜩한 주장이 아닐 수 없다. 물론 슈타이니츠가 그 말을 한 것은 1894년이었기에 그로서는 다행스럽게도 자동 기계를 대상으로 자신의 주장을 입증할 필요가 없었다. 나는 슈타이니츠에 비해 운이 없었다.

그러나 체스의 경쟁적이고 심리적인 측면은 컴퓨터를 상대로 할 때 사라지고 만다. 물론 완전히 의미 없는 것은 아니다. 자기 자신이라고 하는 인간적인 요소가 남아 있기 때문이다. 하지만 컴퓨터는 그렇지 않다. 컴퓨터는 상황이 유리하다고 우쭐대지도, 혹은 불리하다고 실망하지도 않는다. 게임을 치르는 여섯 시간 동안 지치지 않고, 시계 초침 소리에 신경 쓰지도 않으며, 허기가 지거나 집중력이 흐트러지는 일도 없다. 게다가 화장실에 갈 필요도 없다. 더욱 심각한 문제는 상대가 기계라고 생각할 때, 신경 시스템을 다스리기가 더 힘들어진다는 사실이다.

기계와의 대결은 아주 생소한 느낌을 준다. 체스판과 기물, 그리고 맞은편에 상대가 앉아 있다는 사실은 똑같다. 그러나 그 상대는 알고리즘의 지시에 따라 기물을 옮기는 꼭두각시에 불과하다. 체스 게임을 전쟁이라고 한다면, 기계와의 게임에서 인간은 과연 누구를 상대로 전쟁을 벌이는 것일까?

인간의 탁월한 재능은 어디에서 오는가

이 질문은 그저 쓸데없는 심리적 논의가 아니다. 동기는 대단히 중요한 요소다. 일정 시간 동안 집중력을 꾸준히 유지하는 기술은 체스 기사의 중요한 자질이다. 비네나 데 흐로트 같은 심리학자들이 연구했던 '체스 재능'은 결과를 보고 간접적으로 설명할 수밖에 없는 천문학적인 현상과 비슷하다. 나중에 정교한 테스트와 스캐너가 개발되어 모든 비밀을 밝혀줄 때까지, 우리는 다만 어떤 사람이 탁월한 능력을 가지고 있고, 그러한 능력은 경험과 훈련으로는 설명하기 힘들기 때문에 재능은 존재하는 것이라고 말할 수밖에 없다.

과학 분야의 유명 작가 말콤 글래드웰Malcolm Gladwell은 자신의 책《아웃라이어》에서 그 유명한 '1만 시간의 법칙'을 주장했다. 그는 놀라운 성취는 타고난 재능이 아니라 연습과 훈련에서 비롯되는 것이라고 설명했다. 그러나 케냐의 장거리 선수나 자메이카의 단거리 선수들이 다른 나라 선수에 비해 더 오랜 시간을 연습하는 것은 아니라는 객관적인 지적이 제기되었고, 글래드웰은《뉴요커》기사를 통해 1만 시간의 법칙은 "인지 능력을 요하는 어려운 활동"에만 해당하는 것이라고 답변했다. 그러면서 "정교한 인지 능력을 요구하는 영역에서 타고난 재능이란 없다"라고 결론지었다. 체스에 대해서는 많은 영재들도 마스터나 그랜드마스터가 되기 위해 오랜 시간 연습을 해야 한다고 설명했다.

하지만 나중에 글래드웰은 뉴스 웹사이트 레딧Reddit의 Q&A 코너에서 연습만으로는 충분하지 않다고 해명하면서 이렇게 지적했다. "100년 동안 체스를 둔다고 해도 나는 그랜드마스터가 되지 못할 것이다. 중요한 것은 재능이 모습을 드러내기까지 오랜 시간을 투자해야 한다는 사실이다."[2] 나는 그의 주장을 부정할 수 없다. 나 자신이 1만 시간의 법칙을 입증하는 사례이기 때문이다. 그랜드마스터가 되기 위해서는 오프닝과 엔드게임에 관한 엄청난 양의 경험적 지식을 쌓아야 한다. 그리고 이를 위해서는 폭넓은 공부와 오랜 훈련이 반드시 필요하다. 그랜드마스터가 수천 가지 전술과 포지션, 패턴을 한눈에 파악할 수 있는 것은 오랜 경험 덕분이다.

글래드웰이 인지적 차원에서 재능의 중요성을 부인한 것은 아니지만, 그래도 특히 초기 개발 단계에서 그 중요성을 과소평가하고 있다. 1만 시간 동안 체스를 둔다고 해서 모두가 그랜드마스터가 되는 것은 아니지만, 모든 그랜드마스터가 1만 시간을 훈련했다고 말하는 것은 그랜드마스터들, 특히 야심찬 젊은 그랜드마스터들 사이의 차이를 무시하는 것이다.

나는 카스파로프 체스 재단Kasparov Chess Foundation을 통해 미국에서 체스 유망주를 발굴하는 사업을 오랫동안 추진하고 있다. 학교에 체스를 보급하는 것도 그중 하나다. 렉스 싱크필드Rex Sinquefield와 그의 체스 클럽, 그리고 세인트루이스 학술센터가 공동으로 후원하는 우리의 '영스타-USA 팀' 프로그램은 8~20세의 주니어 세계 챔피언뿐만 아니라 여러 명의 그랜드마스터를 배출하는 데 기여를 했다. 우리가 성공을 거둘 수 있었던 한 가지 비결은 체스 영재를 조기에 발굴했다는 것이다. 우리는 때로 공식적인 훈련을 받지 않은 아이들 가운데에서 영재를 찾아내기도 했다.

체스 레이팅은 객관적인 기준이며, 그렇기 때문에 확인하기가 쉽다. 예를 들어 레이팅이 2100인 아홉 살 아이는 같은 레이팅의 열두 살보다 더 대단하다. 1992년에 미국으로 망명해서 현재 카스파로프 체스 재단의 대표이자 체스 코치로 활동하고 있는 마이클 코다르콥스키Michael Khodarkovsky는 소련 정부, 그리고 내가 공부하고 객원 감독까지 맡았던 보트비닉 체스 스쿨의 인재 발굴 시스템을 미국에 그대로 적용했다. 그전에는 본격적인 훈련을 받거나 유명 대회에 정기적으로 출전하는 미국 아이들이 거의 없었다. 이제 우리는 미국의 주니어 팀이 세계에서 가장 강력하다고 자랑스럽게 말할 수 있다.

글래드웰의 기준을 적용할 때, 체스에서 아웃라이어는 또래보다 2~3년 정도 앞서는 아이를 말한다. 가령 우수한 열두 살 아이의 레이팅이 2300일 때, 아홉 살 아이가 똑같은 레이팅을 보인다면 아웃라이어로 인정할 수 있다. 영재가 자라면서 평범해지는 경우도 종종 있지만, 일반적으로 몇 년 동안 레이팅에서 수백 점 정도 또래들을 앞서는 아이들은 이후에 체스 기사 승급, 전일 교육생 발탁, 혹은 대학 진학의 갈림길에서 경력의 방향을 선택하기 전까지는 지속적으로 발전하는 모습을 보인다.

뛰어난 재능을 보이는 아이들은 일반적으로 훌륭한 학교 프로그램이나 부모의 헌신, 정기적인 대회 출전, 혹은 데이터베이스 등 전문적인 도움을 받는다. 그러나 예외도 있다. 스포츠 종목을 막론하고 또래보다 훨씬 더 탁월한 실력을 보이는 아이들의 경우는 설명이 힘들다. 가령 우리 프로그램에 참여한 위스콘신 주의 어원더 리앙Awonder Liang은 무려 아홉 살 때 그랜드마스터를 꺾었다. 그리고 열세 살 무렵에 미국 21세 이하 선수들 가운데 5위를 차지했다. 같은 나이에서 리앙의 다음 순위 선수는 레이팅이 200점 더 낮은 49위를 기록했다. 미국 주니어 체스 분야의 1위는 제프리 슝Jeffery Xiong으로, 그는 20세 이하 세계 챔피언십에서 우승을 차지했고, 열다섯 살에 이미 세계 100위권에 이름을 올렸다.

　대회 결과나 레이팅 이외에도 재능을 평가하는 여러 가지 기준이 있다. 우리가 프로그램을 통해 공식적으로 아이들을 받아들이기 전부터, 나는 아이들의 게임을 선별하여 면밀히 들여다보았다. 비록 게임의 승패를 완벽하게 예측하지는 못했지만, 그래도 어린 선수들이 놀라운 섬광을 뿜어내는 순간을 분명히 포착할 수 있었다. 내가 말하는 놀라운 섬광이란 영감이나 창조성을 드러내는 순간으로, 1만 시간은 고사하고 1000만 시간의 훈련으로도 만들어낼 수 없는 것이다. 아이들은 종종 2~3년 동안 그러한 섬광을 드러낸다. 글래드웰의 이론에 따른다면, 어린 나이에 그랜드마스터가 되는 것은 불가능하다. 하지만 나는 일곱 살 아이에게서 그러한 재능을 본다. '인지적인 분야에서 타고난 재능'이 아니라면, 어떤 용어로 그러한 재능을 표현할 수 있을까?

　물론 그런 특별한 재능이 있다고 해서 모두가 체스 세상에서 성공하는 것은 아니다. 성공을 위해서는 여러 가지 까다로운 요건을 충족해야 한다. 어쩌면 재능 있는 아이가 축구나 포켓몬에 빠져 1년 뒤에 체스를 그만둘지도 모른다. 혹은 부모가 체스를 그저 시간 낭비라고 생각할 수도 있다. 아니면 외국 대회에 참가하는 것이 육체적으로 힘들고 경제적으로 감당하기 어려운 일일 수 있다. 그래도 재능은 분명히 존재한다. 내가 보았기 때문이다. 나는 그러한 재능의 존재를 체스판 위에서 똑똑히 목격했다. 두뇌의 부드러운 회색 덩어리 안쪽에 깊숙이 자리 잡은 아주 특별한 무언가를 말이다.

　체스를 경험해본 사람이라면 특별한 재능이 실제로 얼마나 드문 것인지 잘 이해할 것이다. 내가 만일 체스가 국민 게임이 아닌 나라에서 태어났더라면 어떻게 되었을까? 사막에 버려진 나무처럼 체스를 한 번도 두지 못한 채 재능을 썩혔을까? 혹시 일본에서 태어났더라면 쇼기 챔피언이 되어 내 친구이자 전설적인 쇼기 기사인 하부 요시하루羽生善治와 경쟁하고 있을까?[3] 중국에 태어났다면 장기 기사가 되었을까? 아니면 가나에서 오와레[가나의 전통적인 수학 게임―옮긴이] 선수로 활동하고 있을까?

나는 여섯 살 때 규칙도 제대로 알지 못하면서 신문에 나온 체스 퍼즐을 풀어 부모님을 깜짝 놀라게 했다. 다음 날 아버지는 체스 세트를 사들고 와서 내게 체스 두는 법을 가르쳐주셨다. 내가 체스를 배운 방식은 어린아이가 모국어를 배우는 방식과 비슷했다. 체스판에는 행운이란 게 없지만, 고향과 부모님은 내게 큰 행운이었다. 내가 일곱살이 되던 해 돌아가신 아버지는 내게 체스를 가르쳐주었지만, 정작 본인은 체스를 별로 좋아하지 않았다. 어린 시절에 체스 신동으로 주목을 받았던 사람은 어머니 클라라였다. 하지만 2차 세계대전이 터지면서 어머니의 기회는 사라지고 말았다.

마지막으로 한마디 덧붙이자면, 부디 내게 노력이 재능보다 더 중요하다는 말은 하지 말아달라. 이 말은 사실 아이들이 공부를 하거나 피아노 연습을 하도록 동기를 부여하기 위한 흔한 이야기다. 내가 10년 전에 《챔피언 마인드》에서 강조했듯이 노력 또한 재능이다. 스스로를 밀어붙이면서 다른 사람보다 더 많이 일하고 연습하고 공부하는 능력은 그 자체로 하나의 재능이다. 이러한 재능이 있다면, 누구든 성공할 수 있다. 모든 재능은 노력에 의해 꽃을 피운다. 도덕적인 관점에서 노력의 중요성을 강조하는 것은 편리한 생각이지만, 분명한 사실은 타고난 재능이 뒷받침되어야 한다는 것이다. 그렇다고 해서 유전적 요인이 제일 중요하다는 것은 아니다.[4] 그럼에도 "재능은 X가 높지만 Y가 더 많이 노력해서 이겼다"라는 식의 설명을 들을 때마다 헛웃음이 난다. 정상의 자리에 오르기 위해서는 재능의 모든 측면이 극대화되어야 한다. 그것도 단지 체스를 두거나 시합에 참여했을 때뿐만이 아니라, 준비와 훈련을 포함하여 할 수 있는 모든 순간에 그래야 한다.

'완벽한 계산'의 아이러니

선천적으로 낙관적인 나는 체스 컴퓨터가 세상에 모습을 드러내기 시작했을 무렵에 체스 세계 챔피언이 된 것을 행운으로 여긴다. 나는 무려 18년 동안이나 새로운 체스 기계가 등장할 때마다 대결을 벌였고, 그 과정에서 많은 사회적 관심을 받았다. 기계와 대결하지 않았더라면, 나는 과학과 컴퓨터라고 하는 또 다른 세상을 경험하지 못했을 것이다.

당연하게도 대결에서 승리했을 때 더욱 기뻤다. 그러나 흐름이 역전될 시점에 대해 깊이 고민할 시간적 여유는 항상 없었다. 인간의 마음을 만들어낸 진화 과정과 소련의 특별한 훈련 프로그램도 무어의 법칙의 거침없는 첫 행보를 언제까지나 막을 수는 없는 노릇이었다.

컴퓨터와의 첫 공식 대결은 함부르크에서 열린 다면기 대회였다. 거기서 나는 32 대 0으로 완승을 거두었다. 그리고 컴퓨터와의 마지막 대결은 2003년 뉴욕에서 열린 X$_3$D 프리츠와의 매치였다. 그 대결은 여섯 번의 무승부로 끝났다. 당시 나는 3D 고글을 쓰고 공중에 떠 있는 가상현실 속 체스판 위에서 기물을 옮겼다. 처음과 마지막의 역사적 대결 사이에도 나는 수십 차례 기계와 대결을 펼쳤다. 일부는 비공식 게임이었고, 다른 일부는 긴장감 가득한 토너먼트와 매치였다. 지금 와서 체스 기계의 놀라운 발전을 확인하노라면 아이들이 쑥쑥 자라는 모습을 떠올리게 된다.

나는 컴퓨터와 대결을 펼쳤던 유일한 그랜드마스터는 아니다. 1980년대 말부터는 그랜드마스터들이 참가하는 주요 대회가 아니라고 하더라도, 토너먼트에 컴퓨터를 초대하는 일은 점차 유행이 되었다. 모든 참가 선수가 컴퓨터와 대결할 수 있는 오픈 토너먼트(초청 선수만 참가하는 인비테이셔널invitational이나 참가 자격에 제한을 두는 '클로즈드closed' 토너먼트와는 달리) 방식의 대회는 호기심으로 시작해서 중대한 위협으로 발전했다. 이들 대회에서 선수들은 컴퓨터와의 대결을 선택할 수 있었지만, 대부분은 컴퓨터를 피했다. 그래도 컴퓨터와의 대결 경험이 많은 강력한 선수들은 기꺼이 컴퓨터를 선택했다. 그리고 그중 일부는 당시 유행하던 '안티-컴퓨터 체스' 기술 덕분에 비교적 쉽게 승리를 거둘 수 있었다.

강력한 체스 기사는 독특한 스타일과 더불어 고유한 장단점을 갖고 있다. 정상급 선수로 도약하기 위해서는 자신의 스타일과 장단점을 정확하게 파악해야 한다. 상대방의 스타일과 장단점을 파악하는 것 역시 대단히 중요하다. 에마누엘 라스커는 자신의 심리적 통찰력을 통해 이를 입증해주었다. 라스커는 상대 선수의 기호와 성향을 그들 자신보다 더 잘 이해했다. 그리고 이러한 정보를 최대한 활용하여 항상 상대가 불편하게 느끼는 포지션으로 게임을 몰고 갔다.

물론 체스 컴퓨터에게서는 특별한 심리적 약점을 찾아볼 수 없다. 그래도 실력이 비슷한 기사들에 비해 장단점이 뚜렷하다. 하지만 오늘날 체스 컴퓨터가 너무나 강력하게 발전하면서 엄청나게 빠른 속도와 막강한 무차별 대입법 기술이 단점을 가려버리고 있다. 컴퓨터는 전략적으로 체스를 두지 않지만, 치밀한 전술을 구사하기 때문에 그 약점을 좀처럼 발견해내기 힘들다. 가령 시속 400킬로미터로 서브를 넣을 수 있는 테니스 선수는 백핸드가 조금 약하다고 해도 크게 걱정할 필요가 없다.

그러나 1985년의 상황은 그렇지 않았다. 당시에도 치밀한 전술은 컴퓨터의 장점이었지만, 그래봐야 3~4수 정도에 불과했다. 물론 그 정도로도 아마추어 기사들을 꺾기에는 충분했다. 그러나 고수들은 컴퓨터가 알아챌 수 없을 정도로 충분히 깊이 들여다보면서 전술적 함정을 놓을 수 있었다. 완벽한 계산이라고 하는 컴퓨터의 장점이 동시에 치명적인 약점이 될 수 있다는 것은 아이러니였다. 수백만 가지 포지션을 모두 검토하는 무차별 대입법의 '철저한 검색'을 활용한다는 말은 동시에 탐색 트리의 가지가 지나치게 생성되지 못하도록 제한해야 한다는 뜻이다. 컴퓨터가 세 수(6플라이)를 들여다볼 때, 우리가 네 수(8플라이)를 내다볼 수 있다면, 컴퓨터는 우리의 전술적 함정을 발견하지 못한다. 우리는 이를 '지평선 효과 *horizon effect*'라 부른다. 인간 기사는 컴퓨터의 검색 가능한 '지평선' 너머를 내다봄으로써 승리를 거둘 수 있다.

이러한 약점을 잘 알고 있는 노련한 기사들은 컴퓨터와 대결을 할 때면 기물을 폰 뒤에 둔 채 가급적 교환을 피하면서 전술적 복잡성을 최소화하려 한다. 그리고 후방에서 기습을 준비하면서 모든 수단을 동원하여 지평선 너머를 바라보려 한다. 그렇다고 해서 컴퓨터가 치명적인 실수를 저지르는 것은 아니다. 하지만 인간 기사가 강력한 공세를 준비하는 동안에 컴퓨터는 의미 없이 돌아다니게 되고, 위험 수위는 점점 더 높아진다. 라스커는 이러한 전략에 자부심을 느꼈을 것이다.

그러나 이 전략은 고수에게는 통하지 않는다. 고수는 체스판을 살펴보고 이렇게 생각한다. "급박한 위험은 보이지 않는군. 그런데 상대가 기물들을 한데 모아둔 걸 보니 뭔가를 준비하는 것 같군. 나도 대비를 해야겠어." 그러고는 "킹이 위험하군", 혹은 "상대의 나이트가 위험한 위치에 있군"이라고 판단하고, 자신의 수를 분석하기 시작한다. 그러나 무차별 대입법 알고리즘이 탐색 트리에서 충분히 깊이 들어가지 못한다면, 그와 같은 대비를 할 수 없다.

과거 호시절에 컴퓨터에 대항하기 위한 또 하나의 전략은 지평선 효과를 극단적으로 밀고 나가는 것이었다. 기물을 최대한 신중하고 소극적으로 움직이면서 컴퓨터 스스로 약점을 드러낼 때까지 기다리는 것이다. 그러면 시간을 끄는 것이 무엇을 의미하는지 이해하지 못하는 컴퓨터는 아무런 계획 없이 폰을 전진시키거나 기물을 전개한다. 그리고 공격이나 방어를 해야 할 구체적인 목표가 나타날 때까지 기물을 의미 없이 이리저리 옮겨 다닌다.

이후 탐색 트리에서 빠져나와 가상 포지션을 검토하도록 하는 '공상$_{fantasize}$' 프로그래밍 기법이 개발되었지만, 이를 위해서는 어쩔 수 없이 주요 검색 속도를 희생해야 했다. 반면 기물 포획이나 체크메이트처럼 특별한 상황에 대처하기 위한 변화 수를 심도 있게 검토하도록 명령하는 '정적 탐색$_{quiescence\ search}$'이나 '단수 확장$_{singular\ extension}$' 같은 기술이 등장하면서 검색의 깊이와 속도가 크게 향상되었다. 이러한 움직임은 이전의 유형 B 접근방식을 향한, 그리고 인간처럼 사고하면서 처음부터 특정한 수를 우선적으로 고려하는 방식을 향한 전진이기는 했지만, 그래도 그것은 여전히 지식이 아니라 검색이었다. 어쨌든 이러한 수준 높은 기술은 더욱 빨라진 칩의 속도와 더불어 실전에서 지평선 효과를 장기적으로 제거해나가는 역할을 했다.

불과 얼음의 대결

1980년대 최고 체스 컴퓨터들의 게임을 살펴보는 동안, 나는 그다지 훌륭하다는 인상을 받지 못했다. 그럼에도 인간이 종종 저지르는 치명적인 실수를 놓치지 않는 쪽으로 발전하면서 더욱 위협적으로 변해갔다. 인간 대 기계의 체스 대결은 전형적인 비대칭 전투다. 복잡한 포지션에서 날카로운 전술을 구사하는 능력은 컴퓨터의 최대 무기인 반면, 인간에게는 최대의 약점이다. 반면 인간은 전략적이고 구조적인 사고, 그리고 신중한 움직임으로 자신의 포지션을 개선해나가는 '포지셔널 플레이'에 능하다. 인간 대 기계의 대결은 이처럼 불과 얼음이 맞붙는 싸움이기 때문에 더욱 흥미롭다. 하지만 특별한 전술적 대안 없이 강력한 상대를 계속해서 제압하는 것은 불가능한 일이었다.

인간이 기계에게 패하는 패턴은 반복적으로 나타난다. 오프닝 지식과 경험으로 무장한 마스터는 컴퓨터가 자신의 계획을 알아차리지 못하는 사이 유리한 포지션을 구축한다. 인간은 종종 폰을 희생하는 방식으로 지배적인 포지션을 차지한다. 그리고 결국 자신의 장점을 발휘하여 기물을 포획하거나 킹을 공격한다. 그러나 그 순간 컴퓨터는 화려한 전술적 방어와 공격을 기묘한 형태로 선보이면서 비김 또는 승을 획득한다.

1978년 데이비드 레비가 체스 4.7과의 매치에서 기록했던 유일한 패배는 그 좋은 사례다. 네 번째 게임에서 흑을 잡은 레비는 오늘날 첨단 프로그램이었다면 자살 행위와 같았을 날카로운 오프닝을 시도했다. 그의 포지션은 유리했고, 폰을 희생하여 강력한 공격을 구사함으로써 3연승을 거머쥐고자 했다. 그러나 최종 상금을 타기까지 레비는 오랜 시간을 기다려야 했다. 공격에서 강력한 한 방을 보여주지 못하면서, 체스 4.7은 그때마다 유일수only move(게임을 내주지 않으려면 반드시 두어야만 하는 수)를 찾아냈다. 그리고 레비의 공격을 효과적으로 방어하면서 결국 승리를 거두었다. 공식 대회에서 컴퓨터가 인터내셔널 마스터를 상대로 승리를 거둔 첫 번째 게임이었다. 매치의 첫 번째 게임에서도 체스 4.7은 레비가 가까스로 무승부로 빠져나가기 전까지 압도적인 포지션을 유지했다. 이는 인간과 기계의 역할이 뒤바뀐 흥미로운 상황이었다.

신디사이저와의 듀엣 공연

1983년 톰슨과 콘던이 공동 개발한 프로그램 벨이 역사상 최초로 마스터 등급의 레이팅을 획득했다. 1988년에는 이전의 벨과 이후의 딥 블루와 비슷한 체스 전용 하드웨어인 하이텍HiTech이 펜실베이니아 세계 챔피언십에서 인터내셔널 마스터를 꺾으면서 체스 컴퓨터의 위상을 다시 한 번 높였다. 이후 하버드 대학은 미국의 그랜드마스터와 첨단 프로그램을 대상으로 인간과 기계의 대회를 주최했다. 하버드 대회가 남긴 6년간의 성과는 우리에게 많은 이야기를 들려주었다. 첫 두 해 동안 모든 인간이 컴퓨터를 앞섰다. 그 이후에도 그랜드마스터들은 컴퓨터 프로그램보다 전반적인 우위를 유지했지만, 초반의 압도적 우세는 보여주지 못했다. 이러한 흐름은 그동안 컴퓨터 기술의 지속적인 발전을 반영하는 것이었다. 그랜드마스터들은 1989년 대회에서 13.5 대 2.5로 이겼고, 1992년에 18 대 7, 그리고 마지막 대회가 열렸던 1995년에 23.5 대 12.5로 승리했다. 하버드가 거기서 대회를 멈춘 것은 그랜드마스터들에게는 다행스러운 선택이었다.

1988년 9월 하이텍은 상대적으로 약한 미국의 그랜드마스터 아놀드 덴커Arnold Denker와 네 게임의 매치를 벌였고, 너무도 쉽게 승리를 거두었다. 당시 일흔네 살의 덴커는 기력이 쇠한 상태였던 반면, 하이텍은 강력한 고수들을 잇달아 물리치면서 승승장구하고 있었다. 한 게임에서 덴커는 여러 차례 큰 실수를 하면서 13수 만에 패했다. 또 다른 게임에서는 아홉 수 만에 완패했다. 이는 컴퓨터의 전술이 점점 위협적으로 발전해가고 있음을 보여주는 것이었다. 하지만 체스 컴퓨터가 최고의 타이틀을 인정받기 위해서는 덴커보다 더 강한 상대에게 도전해야 했다.

덴커와의 매치 후 하이텍 개발자인 한스 벌리너는 자만심 가득한 발언으로 체스 세상의 많은 이들의 심기를 불편하게 했다. 물론 자신의 창조물이 거둔 위대한 성과에 자부심을 느끼는 것은 지극히 자연스러운 감정일 것이다. 아마도 자식이 성공한 것만큼 감격스러웠을 것이다. 그러나 자신의 발명품이 그 분야에 평생을 바친 인간을 이겼을 때, 기쁨을 절제하는 모습이야말로 당연한 도리다. 체스 기사 출신인 벌리너는 덴커와의 네 번째 게임을 평가하면서 하이텍의 화려한 플레이를 침을 튀기며 칭찬했다. 가령 《AI 매거진》 기사에서는 이렇게 말했다. "하이텍은 획기적인 게임의 진수를 보여주었습니다." 그는 기발하고 멋진 수에 대해 해설자들이 늘어놓는 모든 표현을 동원하여 연신 감탄을 쏟아냈다. 자화자찬의 말은 특히 10수 이전에 압승으로 끝난 게임에 집중되었다.

하이텍의 승리는 1988년 당시 독보적인 성과였기에 전혀 이해하지 못할 바는 아니지만, 덴커가 본인의 실력을 제대로 발휘하지 못했던 만큼 자만보다 겸손이 더 적절했을 것이다. 더군다나 컴퓨터와 대결해본 적이 없는 고령의 기사를 대적 상대로 삼았던 것 역시 공정한 선택이었다고 보기 어렵다. 내가 생각하기에, 벌리너는 카네기멜론 대학원생들의 프로젝트인 딥소트가 보여준 인상적인 성과를 어느 정도 의식하고 있었던 것 같다. 벌리너와 같은 유별난 경우를 제외하면, 체스 프로그래머들은 대부분 체스 기사에게 우호적인 태도와 존경심을 보인다. 반면 그렇지 않은 사람들은 과학의 발전보다 경쟁을 우선시하고, 그들이 개발한 기계의 체스 실력을 자신의 것으로 종종 착각하곤 한다.

그랜드마스터들에게 체스 컴퓨터는 초대를 받고 지구를 방문한 외계인과 같은 존재였다. 일부는 그 외계인들에게 적대감을 드러내기도 했지만, 대부분은 호기심을 보였다. 그리고 미국 육상선수 제시 오언스Jesse Owens가 말이나 자동차와 경주했던 것처럼 컴퓨터와 대결을 벌였고, 그 과정에서 상당한 보상을 받기도 했다. 그럼에도 불구하고 컴퓨터와의 대결은 어색한 춤과 같은 것이었다.

인공지능 분야의 위대한 개척자 도널드 미치Donald Michie는 1989년 토너먼트가 끝나고 나서 컴퓨터의 참가를 허용하는 방식에 대해 '그랜드마스터의 반발'이 조만간 있을 것이라고 예상했다. 그는 2차 세계대전 때 영국 암호 해독 학교인 블레츨리 파크Bletchley Park에서 앨런 튜링과 함께 에니그마 해독을 연구했던 인물이기도 하다.

체스는 그 자체로 경쟁이지만, 동시에 공동체 구성원이 함께 공유하는 문화이기도 하다. 게임이 끝난 후 경쟁자였던 두 사람은 함께 좋은 수를 분석하고, 경기장이던 방은 곧 이들의 사교의 장으로 변한다. 그러나 로봇 침입자들이 기여한 것이라곤 무차별 대입법밖에 없다. 흥미진진한 아이디어라고는 없다. (……) 인간에게는 절대 불가능한 스핀을 구사하는 로봇을 만난 프로 테니스 선수처럼, 그랜드마스터가 기계와의 대결에서 발견할 수 있는 것이라곤 애매모호함밖에 없다. 그들이 평생을 바쳐 연마한 기술이 여기서 무슨 의미가 있단 말인가?[5]

미치는 또한 컴퓨터와의 대결을 오페라 가수가 펼치는 "신디사이저와의 듀엣 공연"에 비유했다. 이는 내가 아주 좋아하는 표현이기도 하다. 그랜드마스터들은 체스와 예술에 대한 사랑을 마음속 깊이 간직하고 있다. 체스라고 하는 게임은 문화적·개인적 차원에서 깊이 뿌리를 내리고 있다. 나는 체스의 이러한 측면을 널리 알리기 위해 노력하고 있다. 이러한 점에서 아무런 성취감이나 두려움, 흥미를 느껴보지 못한 기계에게 패한다는 사실은 좀처럼 받아들이기 힘들다.

체스 기사는 대결을 묵묵히 지켜보는 똑똑한 프로그래머와 공학자들을 어떤 시선으로 바라보아야 할까? 그들 역시 만족감과 실망감을 종종 드러내지만, 그건 낯선 상황에 불과했다. 미치가 언급했던 것처럼, 승패를 떠나서 게임이 끝난 뒤 경기 내용에 대해 이야기를 나눌 상대가 없다는 것은 불편한 진실이다. 다만 스크린 주변에 모여 특정 포지션에서 컴퓨터가 어떻게 판단을 내렸는지 추측할 뿐이다. 이러한 생각을 하다 보면 힘든 게임을 마친 바비 피셔가 한 열성 팬과 나눈 대화를 떠올리게 된다. 팬은 말했다. "바비, 멋진 게임이었어요!" 피셔는 대답했다. "제대로 봤군요."[6]

체스 기계는 어쩌면 당연하게도 1988년 캘리포니아 대회에서 놀라운 성공을 거두었다. 롱비치에서 열린 오픈 토너먼트에서 딥소트는 그랜드마스터에게 첫 승을 신고했다. 상대는 세계 챔피언십 우승 후보였던 덴마크의 벤트 라르센Bent Larsen이었다. 당시 쉰세 살의 그 '위대한 덴마크인'은 비록 전성기를 넘긴 나이였지만, 여전히 뛰어난 실력을 보여주었다. 라르센은 게임에서 졌지만 치명적인 실수는 저지르지 않았다. 카네기멜론 대학의 딥소트는 강력한 그랜드마스터를 꺾고 나서, 또 다른 훌륭한 그랜드마스터인 영국의 토니 마일스Tony Miles와 첫 무승부를 기록했다. 이듬해 딥소트는 풀죽은 기계 동료들을 대신해 복수라도 하듯 데이비드 레비를 4 대 0으로 격파했다. 결국 1989년에 체스 기계는 최전선에 도달했다. 드디어 내가 경기장에 들어설 때가 온 것이다.

6

DEEP THINKING

대결의 시작

◆

게임이 끝난 뒤 나는 이렇게 호언장담했다.

"인간이라면 그렇게 두들겨 맞고 나서

다시 도전하지는 않을 것이다."

그러나 딥소트는 당연하게도 아무런 두려움 없이

대회장에 다시 들어섰다.

◆

우리는 컴퓨터가 계산에 뛰어나다는 사실을 알고 있다. 사람들은 체스가 치밀한 두뇌 싸움이므로 인간이 컴퓨터의 적수가 될 수 있다는 사실에 놀라곤 한다. 그러나 1950년대만 하더라도 분위기는 그렇지 않았다. 당시 체스 기계란 공상과학에나 등장하는 소재였다. 그러나 애플, IBM, 코모도어, 마이크로소프트 같은 기업이 컴퓨터를 가정과 학교, 사무실로 널리 보급하면서 사람들의 인식이 바뀌기 시작했다. 컴퓨터는 점차 사람들에게 놀라운 기능을 가진 익숙한 제품이 되었다. 그리고 당연하게도 그러한 컴퓨터에게 체스는 그리 높은 장벽이 아니었다.

컴퓨터에 대한 오해와, 체스를 지성의 표본으로 바라보는 오랜 낭만적인 시선이 만나면서, 대중은 기계와 대결하는 인간 챔피언을 더욱 대단한 존재로 바라보기 시작했다. 미국에서는 체스가 주로 만화나 신문 퍼즐에 등장했던 것과 달리, 유럽 대부분의 지역에서는 정식 스포츠로 인정받았다. 그럼에도 서구 사회에서 1면 기사를 장식할 만한 주제는 아니었다. 그러한 상황에서 컴퓨터 혁명이 일어나 광고주와 언론, 그리고 일반 대중은 체스를 더 매력적인 게임으로 바라보게 되었다. 이러한 분위기는 후원자를 구하기 힘든 체스와 같은 스포츠 분야에서는 대단히 소중한 기회가 되어주었다.

달라진 상황 속에서도 여전히 중요한 것은 체스의 왕관이었다. 1984년부터 1990년까지 나는 아나톨리 카르포프와 세계 챔피언 타이틀을 놓고 다섯 번의 매치를 치렀다. 이러한 전례 없는 대결 국면에서 체스의 대중적 인기는 바비 피셔와 보리스 스파스키가 맞붙었던 1972년만큼이나 높아졌다. 당시 두 사람의 매치는 그 전후로 10년 동안 가장 높은 관심과 상금을 기록한 특별한 행사였다. 몇 푼 안 되는 상금과 자부심, 그리고 소소한 특권을 놓고 모스크바 극장에서 벌였던 소련 기사들끼리의 시합이 아니었다. 냉전시대에 레이캬비크에서 펼쳐진 두 사람의 대결은 수십만 달러의 높은 상금과 더불어 미국의 자신감과 소련의 막강한 체스 조직이 맞붙은 싸움이었다.

세계 챔피언 자리를 놓고 카르포프와 내가 벌인 대결은 1984년 9월에 시작되었다. 마라톤 매치라고 불린 그 대결에서는 5개월 동안 총 48번의 게임이 치러졌다. 그러나 내가 두 번의 연승으로 카르포프와의 격차를 좁히자마자 국제체스연맹FIDE이 게임 중단을 선언했다. 1985년에 또 한 번의 매치에서 카르포프를 꺾고 세계 챔피언 타이틀을 차지했을 때, 내 나이는 겨우 스물두 살이었다. 당시 나는 세계 챔피언에게 주어진 정치적·경제적 혜택을 최대한 누리고 싶어하는, 그리고 서구에 관심이 많은 청년이었다. 내가 체스 올림포스의 최정상에 올랐을 때, 미하일 고르바초프가 소련 최고 지도자로 등장하여 글라스노트(개방)와 페레스트로이카(개혁) 정책을 펼쳐나갔다.

우리 두 사람은 용감하게도 1986년 재대결을 새로운 곳에서 치르기로 결정하고, 총 24번의 게임을 런던과 레닌그라드(지금의 상트페테르부르크) 두 곳에서 나누어 벌이기로 했다. 소련 기사들끼리의 대회가 소련의 국경 밖에서 열린 것은 그때가 처음이었다. 우리 둘은 개회식 행사에서 마거릿 대처와 함께 무대에 섰고, KGB 경호원들이 지켜보는 가운데 영어로 인터뷰를 했다. 네 번째 'K-K' 매치는 1987년에 스페인 세비야에서 열렸다. 거기서 나는 마지막 게임을 따내면서 간신히 타이틀 방어에 성공했다. 다섯 번째이자 마지막 대결인 1990년의 매치는 뉴욕과 프랑스 리옹에서 열렸다. 그 무렵 베를린 장벽이 무너졌고, 소련의 운명 역시 위태로웠다. 나는 체스 세상과 더불어 도전과 기회로 가득한 새로운 미래를 내다보고 있었다. 그리고 새로운 체스 컴퓨터 세대는 새 시대의 흥분을 자아낼 준비를 하고 있었다.

인공지능의 겨울

1980년대 말 딥소트가 그랜드마스터를 위협하는 최초의 체스 기계로 각광을 받던 무렵, 인공지능이 과학과 비즈니스 분야에서 부활의 조짐을 보이기 시작했다. 맹목적인 장밋빛 전망과 그에 따른 실망감 이후로 들이닥친 이른바 인공지능의 겨울이 끝나가고 있었다. 인공지능의 겨울은 1970년대에 인지 기능을 둘러싼 비밀을 벗겨내는 과제에 번번이 실패하고 말았던 많은 과학자들이 자신감을 상실하면서 시작되었다. 1980년대에 걸쳐 인공지능 연구 프로젝트가 중단되고 관련 벤처 기업들이 문을 닫으면서 뜨거웠던 인공지능의 열기가 서

서히 식어갔다. 그리고 기초과학에 대한 관심이 줄어들면서 응용과
학이 자리를 메웠다. 인간 지능에 대한 연구는 과거의 일이 되었고,
특정 분야에서 실용적인 성과를 얻어내는 시도가 시대의 유행으로
자리 잡았다. 이제 "생각하는 기계가 아니라 일하는 기계를 만들라"
는 말이 핵심 모토가 되었다.

마이크로소프트 회장 빌 게이츠는 2001년 시애틀에서 열린 인공지
능 컨퍼런스 연설에서 1970년대 당시 인공지능에 대한 사회적 분위
기를 이렇게 떠올렸다. "25년 전 마이크로소프트를 설립했을 때 저
는 이런 생각을 했습니다. '돈만 벌려고 덤비다가는 곧 열릴 인공지
능 시장을 놓치고 말 거야.' (웃음) 저는 인공지능에 대해 낙관주의자
였습니다. 지금도 하버드 시절이 생각납니다. 그때 그린블래트의 체
스 프로그램과 맥시마Maxima 나 엘리자Eliza 는 인공지능 그 자체였습니
다. 사람들은 5년에서 10년 안에 많은 문제가 해결되리라 기대하고
있었습니다."[1]

공평하게 말해서, 인공지능 개척자들은 자연어를 사용하고, 스스
로 학습하고, 추상적 개념을 이해하는 기계를 개발하겠다는 야심찬
목표를 세우고 있었다. 지금 돌이켜보건대 그들의 이러한 낙관주의
는 아무런 근거가 없는 것이었다. 인공지능 연구의 시작을 알렸던
1956년 다트머스 여름 프로젝트 역시 놀랍게도 "신중하게 선정된
과학자들이 이번 여름에 함께 연구를 추진한다면" 전반적인 차원에
서 엄청난 도약이 가능할 것이라고 주장했다. 여름 동안에 말이다!

그들의 야심찬 목표를 폄하하고픈 마음은 없다. 원대한 꿈이 있기
에 기술은 세상을 바꿀 수 있다. 그리고 진보는 예정된 일정에 따라

이루어지지 않는다. 스푸트니크호의 성공에 따른 건전한 자기비판을 시작으로, 미국의 과학과 공학 세상은 1950년대와 1960년대에 걸쳐 인터넷에서 반도체, 그리고 GPS 위성에 이르기까지 지금 우리가 사용하고 있는 대부분의 디지털 기술의 기반을 마련했다. 비록 진정한 인공지능이 결코 쉽게 해결할 수 없는 과제라는 사실이 밝혀졌지만, 그럼에도 과거의 야심찬 많은 프로젝트가 성공을 거두었다.

그 사례로 인터넷의 전신인 아르파넷ARPANET을 꼽을 수 있겠지만, 그 전체 이야기를 여기서 풀어내기에는 지면상 어려움이 있다. 우리의 논의와 다소 동떨어진 주제이기도 하다. 여기서는 나의 개인적인 일화만 언급하고 넘어가고자 한다. 2010년 나는 이스라엘 텔아비브 대학의 댄 데이비드 상Dan David Prize 시상식에 연설자로 초대받았다. 댄 데이비드 재단은 텔아비브 대학과 함께 매년 "기존 한계와 패러다임을 뛰어넘은 혁신적인 통섭 연구 성과를 발굴하고 격려하기 위한" 상을 수여하고 있다. 그해에는 UCLA의 레너드 클라인록Leonard Kleinrock이 '컴퓨터와 이동통신의 미래' 분야의 수상자로 선정되었다. 클라인록의 업적이 슬라이드로 소개될 때, 나는 흥분하며 아내 데이샤에게 이렇게 속삭였다. "바로 저 사람이야! 저 사람이 'l'과 'o'를 보낸 사람이라고!"

1969년 10월 29일 레너드 클라인록은 아르파넷을 통해 UCLA에 있는 자신의 연구실에서 스탠퍼드 대학의 또 다른 연구실 컴퓨터로 데이터를 전송하는 최초의 시도를 했다. 당시 그가 전송하고자 했던 단어는 'login'이었다. 그러나 첫 두 개의 알파벳을 보내고 나서 시스템이 고장 나고 말았다. 그로부터 한 달 뒤에 두 연구실 사이에 영구 연결망이 구축되었다. 몇 주 후에는 샌타바버라와 솔트레이크 시티의 컴퓨터 두 대가 연결망에 추가되었다. 이 이야기를 익히 알고 있던 나는 인터넷이 1990년대 초에 시작되었다는 사람들의 주장을 반박하기 위해 그 에피소드를 들려주곤 한다. 어쨌든 그 이야기의 주인공을 직접 만난 것은 내게 예상치 못한 영광이었다.

2007년에 미국 기술훈장을 수상한 클라인록은 인터넷을 구성하는 네트워크 구축 단위인 패킷 스위칭 기술의 수학적 토대를 마련한 인물이다. 라우팅 네트워크 트래픽을 주제로 한 그의 연구는 오늘날 월드와이드웹 운영을 뒷받침하고 있다. 클라인록이 초창기 네트워크에 필요한 하드웨어와 소프트웨어를 구축하기까지는 상당한 시간이 걸렸으며, 비록 초기 성과는 원시적인 수준에 그쳤지만 그의 프로젝트에 참여한 연구원들은 글로벌 차원의 꿈을 꾸고 있었다. 사실 그들의 야심은 글로벌의 한계를 넘어선 것이었다.

1963년 4월 23일 미국고등연구계획국Advanced Research Projects Agency(ARPA) 국장 조지프 릭라이더Joseph Licklider는 직원들에게 여덟 쪽에 달하는 메모를 보냈다. 거기에는 상호 대화를 나누는 컴퓨터 개발 프로젝트에 대한 포괄적인 설명이 담겨 있었다. 릭라이더는 그 프로젝트에 '범우주 컴퓨터 네트워크 연합'이라는 거창한 이름을 붙였다. 이는 실로 원대한 꿈이었다! 이후 자료에서도 릭라이더는 미국고등연구계획국의 광범위한 목표를 제시했다. 그는 또한 파일과 이메일 전송 기술은 물론 오늘날 스카이프 서비스처럼 음성 데이터를 전송하는 기술의 개발 가능성에 대해서도 언급했다.

클라인록이 최초로 문자를 전송한 지 20년의 세월이 흘러, 인터넷은 우리의 일상생활에서 없어서는 안 될, 그리고 세계 경제에 강력한 영향을 미치는 혁신 기술로 성장했다. 또한 인터넷보다 한 발 앞서 등장한 이메일은 과학 공동체 및 대학 캠퍼스를 중심으로 널리 활용되었다. 그 네트워크야말로 오늘날 세상을 완전히 바꾸어놓은 발명품이었다.

1957년 소련의 스푸트니크호 발사에 대한 대응 차원에서 아이젠하워 행정부는 1958년 2월에 미국고등연구계획국을 설립했다. 그 기구의 명시적 목표는 소련의 기술을 따라잡는 것이었으며, 이후 다양한 분야의 기술 개발을 통해 소련을 앞서 나가기 시작했다. 정부 예산과 국방부 승인을 통해 신설된 미국고등연구계획국을 지원하려는 미국 행정부의 추상적인 계획은 아이러니하게도 이후 다양한 연구 프로젝트 추진을 위한 이상적인 발판인 것으로 밝혀졌다. 군사 집단은 새로운 과학자들이 미사일 시스템과 같은 국가적으로 중차대한 군사 기술 분야를 침범하는 것을 달가워하지 않았고, 그래서 미국고등연구계획국의 다양한 초기 프로젝트는 군사 기술에 대한 직접적 적용이 아닌 예상치 못한 방향으로 흘러가게 되었다.

발전 속도가 예상보다 느린 인공지능 역시 그러한 방향 중 하나였다. 1972년에는 '국방Defense'의 'D'가 추가되면서 미국고등연구계획국의 명칭이 DARPA로 바뀌었다. 이후 1973년에 나온 맨스필드 수정안은 DARPA의 활동 범위를 군사 연구 프로젝트로 제한했다. 이러한 결정은 정부 지원을 받는 기초과학 연구 분야, 특히 국방부가 보기에 인공지능처럼 비생산적인 연구에 치명적인 타격을 입혔다. 당시 미국 국방부가 원했던 것은 인간과 대화를 나누는 기계가 아니라,

정확한 폭탄 투하 지점을 파악하는 군용 시스템이었다.

UCLA에 계속 머물렀던 레너드 클라인록은 맨해튼 어퍼웨스트사이드에 사는 내 이웃이기도 했다. 클라인록은 ARPA(그가 언제나 이 명칭을 고집했다)가 왜, 그리고 어떻게 인공지능을 비롯한 다양한 기술 혁신의 원동력으로부터 멀어지게 되었는지에 대한 자신의 생각을 내게 솔직하게 들려주었다. 그의 결론은 그리 놀라운 것이 아니었다. 그는 거대한 조직의 관료주의가 의사소통과 혁신의 분위기를 질식시켜버렸다고 진단했다. 클라인록은 함께 점심을 먹는 자리에서 이렇게 설명했다. "너무 비대해졌습니다. 집중적인 관심을 받기 전만 하더라도 물리학자와 컴퓨터 공학자, 미생물학자, 심리학자들은 자유롭게 대화와 아이디어를 나눌 수 있었습니다. 모두가 방 하나에 들어갈 정도로 작은 규모였죠. 하지만 인원이 늘어나면서 예전의 모습은 찾아볼 수 없게 되었고, 집단 간의 장벽으로 의사소통이 불가능한 상태가 되어버리고 말았습니다."

탁월한 (그리고 넉넉한 지원을 받는) 과학자들이 아이디어를 자유롭게 공유하는 소규모 클럽이 사라지면서, DARPA는 수직적이고 비효율적인 거대 조직으로 변모했다. 이러한 점에서 나는 2013년 옥스퍼드 마틴스쿨에 객원 연구원 자격으로 합류하게 되었을 때, 다양한 분야에 걸친 융합 연구를 추진할 수 있다는 점을 가장 높이 평가했다. 모든 위대한 아이디어는 이종 교배로부터 탄생하는 법이다.

기구의 목표가 군사적 활용으로 전환되면서, DARPA 프로젝트에 참여했던 수십 명의 연구원들은 기밀정보 취급 허가를 받지 않았다는 이유로 조직을 떠나야 했다. 주요 연구 프로젝트에서 똑똑한 젊은 연구원들을 배제하는 결정은 클라인록으로서는 받아들이기 힘든 것이었고, 결국 그는 DARPA의 예산 지원을 포기하고 말았다. 이후 2001년 도널드 럼스펠드가 국방부 장관으로 취임하면서 조직 전반을 쇄신하려는 강한 의지를 드러냈다. 또한 DARPA를 가볍고 진취적인 조직으로 되돌리겠다는 뜻을 분명히 밝혔다. 그러나 9·11 테러가 터지고 정부의 모든 자원이 대테러 프로그램에 집중되면서 럼스펠드의 개혁 의지는 묻히고 말았다. 이후 DARPA는 정보 수집과 분석 프로젝트에 주력했고, 그 이름도 오웰주의적인 통합정보인식Total Information Awareness(TIA) 프로그램을 추진하여 2002년 사회적 논쟁을 일으켰다.[DARPA가 2억 달러를 투입하여 추진한 TIA 프로젝트는 미국인 및 자국 방문객을 대상으로 방대한 데이터베이스를 구축했지만, 인권 침해 문제가 불거지면서 중단되었다—옮긴이]

그래도 DARPA는 인공지능 연구의 끈을 완전히 놓지는 않았으며, 체스 컴퓨터 개발을 위한 예산도 어느 정도 확보해두고 있었다. 한스 벌리너가 카네기멜론 대학에서 개발한 하이텍을 주제로 한 학술 논문들을 뒤져보면, 1980년대에 DARPA로부터 일부 예산 지원을 받았다는 사실을 확인할 수 있다. DARPA는 또한 무인 자동차를 비롯한 다양한 '실용적인 인공지능' 기술 개발을 촉진하기 위해 많은 대회를 개최하기도 했다. 체스 컴퓨터를 모형으로 삼아 자동 네트워크 방위 시스템을 개발하는 대회를 제안하기도 했다.[2]

다윈주의 관점에서 볼 때, 과학기술을 주제로 대회를 주최하는 접근방식은 진정한 인공지능 개발에 실질적인 도움을 주지 못했지만, 체스 컴퓨터 기술 개발에는 대단히 효과적이었다. 그럼에도 군사 분야는 정보 분석 알고리즘과 첨단 전투 기술에 언제나 더 많은 관심을 기울였다.

컴퓨터가 퀸을 내어준 이유

1950년대와 1960년대 인공지능 분야의 과학자들의 미래 예측은 동시대의 체스 컴퓨터 공학자들에게도 그대로 받아들여졌다. 일부 공학자들은 그들과 완전히 똑같은 목소리를 냈다. 그래도 인공지능 분야와 달리 체스 컴퓨터 공학자들은 향후 지속적인 발전의 기반이 된 알파-베타 검색 알고리즘이라고 하는 절호의 기회를 발견했다. 그것이 진정한 축복이었는지, 아니면 암울한 저주였는지를 떠나, 알파-베타 검색 알고리즘은 사람들에게 가시적인 성과를 보여주었다. 범용 인공지능을 비롯한 여러 야심찬 연구를 추진했던 과학자의 입장에서 볼 때, 대학과 기업, 그리고 정부로부터 지원을 받기 위해 이보다 더 확실한 기회는 없었다. 인공지능 분야는 체스 컴퓨터의 경우와 마찬가지로, 인간의 인지 기능을 그대로 모방하겠다는 야심찬 꿈을 포기하는 움직임이 시작되고 나서야 새로운 봄을 맞이하게 되었다. 그 움직임은 다름 아닌 기계학습machine learning이라는 것으로, 당시 이 분야는 오랫동안 이렇다 할 성과를 보여주지 못한 채 정체되어 있었다. 그러다가 1980년대에 들어서면서 엄청난 데이터의 도움으로 빛을 보게 되었다.

1960년 기계학습 분야의 개척자 도널드 미치는 틱택톡 게임에 그 기술을 적용했다. 기계학습의 기본 개념은 여러 가지 규칙을 기계에 주입하는 것이 아니라, 인간이 문법과 언어의 활용 규칙을 바탕으로 외국어를 배우는 방식을 그대로 따르도록 하는 것이다. 말하자면 컴퓨터에 규칙을 직접 입력하는 방식이 아니라, 다양한 사례를 제공함으로써 스스로 규칙을 이해하도록 하는 것이다.

기계학습의 원리를 적용한 또 다른 사례는 번역이다. 기계학습을 기반으로 하는 구글 번역은 분석 대상인 수십 가지 언어의 규칙에 대해서는 거의 아무것도 모른다. 실제로 구글은 특정 언어를 구사하는 사람을 고용하는 일에 별로 신경을 쓰지 않았다. 그들은 다만 번역 시스템에 100만 개의 100만 배에 달하는 용례를 입력함으로써 시스템이 낯선 표현을 맞닥뜨렸을 때에도 정확한 의미를 파악할 수 있도록 했다.

그러나 미치를 비롯한 많은 과학자들이 과거에 기계학습 방식을 적용하고자 했을 때, 컴퓨터 속도는 너무나 느렸고 수집한 데이터 규모와 입력 시스템 기술은 보잘것없었다. 당시 어느 누구도 데이터 규모와 처리 속도의 문제만 해결할 수 있다면, 번역 같은 '인간적인' 기술에 도전할 수 있다고 상상하지 못했다. 그들의 모습은 유형 A의 무차별 대입법을 선택하고는 체스를 두기에는 처리 속도가 지나치게 느리다는 사실에 좌절했던 초창기 체스 프로그래머와 같았다. 구글 번역의 한 연구원은 이렇게 말했다. "훈련용 사례가 1만 개에서 100억 개로 늘어나면, 비로소 모든 일이 가능해집니다. 데이터가 모든 것을 좌우합니다."[3]

1980년대 초 미치가 동료 연구원들과 함께 데이터에 기반을 둔 기계학습 체스 프로그램을 개발했을 때, 예상치 못한 결과가 발생했다. 미치 연구팀은 그랜드마스터의 게임에서 수십만 개에 달하는 포지션을 추출하여 이를 프로그램에 입력하면서, 컴퓨터가 좋은 수와 나쁜 수를 스스로 판단할 수 있기를 기대했다. 실제로 초기에는 프로그램이 성공적으로 작동하는 것처럼 보였다. 프로그램의 포지션 평가는 기존 방식보다 더 정확했다. 그러나 그 프로그램이 실제로 체스를 두도록 했을 때, 문제가 벌어졌다. 공격을 시작하자마자 퀸을 곧바로 희생했던 것이다! 결국 단 몇 수 만에 게임을 내주고 말았다. 대체 왜 그런 선택을 한 것일까? 일반적으로 그랜드마스터가 퀸을 포기할 때, 그건 언제나 기발하고 결정적인 공격을 위한 수였다. 하지만 그랜드마스터의 게임 데이터를 입력한 프로그램이 볼 때, 퀸을 포기하는 것이 곧 승리의 열쇠였던 것이다![4]

물론 그것은 무척 실망스러운 뜻밖의 결과였다. 하지만 미치의 프로그램처럼 사례로부터 스스로 규칙을 배우는 기계가 현실에 등장할 때 나타나게 될 잠재적인 문제점에 대해 한번 생각해보자. 이를 위해 공상과학으로 눈을 돌리는 것도 도움이 될 것이다. 우리는 공상과학 속에서 통찰력이 돋보이는 날카로운 예측을 발견하게 된다. 다만 여기서 내가 〈터미네이터〉와 〈매트릭스〉 시리즈에 나오는 살인 로봇과 슈퍼컴퓨터 지배자에 대해 언급하지 않는 것을 이해해주길 바란다. 악몽의 시나리오는 영화와 언론 기사를 위한 훌륭한 소재이지만, 거기서 그려내는 디스토피아의 미래는 우리의 현실과 너무나 동떨어져 있다. 그것보다 가능성 높은 가까운 미래에 집중하는 편이 나을 듯하다. 게다가 나는 이미 너무 오랫동안 기계와 대결을 벌이지 않았던가.

1984년 영화 〈스타맨〉에는 지구로 날아온 순진한 외계인 제프 브리지스가 등장한다. 그는 주변 사람들을 관찰하고 배우면서 함께 어울리기 위해 애를 쓴다. 마치 우주 버전의 기계학습 같다. 그러나 종종 어처구니없는 실수를 저지른다. 한번은 자신의 친구가 되어준 한 여성의 차를 몰다가 그런 일이 벌어진다. 제프는 교차로에 들어서면서 갑작스럽게 속도를 높이고, 결국 뒤차가 두 사람의 차를 들이받는 사고가 발생한다. 여성이 소리를 지른다. 두 사람의 대화를 잠시 들어보자.

> 스타맨: 괜찮아요?
> 제니: 괜찮냐고요? 미쳤어요? 죽을 뻔했다고요! 내가 운전하는 걸 봤잖아요! 운전하는 법을 알겠다고 했잖아요!
> 스타맨: 그래요.
> 제니: 금방 신호등에 노란불이 들어왔다고요!
> 스타맨: 당신이 운전하는 모습을 유심히 지켜봤죠. 빨간불에 멈추고, 파란불에 가고, 그리고 노란불에선 속도를 높이더군요.
> 제니: 그냥 내가 운전하는 게 낫겠어요.

그렇다. 퀸을 포기하는 그랜드마스터의 탁월한 전략을 보고 배운 체스 프로그램처럼, 관찰을 통해 규칙을 학습하는 접근방식은 위험하다. 컴퓨터는 지구를 방문한 외계인처럼 상식과 맥락을 이해하지 못한다. 스타맨이 틀린 것은 아니다. 다만 노란불에 속도를 올리는 행동에 담긴 의미를 이해하기 위한 충분한 데이터가 없었을 뿐이다. 왓슨에게 입력한 수백만 기가바이트의 데이터, 그리고 구글 번역의 심연 속에 집어넣은 수십억 가지의 사례 역시 종종 이상한 결과로 이어진다. 그러나 과학 이야기가 항상 그렇듯 실패는 성공보다 더 많은 교훈을 준다.

〈제퍼디〉에 출연한 왓슨의 또 다른 에피소드를 살펴보자. 1904년 올림픽에 출전했던 한 체조선수의 '신체적 특이성'이 무엇인지를 묻는 질문이 나왔다. 인간 챔피언 켄 제닝스Ken Jennings가 먼저 버튼을 눌렀다. 그는 자신 없는 표정으로 "손이 하나밖에 없습니다"라고 대답했지만 정답은 아니었다. 다음으로 왓슨은 61퍼센트의 확신으로 '다리'라고 답했다(실제로는 프로그램 규칙에 따라 "다리는 무엇입니까?"라고 답했다).[5] 그 이후의 상황은 널리 알려져 있다. 체조선수 조지 아이서George Eyser는 한쪽 다리를 잃고서도 올림픽에 출전해서 세간의 주목을 끌었다. 왓슨은 검색을 통해 아이서의 이름과 '다리'와 관련된 많은 결과를 얻었다. 여기까지는 아무런 문제가 없다. 하지만 왓슨은 "다리가 하나밖에 없다"라고 답하지 않고 그저 '다리'라고만 말했다. 다리 자체가 신체적 특이성이 되지는 않는다는 사실을 이해하지 못했던 것이다. 제닝스는 데이터 부족으로 틀렸지만, 왓슨은 정확한 데이터를 갖고 있었음에도 상식을 뒷받침하는 보편적 맥락의 부족으로 틀렸다.

다른 사람이 먼저 내놓은 대답을 참조하도록 왓슨을 설계했는지는 확실치 않다. 만약 그랬다면, 왓슨은 자신이 도출한 데이터와 제닝스의 대답을 조합하여 정답을 맞혔을 것이다. 왓슨은 틀렸지만 또 다른 인간 참가자가 바로 그런 역할을 할 수 있었다. 하지만 그는 컴퓨터와의 첫 번째 대결이라 왓슨의 정확성을 신뢰하지 못했다. 만약 그가 인간과 컴퓨터의 장점을 조합하는 역할을 해주었더라면, 인간과 인공지능이 협력할 수 있다는 나의 주장을 입증하는 좋은 사례로 남았을 것이다.

나처럼 외국을 자주 다니는 사람이라면 정확한 번역이 얼마나 힘든 일인지 잘 알 것이다. 인공지능이 일상적인 표현을 다양한 언어로 옮겨주는 서비스를 시작하기 오래전에, 나는 각국의 간판과 메뉴판 속에서 직역에 따른 기이한 표현들을 종종 목격하곤 했다. 예를 들어 공항에서는 "lounge for the weak", 레스토랑에서는 "plate of little stupids"와 같은 어색한 표현을 쉽게 찾아볼 수 있었다.[6] 그러나 이제 구글을 비롯한 다양한 번역 사이트가 웹페이지를 순식간에 다른 언어로 옮겨준다. 또한 주요 언어들 사이의 번역은 뉴스 기사의 주제를 파악할 수 있을 정도로 정확성이 높다.

물론 아직 갈 길이 멀다. 내가 좋아하는 사례로 'чят'가 있다. 이 단어는 러시아인들이 온라인에서 사용하는 채팅용 은어로('chat'이라고 발음한다), 일반적으로 SNS 채팅창에서 사람들을 부를 때 쓴다. 트위터에서 쓰는 "Hello, tweeps"라는 말과 비슷하다. 그러나 세 개의 키릴 문자로 이루어진 그 단어는 동시에 또 다른 의미와 연관이 있다. 나는 내가 동료에게 보낸 그 말이 "안녕, 민감한 핵 기술!(Hello, sensitive nuclear technologies!)"이라고 자동 번역되어 있는 화면을 목격했다. 실제로 구글 검색창에 입력하면, 까다로운 정부 관련 문서 속에서 чят가 'чувствительныхядерных технологий'(민감한 핵 기술)의 약자로 사용된 사례를 찾아볼 수 있다.

물론 그렇다고 해서 심각한 문제가 벌어지지는 않는다. "안녕, 민감한 핵 기술!"이라는 인사말을 본 사람은 번역에 오류가 있다고 생각할 것이다. 따라서 데프콘 2단계의 경고를 발동하는 일은 없을 것이다. 그런데 인간이 아니라 군사용 인공지능 알고리즘이 그 인사말을 본다면? 혹은 테러리스트들이 나누는 '채팅'을 감시하고 분석하는 보안 컴퓨터 시스템이 본다면? 그 시스템은 그러한 트윗이 올라올 때마다 이중 점검을 위해 인간 관리자에게 매번 보고하지는 않을 것이다. 그렇게 하면 대응 속도가 느려져서 현실적 유용성이 떨어질 것이기 때문이다. 그 대신 보안 시스템은 러시아인들이 소셜미디어에서 핵무기 기술에 관한 이야기를 주고받고 있다고 판단하고 경고를 발동할 것이다.

컴퓨터는 새로운 전문용어나 은어의 의미를 쉽게 파악하지 못한다. 또한 체스 컴퓨터나 퀴즈 프로그램에 경험이나 상식을 입력할 방법은 없다. 컴퓨터와 시스템에게 중요한 것은 시뮬레이션이다. 컴퓨터는 오직 한 가지 기준, 즉 신뢰도에만 주목한다. 기계학습 시스템의 성능은 입력된 데이터 규모에 비례한다. 가령 체스 프로그램의 오프닝 실력은 전적으로 그 안에 입력된 게임 데이터에 달려 있다. 컴퓨터는 양을 질로 전환하고, 초당 수십 회의 속도로 좋은 사례는 취하고 나쁜 사례는 버리는 방식으로 오류를 줄여나간다. 하지만 완벽하게 제거하지는 못한다. '민감한 핵 기술'처럼!

인간 사고의 비밀에서 멀어지다

기계학습 기술은 구체적인 성과와 실질적인 수익을 보여주면서, 인공지능에 대한 사회적 관심을 다시 한 번 불러일으켰다. IBM과 구글을 비롯한 여러 기업이 기계학습을 기반으로 성능이 개선된 다양한 제품을 개발했다. 그런데 이때 활용되는 인공지능은 인간에게 어떤 의미가 있을까? 그것이 정말로 중요한 것일까? 인간의 마음이 어떻게 움직이는지 이해하고 그 방식을 기계로 재현하고자 했던 인지과학자들은 다시 한 번 실망하지 않을 수 없었다. 1979년에 사회적으로 많은 영향을 미친《괴델, 에셔, 바흐: 영원한 황금 노끈》을 발표했던 인지과학자 더글러스 호프스태터Douglas Hofstadter는 인간의 인지 방식을 끝까지 파고들었다. 그러나 그의 연구는 구체적인 성과와 수익성, 그리고 방대한 규모의 데이터에 주목했던 인공지능 세상에서 외면을 당했다.

호프스태터는 제임스 소머스James Somers의 2013년《애틀랜틱》기사에서 자신의 실망감을 피력했다. 그는 이런 질문을 던졌다. 성공에서 아무것도 배울 수 없다면 도전해야 할 이유가 어디 있단 말인가? 그는 이렇게 말했다. "좋다. 딥블루는 훌륭한 체스 실력을 보여주었다. 그런데 그게 뭐 어쨌단 말인가? 딥블루는 체스를 두는 법에 관한 중요한 진실을 말해주고 있는가? 아니다. 카스파로프가 어떻게 체스를 바라보고 이해했는지 말해주고 있는가?" 아무리 놀라운 기술이라 해도 이 질문에 답할 수 없다면, 호프스태터가 보기에 인공지능은 한낱 장난감에 불과한 것이었다. 그는 인공지능 속으로 뛰어들자마자 거리를 두었다. 그는 이렇게 밝혔다. "나는 인공지능의 초보자지만, 당연하게도 속임수에 관여하고 싶은 생각은 없다. 나는 진실을 뻔히 알면서도 인공지능을 환상적인 프로그램의 화려한 기능으로 포장하는 일에 관여하고 싶지 않다. 그리고 왜 많은 사람들이 나와 함께 하지 않는지 모를 일이다."[7]

냉소적인 입장을 취하고 싶지는 않지만, 어쨌든 구글의 현재 시장 가치가 5000억 달러가 넘는다는 사실도 한 가지 이유일 것이다. 또 다른 이유로, 왓슨의 데이브 페루치와 구글의 피터 노빅Peter Norvig 등 그 기사에서 소개된 여러 전문가들이 지적했듯이, 인공지능 분야의 과학자들은 스스로 해결할 수 있는 과제만을 선택하고자 했다. 현재 인간의 지능은 그 정체를 밝혀내기에 너무나 미묘한 존재인 반면, 기계학습은 실질적인 성과를 속속 드러내고 있다. 그런데 그러한 상황은 얼마나 오랫동안 이어질 것인가? 수확체감의 법칙이 이미 그 존재감을 드러내고 있다. 우리가 인공지능 시스템의 신뢰도를 90퍼센트로 끌어올리면, 그 실용성도 함께 높아질 것이다. 하지만 90퍼센트의 신뢰도를 95퍼센트로, 더 나아가 연애편지를 정확하게 번역하고 자녀를 자동차로 안전하게 데려다줄 것이라 확신할 수 있는 99.99퍼센트의 수준으로 끌어올리는 일은 훨씬 더 힘들 것이다.

기계학습은 체스와의 협력을 몇 차례 시도했다. 구글의 알파고는 3000만 가지 수의 데이터베이스를 기반으로 기계학습 기술을 광범위하게 활용하고 있다. 예상했던 것처럼, 엄격한 규칙과 무차별 대입법만으로는 세계 최고 기사를 꺾을 수 없었다. 하지만 1989년 딥소트는 기계학습의 기술 수준이 아주 높지 않은 상태에서도 세계적인 체스 기사에게 충분히 도전할 수 있다는 사실을 분명하게 보여주었다. 여기서 더 필요한 것은 빠른 처리 속도와, 이를 뒷받침하기 위해 카네기멜론 대학의 쉬펑슝이 개발한 특수 칩이었다. 그가 개발한 프로그램이 벤트 라르센을 물리치고, 이어 토니 마일스마저 격파했을 때, 나는 앞으로 흥미진진한 도전이 펼쳐질 것이며, 내 차례도 머지않았다는 예감이 들었다.

오프닝 게임

딥소트와의 두 게임짜리 매치는 10월 22일 뉴욕에서 열렸다. 그 대회에서 나는 유일한 인간 체스 기사였다. 종종 그렇듯 딥소트 장비는 대회장으로부터 수백 킬로미터 떨어진 곳에 있었고, 딥소트가 중계기를 통해 수를 전달하면 관리자가 대신 기물을 옮기는 방식이었다. 그해 10월에 딥소트 연구팀을 영입한 IBM은 수백만 달러를 투자하면서 프로젝트 이름을 딥블루로 변경했다. 딥소트와의 이번 미니 매치의 후원은 뉴저지에 있는 소프트웨어 기업인 AGS 컴퓨터스가 맡았고, 체스 마니아인 회장은 예전에 하이텍과 덴커의 매치도 후원한 적이 있었다.

기계와의 대결에서 한 가지 중요한 문제는 너무도 빨리, 그리고 너무도 자주 컴퓨터가 바뀐다는 것이다. 일반적으로 그랜드마스터는 맞붙게 될 상대의 최근 게임을 살펴보고, 약점에 주목하면서 꼼꼼히 준비를 한다. 그리고 이러한 작업은 주로 오프닝에 집중된다. 오프닝은 일련의 연결된 수로 이루어진 게임의 초반 단계로, 각각의 오프닝은 '시실리안 드래곤'이나 '퀸스 인디언 디펜스' 같은 애칭으로 널리 알려져 있다. 그랜드마스터는 오프닝에서 활용할 새로운 아이디어를 모색하고, 상대를 당황하게 만들 새로운 강력한 수인 '노블티'를 구상한다. 특히 상대가 특정 포지션을 염두에 두고 있다고 예상할 때, 노블티는 놀라운 위력을 발휘할 수 있다.

나중에 딥블루에 관한 장에서 컴퓨터가 어떤 방식으로 오프닝을 전개하는지 더 자세히 살펴볼 것이다. 여기서는 다만 게임 정보로 가득한 데이터베이스, 이른바 오프닝북 opening book 을 기반으로 한다는 사실만 언급하고 넘어가도록 하겠다. 오프닝북은 오랫동안 진화해왔으며, 그에 따라 컴퓨터의 유연성 또한 높아지고 있다. 그래도 기본적인 아이디어는 오프닝북이라는 용어에서 짐작할 수 있듯이, 기본적으로 정해진 수의 연결을 따르고, 그 준비된 연결이 "끝났을 때" 스스로 생각하면서 수를 이어가야 한다. 이러한 접근방식은 내가 오프닝을 전개하는 방식과 상당히 흡사하다. 나 역시 기억에 의존해서 선호하는 오프닝 수를 전개하고, 오프닝이 끝난 지점에서 다시 게임을 풀어나간다.

겸손이 아니라 솔직하게 말해서, 나는 체스 역사상 가장 치밀하게 게임을 준비하는 사람이었다. 어릴 적부터 나는 오프닝을 연구하고, 실전에서 활용할 수를 검색하는 일을 좋아했다. 사람들은 보통 치열한 전술이 펼쳐지는 미들게임에 집중하지만, 나는 기존의 오프닝 구조에서 독창적인 수를 찾아내는 도전을 멈추지 않았다. 상대의 오프닝 전개 방식을 폭넓게 분석해서 약점을 찾아냈고, 노블티와 분석으로 가득한 두꺼운 데이터베이스 자료를 항상 들고 다녔다. 강한 기사들도 나와 대적할 때면 일반적으로 그들이 선호하지 않는 다른 오프닝 라인을 선택했다. 나의 강력한 노블티를 두려워했기 때문이다. 2005년에 내가 은퇴를 선언했을 때, 소중한 오프닝 데이터로 가득한 나의 노트북을 경매에 부치라는 농담을 종종 듣기도 했다.

내가 그랜드마스터들을 지하실에 감금해놓고 하루 종일 노블티를 개발하게 한다는 소문이 떠돌기도 했다. 사실 나는 그 괴담을 좋아했다. 물론 수십 년 동안 소중한 지적 자산을 개발하고 발전시킨 사람은 나, 그리고 1976년부터 함께 했던 트레이너 유리 도코이언Yuri Dokhoian과 알렉산데르 샤카로프 Alexander Shakarov뿐이었다. 내가 힘든 준비 과정에서 발견한 노블티로 게임에서 이겼을 때에도, 비평가들은 심드렁한 표정으로 "카스파로프가 손쉽게 게임을 따냈다"고 말하곤 했다. 나는 노블티에 대한 사람들의 칭찬을 좋아했고, 나의 강점이 철저한 준비에 있다는 사실을 거리낌 없이 밝혔다. 프로 기사들이 슈퍼컴퓨터를 활용하여 시합을 준비하는 오늘날, 철저한 준비의 중요성은 예전만 못하다. 그러나 컴퓨터의 도움을 받는다고 하더라도 체스의 준비 작업은 힘든 노동의 산물임에 틀림없다. 물론 획기적인 아이디어가 인간의 두뇌가 아니라 실리콘 두뇌에서 나온 것이라면 조금은 허탈한 기분이 들겠지만 말이다.

컴퓨터와 대결할 때, 오프닝 준비에서 많은 어려움을 겪게 된다. 상대 컴퓨터의 과거 게임을 아무리 꼼꼼히 살펴본다 해도, 프로그래머가 완전히 새로운 오프닝북을 업로드하거나 평가 기준을 변경하면, 컴퓨터는 한 번도 시도하지 않았던 새로운 오프닝 라인을 보여줄 것이다. 게다가 인간처럼 기억을 잃을 일도 없으므로 새로운 라인을 완벽하게 구사할 것이다. 물론 컴퓨터 역시 인간처럼 노블티에 약하다. 컴퓨터는 오프닝북을 활용해 노블티에 대응하려 하지만, 간혹 어처구니없는 실수를 저지르기도 한다. 컴퓨터끼리의 대회에서 한 컴퓨터가 오프닝 단계 전체에 걸쳐 실수를 범하는 일도 있었다. 그러나 상대는 기물을 잡지 않았다. 두 컴퓨터 모두 동일한 결함이 있는 오프닝북을 기반으로 수를 전개했기 때문이다. 하지만 최근에는 컴퓨터 스스로 오프닝북을 철저하게 점검함으로써 불리한 포지션에 빠지지 않도록 주의한다.

컴퓨터가 실전 게임에서 기가바이트 단위의 데이터베이스에 자유롭게 접근하도록 허용하는 방식이 컴퓨터에게 부당한 경쟁력을 주는 것이라 생각한다면, 여러분은 나와 같은 부류의 인간이다. 기물을 어떻게 전개할 것인지, 혹은 폰의 구조를 어떻게 만들어나갈 것인지 고민하지 않고, 본질적으로 오프닝 단계 전체를 건너뛸 수 있다는 생각은 여전히 내게 낯설다. 체스 기사는 오프닝 단계에서 장기적인 전략에 따라 미묘하고 창조적인 움직임을 보인다. 반면 컴퓨터는 장기적인 전략 수립에 취약하다. 하지만 이제 체스 컴퓨터는 방대한 오프닝 북 덕분에 중요한 오프닝 단계를 건너뛰고 곧장 미들게임으로 진입함으로써 그들의 최대 무기인 전술적 위력을 발휘한다.

안타깝게도 오프닝북에 따른 부당한 혜택을 상쇄할 만한 대안은 체스 규칙을 바꾸는 것 말고는 없다. 체스 오프닝은 수십 년에 걸쳐 축적된 경험을 바탕으로 한 연구와 분석의 산물이다. 토너먼트에 참가하는 평범한 기사도 특별한 계산 없이 정상적인 포지션에 도달할 수 있는 다양한 오프닝을 암기하고 있다(체스 지도자의 입장에서 나는 이를 나쁜 습관이라 생각한다. 오프닝북이 끝났을 때 나타나는 포지션을 실질적으로 이해하지 못하기 때문이다). 오프닝은 체스 게임의 중요한 일부이며, 컴퓨터를 그 단계에서 면제하는 것은 불공평한 이득을 주는 셈이다. 게다가 오프닝북에만 의존하도록 할 때, 컴퓨터는 매번 똑같은 라인을 그대로 전개하려 들기 때문에 종종 상황에 맞지 않는 어색한 플레이를 펼치기도 한다. 체스 프로그램에서 오프닝북 기능을 꺼보면 쉽게 확인할 수 있다. 오늘날 체스 프로그램을 이기기란 무척 힘든 일이 되었다.

그래도 강력한 기사에게는 오프닝북이 끝난 뒤 초반 흐름을 장악할 기회가 충분히 남아 있다.

프로그래머가 손쉽게 바꿀 수 있는 부분은 단지 오프닝 단계만이 아니다. 기물의 가치를 수정하는 방식만으로도 컴퓨터의 성향을 더 공격적으로 바꿀 수 있다. 개발자가 컴퓨터에 서로 다른 여섯 가지 '성향'을 입력해놓았다면, 인간 기사는 여섯 번의 게임에서 모두 다른 상대와 대결을 펼치는 셈이다. 이런 상황에서 컴퓨터의 과거 게임에 대한 분석은 아무런 의미가 없다. 그러나 게임 전에 상대를 분석하는 준비 작업은 인간 기사에게 대단히 중요하다. 무엇보다도 내게 큰 의미가 있는 부분이다.

컴퓨터는 계속해서 강해지고 있다. 내가 대결했던 1989년 버전의 딥소트만 하더라도 그전 해 롱비치 대회에서 라르센을 꺾었을 때보다 크게 업그레이드된 버전이었다. 특히 딥소트는 병렬 하드웨어 설계 방식을 채택했기 때문에, 프로그래머는 새로 개발된 칩을 추가함으로써 컴퓨터의 실력을 즉각 향상시킬 수 있다. 당시 총 여섯 개의 프로세서를 탑재한 딥소트는 1초에 200만 가지 이상의 포지션을 검색할 수 있었다. 그 속도는 당대의 어떤 체스 컴퓨터보다 월등히 빠른 것이었다. 그러나 이처럼 놀라운 속도도 몇 년 뒤 평범한 기술이 되고 말았다. 딥소트 연구팀은 1989년의 한 기사에서 검색 깊이와 체스 실력 사이의 상관관계를 다음과 같이 설명했다.

1970년대 말 체스 기계의 무차별 대입법 기술이 발전하면서 한 가지 사실이 분명하게 드러났다. 그것은 체스 기계의 검색 속도와 체스 실력 사이에 명백한 인과관계가 존재한다는 것이다. 우리는 기계의 셀프 테스트 게임을 통해 검색 깊이에 1플라이가 추가될 때마다 레이팅이 200~250 정도 높아진다는 사실을 확인했다. 추가된 플라이 하나가 탐색 트리의 크기를 5~6배 확장하기 때문에, 속도가 두 배 빨라질 때마다 레이팅은 80~100 정도 향상된다. 기계가 실제로 인간 기사를 상대로 획득한 레이팅 현황은 이러한 인과관계가 딥소트가 도달한 그랜드마스터 등급까지 그대로 적용된다는 사실을 보여준다. 딥소트 프로젝트가 성과를 거둘 수 있었던 이유는 바로 이러한 인과관계가 존재하기 때문이다.[8]

다시 말해 빠르다는 것은 깊다는 의미이고, 깊다는 것은 강하다는 의미다. 속도와 깊이는 체스 기계에서 매우 중요하다. 우리는 레이팅을 기준으로 체스 기계의 진화를 그래프로 그려볼 수 있다. 레이팅을 y축으로, 1수당 검색 포지션 수를 x축으로 할 때, 그래프는 오른쪽 위로 상승하는 직선의 형태를 그리게 된다. 1970년 체스 3.0의 레이팅 1400을 시작으로, 1978년에 체스 4.0은 2000을, 1983년에 벨은 2200을 돌파했다. 1987년에는 하이텍이 2400을, 1989년에는 딥소트가 그랜드마스터 등급인 2500을 기록했다. 그동안 칩의 크기는 작아지고, 속도는 빨라졌으며, 검색은 깊어지고, 레이팅은 상승했다.

딥소트와의 첫 대결

컴퓨터 기술이 충분히 발달하지 못했던 시절에 많은 사람들은 체스 기계가 인공지능의 뿌리에서 한참 벗어났다는 사실에 적잖이 실망했다. 인공지능 전문가이자 체스 마스터인 대니 코펙Danny Kopec은 1990년에 레이팅의 상승 곡선을 보면서 이렇게 한탄했다. "대부분의 프로그램이 경쟁에서 이기는 것을 목표로 삼으면서, 프로그램이 어떤 수를 어떻게 결정했는지에 대한 설명은 거의 나오지 않고 있다. 이러한 현상은 전반적으로 컴퓨터 체스가 (문제 해결을 위한) 과학이 아니라, (이기기 위한) 스포츠로 발전하고 있다는 사실을 잘 말해준다."[9]

1989년 10월 22일 나의 관심사는 딥소트가 지능을 갖고 있는지가 아니었다. 나는 단지 딥소트의 체스 실력에만 주목했다. 나는 딥소트가 강력한 영국 그랜드마스터 토니 마일스를 꺾은 뒤 더욱 발전했을 것이라고 예상했다. 바비 피셔가 오랫동안 지켜왔던 레이팅 기록인 2785를 얼마 전 갱신한 나는 아무런 두려움 없이 시합장에 들어섰다. 그 매치를 앞두고 나는 딥소트의 이전 게임을 검토해보았다. 그러나 최근 몇 달 사이에, 혹은 며칠 사이에 딥소트가 얼마나 많이 달라졌을지 확인할 방법은 없었다. 딥소트 연구팀의 머리 캠벨은 내게 몇몇 게임을 직접 보여주었다. 캠벨의 친절한 태도는 이번 매치의 정신과 잘 어울리는 것이었다. 그리고 공정한 처사였다. 물론 딥소트는 지금까지 내가 치렀던 모든 게임을 분석했겠지만, 매치를 앞두고 내가 두뇌 속 프로세서를 업그레이드할 방법은 없었다.

나는 준비 과정에서 딥소트의 막강한 실력을 확인할 수 있었다. 딥소트의 레이팅은 그랜드마스터로 인정받을 수 있는 2500 정도로 보였다. 나는 강력한 우승 후보였지만, 총 10게임으로 진행될 이번 매치에서 한두 게임 정도를 딥소트에게 내줄지 모른다는 생각이 들었다. 많은 관중들이 이번 시합이 열린 뉴욕 예술 아카데미 건물로 모여들었고, 나는 인간 챔피언의 역할을 처음으로 맡게 되었다는 사실에 기뻤다. 언론 기사에 따르면, 나는 대회 개막식에서 이렇게 말했다. "인류보다 지능이 뛰어난 존재가 등장하고 나면 어떻게 살아가야 할지 모르겠군요." 그때 나는 꽤 흥분해 있었던 것 같다.

거기서 끝났더라면 참 좋았겠지만, 나의 경솔한 발언은 이후에도 계속되었다. 그 무렵 나는 한 인터뷰에서 여성보다 컴퓨터가 먼저 세계 챔피언이 될 것이라는 언급을 했다. 그리고 정말 그 예언대로 되었다. 그러나 그 말은 내 의도와 달리 자칫 성차별적인 발언으로 들릴 위험이 있었다. 당시만 해도 세계 챔피언 후보군에서 여성은 한 명도 찾아볼 수 없었다.[10] 얼마 후 헝가리의 폴가르Polgár 자매 중 가장 어린 유디트Judit가 정상급 기사로 등극했고, 몇 년 뒤 세계 10위권에 진입했다.

적어도 딥소트와 일요일 오후에 벌였던 게임만큼은 나의 자신감을 지켜주었다. 첫 번째 게임에서 흑을 잡은 나는 지배적인 포지션을 점차 구축해나갔다. 20수로 접어들 때, 전략적인 측면에서 내가 승기를 잡았다는 확신이 들었다. 그러나 지배적인 포지션을 유지하는 것만으로 승리를 거둘 수는 없다. 당시 양측에 주어진 시간은 각 90분으로, 표준적인 기준인 두 시간 반보다 훨씬 짧았다. 그만큼 계산 확인을 위한 시간이 줄어들기 때문에 내게 불리한 조건이었다. 그러나 나는 그 정도로도 충분했다.

나는 폰을 전진시키면서 기물을 중앙으로 모았다. 그동안 딥소트는 그저 죽음을 기다리는 듯 보였다. 도망칠 기회가 있다면 딥소트가 벌써 발견했을 것이라고 생각했기 때문에, 나는 계속해서 밀어붙이지는 않았다. 그랜드마스터가 그와 같은 수세에 몰렸더라면, 적어도 전쟁터를 다른 곳으로 옮겨 상대를 혼란에 빠뜨리려는 시도를 했을 것이다. 즉 상대가 인간이었더라면 아무런 대응 없이 서서히 죽음을 맞이하기보다 단 5퍼센트의 가능성만 있다고 해도 어떻게든 벗어나려 했을 것이다.

그러나 컴퓨터는 가능성이라고 하는 개념을 이해하지 못한다. 컴퓨터는 언제나 탐색 트리 안에서 최고를 선택하고 나머지는 버린다. 포커 로봇과 달리 체스 기계는 허세를 부릴 줄 모른다. 그렇기 때문에 상대가 자신의 의도를 간파하지 못할 것이라 기대하면서 의식적으로 나쁜 수를 선택할 수는 없다. 예외가 있다면, 프로그래머가 컴퓨터에게 수단과 방법을 가리지 말고 승리를 추구하도록 설정을 바꾸는 경우다. 가령 무승부는 절대적으로 피하라는 명령을 입력할 수 있다. 이러한 명령을 일컬어 '경멸 요인contempt factor'이라 부른다. 프로그래머는 경멸 요인을 입력함으로써 컴퓨터가 무승부 포지션에 머무르지 말고 위험한 승부수를 띄우도록 자극한다. 이러한 설정의 핵심은 컴퓨터가 극단적으로 낙관적인 방식으로 게임에 임하도록, 혹은 그 용어에서 짐작할 수 있듯이 상대의 실력을 얕보도록 만드는 것이다.

첫 게임에서 딥소트는 강력한 방어 기술을 보였음에도 나를 경멸할 수 있는 기회를 갖지 못했다. 나는 52수 만에 압승을 거두었다. 그러나 지금 돌이켜보건대 비록 그 게임에서 전반적인 우위를 점했지만, 최고의 수를 보여주지 못한 것에 아쉬운 마음이 든다.[11] 또한 딥소트가 방어 전선을 강화할 기회도 있었다. 게임이 끝난 뒤 나는 이렇게 호언장담했다. "인간이라면 그렇게 두들겨 맞고 나서 다시 도전하지는 않을 것이다." 그러나 딥소트는 당연하게도 아무런 두려움 없이 대회장에 다시 들어섰고, 나는 백을 잡고 두 번째 게임을 시작했다.

체스 게임은 백이 먼저 시작한다. 테니스에서 서브 우선권을 주는 것과 비슷하다.[12] 프로 기사의 경우에 게임의 절반가량이 무승부로 끝나기는 하지만, 그래도 백의 승률이 흑보다 두 배 더 높다. 일반적으로 백은 게임의 흐름을 규정한다. 두 번째 게임의 오프닝에서 내가 딥소트에게 제시한 것은 포이즌드 폰poisoned pawn이었다. 그것은 딥소트가 절대 거부할 수 없는 강력한 유혹이었다. 예상대로 딥소트는 그 미끼를 물었다. 나는 즉각 기물을 전진시키면서 딥소트를 궁지로 몰아넣었다. 그리고 곧바로 킹을 포위해 들어갔고, 딥소트는 17수에서 퀸을 포기해야만 했다. 그 이후는 마무리 작업이었다. 인간 기사였다면 아마도 그 시점에서 기권했을 것이다. 그러나 컴퓨터는 기권을 모른다. 관리자 역시 패배가 명백한 상황에서 컴퓨터가 계속 게임을 이어나간다고 해도 전혀 잃을 게 없다. 물론 컴퓨터가 인간에게 대단히 까다로운 상대라는 점에서 그건 참을 만한 문제다. 그래도 짜증나는 건 어쩔 수 없다.

딥소트 관리자는 결국 37수에서 게임을 포기했고, 나는 인간을 지지하는 청중으로부터 박수갈채를 받았다. 인간과 기계의 대결에서 나의 첫 공식 도전은 그렇게 손쉽고 즐거운 성공으로 끝났다. 많은 언론이 나의 매치를 소개했다. 《뉴욕포스트》는 "붉은 체스 킹이 딥소트 칩을 요리했다"라는 제목의 기사에서 시대에 뒤떨어진 냉전주의 공격을 시도했다.[13] 당연하게도 승리를 기대하지 않았던 딥소트 연구팀은 게임 내용에 대해서도 만족하지 못했을 것이다.

그 매치에 대한 프로그래머들의 해설을 읽다 보면, 건강한 상대를 한 번도 이겨본 적이 없다는 체스 세상의 오랜 농담이 컴퓨터 체스에도 그대로 통용된다는 사실을 깨닫게 된다. 나는 버그 없는 프로그램을 한 번도 이겨본 적이 없다! 모든 체스 프로그램에는 결함이 있다. 가령 캐슬링 버그castling bug는 컴퓨터의 경기력을 크게 떨어뜨렸지만 프로그래머들은 몇 주가 지나서야 문제를 발견했다. 나중에 살펴보겠지만, 버그는 매우 중요한 논의 주제다. 나는 매치를 치르는 동안 쉬펑슝이 딥소트의 속도를 늦추기 위해 프로그램을 조금씩 수정했다는 사실을 알게 되었다. 이 사실은 과거의 게임을 살펴보고 상대 컴퓨터의 특성을 파악하려는 노력이 얼마나 헛된 것인지를 잘 보여준다. 딥소트는 때로 한 시간 만에 완전히 다른 컴퓨터 기사로 바뀌어 내 앞에 앉아 있었다.

솔직하게 말해서, 컴퓨터 상대와 처음으로 게임을 펼친다는 사실이 내게 특별한 심리적 영향을 미치지는 않았다. 게임의 방식은 달랐지만, 별다른 불안감은 들지 않았다. 나는 자신감에 넘쳤고, 일반적으로 그랜드마스터와 대결할 때 느끼는 긴장감은 들지 않았다. 그 대신에 친선 게임이나 과학 실험에 참여한 것 같은 느낌이었다. 그러나 컴퓨터 기술이 발달하면서, 그리고 돈과 명예뿐만이 아니라 인류의 미래가 걸린 대회에 컴퓨터가 등장하면서, 상황이 크게 달라질 것이라는 예감이 들었다.

7

DEEP THINKING

딥블루를 마주하다

◆

언론은 오랫동안 인공지능과

딥블루에 관한 오해를 퍼뜨렸다.

농담들조차 심각하면서도 종말론적인 느낌을 자아냈다.

"카스파로프는 극도로 긴장해 있습니다.

별일 아니라는 생각이 든다면,

여러분의 직장에 그런 일이 닥쳤다고 생각해보세요!"

"카스파로프는 슈퍼컴퓨터와 체스를 두고 있는데,

전 아직도 비디오 예약 녹화조차 제대로 못합니다."

◆

나는 지는 걸 끔찍이도 싫어한다.

처음부터 분명히 밝혀두고 싶다. 나는 지는 게 싫다. 나쁜 게임이든 좋은 게임이든 지는 것은 무조건 싫다. 약한 선수든 세계 챔피언이든 어떤 상대에게도 지기 싫다.

지고 나면 잠이 안 온다. 안타깝게 패하고 나서 시상식에서 분통을 터뜨린 일도 있다. 이 책을 쓰기 위해 20년 전의 게임을 분석하면서도, 내가 좋은 수를 놓쳤던 대목을 발견할 때면 어김없이 짜증이 밀려온다.

지기 싫은 건 체스만이 아니다. 재미로 하는 게임도 그렇다. 카드놀이 역시 마찬가지다(포커페이스에 약해서 웬만해서는 하지 않지만).

나는 패배를 자랑스러워하지는 않지만, 그렇다고 해서 부끄러워하지도 않는다. 최고의 자리에 오르기 위해, 우리는 패배를 두려워하는 것이 아니라 싫어해야 한다. 물론 승리의 기쁨은 멋지다. 어떤 분야든 엘리트 스포츠 선수라면 아주 어릴 적부터 승리의 맛에 익숙할 것이다. 치열한 경쟁을 벌여야 하는 선수들은 오랜 경력을 쌓아나가는 동안 동기를 얻는 다양한 방법을 발견한다. 하지만 아무리 게임을 사랑한다 해도, 오랫동안 최고의 자리를 지키려면 패배를 끔찍이 혐오해야 한다. 그리고 이러한 사실을 중요하게 여겨야 한다.

내가 열두 살부터 두기 시작한 약 2400번의 게임을 데이터베이스를 통해서 쉽게 확인할 수 있다. 그동안 나는 170번 정도 졌다. 그리고 열일곱 살부터 프로 기사로 활동한 25년 동안 치른 토너먼트와 매치만 계산한다면, 패배 횟수는 그 절반 정도다. 만일 내가 훌륭한 패자의 모습을 보여주지 못했다면, 그 부분적인 이유는 아마도 패배에 익숙해질 기회가 부족했기 때문일 것이다. 1990년에 영국의 그랜드마스터 레이먼드 킨Raymond Keene은 《가리 카스파로프를 이기는 방법How to Beat Gary Kasparov》이라는 책에서 그 시점까지 내가 진 모든 게임을 정리했다. 킨의 이야기는 이렇게 시작한다. "체스에서 가리 카스파로프를 꺾는 것은 에베레스트를 오르거나 억만장자가 되는 것보다 훨씬 어렵다. (……) 에베레스트 정상에 오르는 것보다 여섯 배 (……) 10억 달러를 버는 것보다 다섯 배 더 힘들다."[1] 나를 꺾은 기사들이 그 말을 들었다면, 다른 분야로 진출해야 하는 것은 아닌지 궁금해했을 것이다.

사실 나는 패배에 관한 이야기를 그만하고 싶다. 나의 패배 혐오증은 IBM 슈퍼컴퓨터 딥블루와의 매치에 대해 설명할 때마다 어김없이 등장하기 때문이다. 좀 더 정확하게 말해서, 그 매치는 1997년 딥블루와의 재대결을 뜻한다.

1996년 첫 대결에서 내가 딥블루를 이겼다는 것을 기억하는 사람이 거의 없다는 사실을 나는 이제 체념적으로 받아들인다. '역사적 그날'이라고 하는 달력에는 1927년 대서양 횡단에 최초로 성공한 찰스 린드버그만이 기록되어 있다. 그 이전의 모든 실패한 도전은 찾아 볼 수 없다. 그나마 1996년 매치가 사람들의 기억에 남은 것은 딥블루가 일반적인 시간 조건에서 역사상 처음으로 세계 챔피언에게 게임을 따냈다는 사실 때문이다. 더 짧은 시간 제한을 둔 경우, 나는 그 전에도 컴퓨터에게 패한 적이 있었다. 체스에서 래피드rapid 게임이라고 하면, 각각 15~30분의 시간을 주는 방식을 말한다. 이보다 더 빠른 블리츠blitz 게임은 각각 5분 이하의 시간을 허용한다. 가장 극단적인 방식인 불릿bullet 게임은 각각 1~2분의 시간 제한으로 진행된다. 체스보다는 유산소 운동에 가깝다.

1970년대 이후로 게임 속도가 빨라지면서 컴퓨터에게 유리해졌다. 그랜드마스터는 일반적으로 직관에 따라 게임을 전개하지만, 그래도 체스는 물리적인 움직임이 수반되는 스포츠다. 초당 수백 개의 포지션을 검색하는 컴퓨터와 벌이는 블리츠 게임은 인간에게 참으로 잔인한 방식이다. 인간이 시간 압박으로 저지르게 되는 실수와 전술적 오류를 컴퓨터는 절대 그냥 넘어가지 않는다. 그리고 그러한 불이익은 오로지 인간의 몫이다.

1989년 딥소트에게 승리를 거두고 나서 또 다른 컴퓨터와 공식적인 매치를 벌이기까지 꽤 오랜 시간이 걸렸다. 그 부분적인 이유는 컴퓨터가 내게 도전하기 위해 처리해야 할 과제가 산적해 있었고, 무엇보다 내가 무척 바빴기 때문이다. 내가 컴퓨터를 이겨야 할 시장이 없었기 때문이다. 1990년에 나의 조국이 갑작스럽게 무너지면서, 나는 카르포프를 상대로 한 다섯 번째 세계 챔피언십 매치에서 간신히 승리를 거두었다. 그러나 다른 동포들과 마찬가지로 나와 우리 가족은 정권 붕괴로 시작된 아르메니아 대학살을 피해 바쿠로 달아났다.

체스 튜링 테스트

나는 체스 컴퓨터의 진화 과정을 주의 깊게 지켜보았다. 그리고 내 컴퓨터에는 항상 최신 체스 프로그램을 깔아놓았다. 때로는 그 프로그램으로 분석 작업을 하거나, 혹은 재미 삼아 게임을 해보기도 했다. 지니어스Genius 나 프리츠Fritz 같은 체스 프로그램은 실력이 여전히 보잘것없었지만, 그래도 개인용 컴퓨터나 노트북으로도 꽤 위협적인 전술을 보여주었다. 잠깐 한눈을 판 사이에 게임이 끝나버리기도 했다.

1991년 나는 독일 하노버에서 열린 컴퓨터 전시회에서 다시 한 번 딥소트와 인연을 맺게 되었다. 당시 딥소트 연구팀은 IBM의 주요 프로젝트로 이동하면서 인원 교체가 있었다. 여전히 연구팀의 주축을 맡은 쉬펑슝과 머리 캠벨 두 사람이 하노버 전시회에 참석했고, 딥소트는 토너먼트 대회에 초청을 받았다. 그 대회는 여섯 명의 독일 그랜드마스터와 한 명의 강력한 인터내셔널 마스터가 벌이는 클로즈드 토너먼트였다. 이들 선수의 평균 레이팅은 2514였다.

막강한 IBM의 자원을 등에 업은 쉬펑슝은 1000개의 VLSI(초고밀도 집적회로) 칩으로 무장한 최신형 드림 컴퓨터를 대회에 들고 나왔다. 당시 딥소트는 세계에서 가장 강력한 컴퓨터였고, 과거 성적으로 볼 때 하노버 대회의 우승 후보였다. 하지만 뜻밖에도 딥소트는 2.5/7, 즉 두 번의 승리와 한 번의 무승부, 그리고 네 번의 패배로 뒤에서 2등이라는 초라한 성적으로 대회를 마쳤다. 이후 딥소트 연구팀은 2

패의 원인으로 오프닝북 오류를 꼽았다(반복해서 등장하는 또 하나의 주제). 그러나 당시 하노버 대회의 게임을 살펴보면, 딥소트가 전반적으로 좋은 게임을 펼치지 못했다는 사실을 확인할 수 있다.

나는 그 대회에서 한 가지 흥미로운 실험에 참여하게 되었다. 그 실험의 아이디어는 하노버 대회의 주최 측 인사이자 내 친구인 프레데리크 프리델이 제안한 것이었다. 그 실험에서 내가 맡은 임무는 토너먼트의 첫 다섯 라운드를 보고 어떤 선수가 딥소트인지 알아맞히는 것이었다. 말하자면 그것은 컴퓨터를 그랜드마스터로 인정하기 위한 일종의 체스 튜링 테스트였다. 다섯 라운드에서 나는 두 번을 정확하게 맞혔다. 또 다른 라운드에서는 두 게임으로 후보를 좁혔지만 마지막 선택에서 빗나가고 말았다. 결론적으로 딥소트는 다섯 번의 테스트에서 세 번을 통과한 셈이다. 내가 보기에 그 사실은 승패의 결과보다 컴퓨터 체스의 진보를 더욱 확실히 보여주는 증거였다. 물론 딥소트는 몇몇 게임에서 과거 패턴을 그대로 따르는 허술한 전략을 드러냈고, 탁월한 전술이 무색할 만큼 무모한 욕심을 부리기도 했다. 세계 챔피언십 수준에는 한참 못 미쳤지만, 그래도 전반적으로 제대로 된 게임을 선보였다.

컴퓨터는 나를 어떻게 생각할까

머지않아 전세가 역전될 것이라는 점에서 그 대회는 흥미진진한 사건이었다. 나는 그 시점을 10년 후로 내다보았다. 컴퓨터가 나를 물리치고 나면, 기계는 인간 기사들의 게임을 날카롭게 분석할 수 있지 않을까? 나는 항상 상대의 성향과 약점을 파악하기 위해 오랜 시간을 투자했다. 그리고 그 과정에서 나 자신의 성향과 편견이 분석 작업에 영향을 미친다는 사실을 깨달았다. 그러나 기계는 객관적이다. 많은 기사들이 전술에서 '실수 점검'을 위해 체스 프로그램을 활용하고 있었다. 그러나 나는 컴퓨터 기술이 한계를 넘어설 때, 체스 프로그램은 인간 기사들의 게임 속에서, 그리고 내가 벌이는 모든 게임 속에서 독특한 패턴과 습관을 발견해낼 것으로 보았다.

나의 예상은 실제로 구현되지는 못했다. 그 이유 중 하나는 잠재적 시장의 규모가 너무도 작았기 때문이다. 동일한 상대와 자주 게임을 펼쳐야 하는, 그래서 정기적인 준비 작업이 필요한 세계적인 체스 기사는 기껏해야 수백 명에 불과했다. 결국 체스베이스는 선호하는 오프닝과 선별된 게임 등 데이터 기반으로 기사의 프로필을 자동적으로 작성하는 몇 가지 유용한 기능들만 추가했다. 하지만 이러한 기능은 분석 도구라기보다 시간을 절약해주는 보조 수단에 불과했다. "킹이 공격을 받을 때 실수를 저지르는 경향이 있다"와 같이 실질적인 도움이 될 만한 성향 분석은 제공하지 못했다. 물론 이처럼 심도 있는 프로필 분석이 가능하다는 아이디어에 대해 불편한 기색을 드러내는 기사들도 있었다. 그러나 나는 체스 컴퓨터가 나를 어떻게 생각하는지 정말로 궁금했다.

나는 또한 데이터를 기반으로 인간 행동을 분석하는 접근방식을 심리학, 혹은 내 전공인 의사결정 분야에 적용하는 연구에 많은 관심을 갖고 있었다. 물론 문자 메시지나 이메일, 소셜미디어 포스팅, 검색 기록, 쇼핑 내역, 혹은 끊임없이 생성되는 기나긴 디지털 흔적을 남에게 흔쾌히 넘겨주려는 사람은 없다. 하지만 좋든 싫든 간에 오늘날 수많은 앱과 서비스 기업들은 이미 그러한 개인정보를 확보하고 있다. 나는 이처럼 거대한 데이터베이스와 치밀한 분석 기술을 통해 다양한 상관관계를 밝혀내고, 이를 통해 우울증이나 치매 등 다양한 질병을 조기에 진단할 수 있을 것으로 기대한다.

예를 들어 페이스북은 자살 방지 시스템을 운영하고 있다. 페이스북 사용자는 친구의 특정 게시물에 대한 검토나 참조를 요청할 수 있다. 물론 이를 위해서는 인간의 개입이 필요하기는 하다. 마찬가지로 건강 추적 장비는 수면 습관과 심박 수, 소모 칼로리 등을 실시간으로 감시한다. 구글과 페이스북, 아마존은 어쩌면 여러분보다 여러분 자신에 대해 더 많은 것을 알고 있을지 모른다. 이들 업체가 온라인상에서 분석 피드백을 통해 사용자에게 불편한 진실을 알려줄 때, 많은 사람들이 당황할 것이다.

방대한 개인정보에 대한 접근 권한과 관련하여 다양한 프라이버시 문제가 불거지고 있다. 이는 인공지능이 진화하는 동안에 내내 뜨거운 감자가 될 것이다. 나는 컴퓨터가 나의 체스 게임에 대해, 그리고 나의 정신적·육체적 건강에 대해 무슨 이야기를 들려줄지 무척이나 궁금하다. 그래도 그 이야기를 다른 이들에게 함부로 알려주기는 싫다. 사람들은 자신의 개인정보를 가족이나 의사에게는 기꺼이 넘겨줄 것이다. 하지만 직장 상사나 보험회사는 아닐 것이다. 오늘날 일부 기업은 채용 과정에서 지원자의 소셜미디어 게시 글을 검토하는 일을 시작하고 있다. 미국의 차별금지법은 입사 지원자에게 나이나 성별, 인종, 혹은 질병 여부에 대해 묻는 것을 금지하고 있다. 하지만 알고리즘 기반의 소셜미디어 분석을 통해 이러한 개인정보를 순식간에 확인하고, 나아가 개인의 취향이나 정치적 성향, 소득 수준 같은 고급 정보까지 비교적 정확하게 유추해낼 수 있다.

삶이 데이터로 전환될 때

우리는 서비스를 향한 욕망이 프라이버시를 지키려는 욕망을 항상 앞선다는 사실을 과거 경험을 통해 잘 알고 있다. 사람들은 소셜미디어에서 자신의 소중한 개인정보를 기꺼이 내어준다. 그리고 넷플릭스나 아마존 알고리즘이 보내주는 도서와 음반 추천을 환영한다. 또한 자신의 위치를 실시간으로 노출하고 있다는 사실을 알면서도 GPS 정보와 경로 안내 서비스를 포기하지 못한다. 기업뿐만이 아니라 정부와 사법기관도 이러한 정보에 쉽게 접근할 수 있다. 구글이 이메일 내용을 기반으로 광고 서비스를 실시하겠다고 발표했을 때, 미국 사회는 충격에 빠졌다. 그러나 그 충격은 오래 가지 않았다. 사용자들은 그저 알고리즘이 하는 일이라고만 치부했다. 그리고 이렇게 받아들였다. 어쨌든 광고를 봐야 한다면 나와 관련된 광고를 보는 게 낫지 않을까?

그렇다고 해서 빅브라더에 순종해야 한다는 말은 아니다. 조지 오웰이 쓴《1984》의 무대가 된 나라의 출신으로서, 나는 개인의 자유에 대한 침해에 대단히 민감하다. 검열은 국가 안보를 위해 사용될 수 있지만, 동시에 억압을 위한 도구로도 활용될 수 있다. 특히 다양한 첨단 도구들이 개발된 오늘날에는 더욱 위험하다. 우리가 사용하는 놀라운 커뮤니케이션 기술은 인류에게 선인지 악인지 구분하기 힘들다. 일부가 주장하듯이 인터넷이 인류를 해방시켜줄 것이라는 기대는 어리석은 믿음이다. 오늘날 독재정권을 비롯한 여러 통치 세력은 기술에 대단히 해박하며, 새롭게 떠오른 강력한 매체인 인터넷을 어떻게 활용해야 하는지 잘 알고 있다. 최근 프라이버시 옹호자들이 정부 권력에 맞서 활발한 운동을 전개하고 있다는 사실은 그나마 위안을 주는 소식이다. 그러나 그들은 권력과의 싸움에서 결코 이길 수 없을 것이다. 어쨌든 기술은 계속해서 발전할 것이며, 시민은 스스로의 힘으로 자신을 지킬 수 없다. 오늘날 프라이버시 침해에 대한 주의는 트랜스 지방이나 감미료의 위험성을 알리는 경고문처럼 사람들의 관심을 끌지 못하고 있다. 우리는 건강한 삶을 원하면서도, 동시에 도너츠도 원한다. 바로 이러한 인간의 본성은 보안과 관련해서 가장 핵심적인 문제의 원인으로 남아 있을 것이다.

지속적인 기술 발전에 따른 데이터 공유 서비스는 저항하기 힘든 매력으로 다가올 것이다. 가령 아마존 에코나 구글홈 같은 디지털 비서는 집 안에서 발생하는 모든 음성과 소리에 반응한다. 최근 이러한 제품이 엄청난 규모로 팔려나가고 있다. 편리함이 모든 것에 앞선다. 특히 프라이버시에 관한 법률적 장치가 허술한 개발도상국에서는 혈관이나 체내에 이식하는 마이크로센서처럼 프라이버시 침해가 심히 우려되는 다양한 제품들이 빠른 속도로 확산될 것이다. 게다가 실질적인 성과가 있고, 경제와 건강의 측면에서 도움이 된다는 주장이 제기될 경우, 사회의 모든 영역에서 수문이 개방될 것이다.

오늘날 우리의 삶은 데이터로 전환되고 있다. 그리고 그 흐름은 기술 발전에 따라 가속화될 것이다. 사람들은 서비스를 누리기 위해 개인정보를 기꺼이 공유할 것이며, 동시에 그에 따른 사회적·개인적 보안을 요구하는 목소리가 터져나올 것이다. 이러한 관점에서 무엇보다 중요한 것은 감시자를 감시하는 일이다. 우리가 양산하는 데이터의 규모는 폭발적으로 증가할 것이며, 이러한 흐름은 전반적으로 우리에게 도움이 되는 방향으로 나아갈 것이다. 하지만 우리는 그 방향이 정확하게 어디를 향하고 있는지, 데이터가 어떻게 활용될 것인지 면밀히 감시해야 한다. 프라이버시가 위협을 받고 있는 만큼 투명성을 확보해야 한다.[2]

인간의 사고방식에서 멀어지다

특화된 하드웨어와 맞춤형 칩을 장착한 거대한 병렬 프로세싱 컴퓨터로 모든 관심이 집중된 가운데 컴퓨터 체스 혁명이 시작되었다. 프로그래밍 전문가들이 인터넷으로 아이디어를 공유하고 인텔과 AMD 같은 기업들이 더욱 빨라진 CPU를 출시하면서, MS-DOS나 윈도즈를 기반으로 한 개인용 컴퓨터의 성능이 강력해졌다. 1992년 무렵에는 개인용 컴퓨터가 사이텍이나 피델리티 같은 기업이 개발한 메피스토, 혹은 카스파로프 어드밴스드 트레이너와 같은 올인원 방식의 체스 컴퓨터의 성능을 넘어서기 시작했다.

1980년대 한 체스 컴퓨터의 광고는 이렇게 말했다. "카스파로프 체스 컴퓨터로 즐거움과 만족감을 느껴보세요. 언젠가 우리가 체스판에서 만나게 될지 어찌 알겠습니까!" 나는 친선 게임에서 만난 한 젊은이가 카스파로프 체스 컴퓨터를 내게 들고 와서 사인을 부탁할 정도로 오랫동안 현역에서 활동했다.

1990년대 초반의 기억이 흐릿한 젊은이들을 위해 설명하자면, 당시 개인용 컴퓨터의 성능은 사용자의 요구에 턱없이 모자랐다. 5000달러짜리 최신 컴퓨터를 장만해도, 조만간 램과 하드디스크를 추가하고 CPU를 더 빠른 모델로 교체해야 했다. 게다가 당시 프로세서 속도로는 체스 엔진을 구동하기 힘들었다. 체스 엔진은 프로세서 성능의 100퍼센트를 잡아먹었다. 오늘날 CPU의 경우 4퍼센트나 10퍼센트, 혹은 기껏해야 20퍼센트면 족하다. 당시에는 내 노트북으로 15분 정도 체스 엔진을 돌리고 나면, 너무나 뜨거워서 토스터로 사용할 수 있을 정도였다. 반면 최신 슈퍼컴퓨터는 CPU 사이클을 최대한 활용함으로써 매우 안정적인 구동이 가능하다.

개인용 컴퓨터는 여러 가지 이유로 딥블루 같은 특화된 하드웨어 장비보다 속도가 느릴 수밖에 없다. 그래서 완전검색exhaustive search의 수준으로 검색 깊이를 확장하기 위해서는 더욱 스마트해지거나, 혹은 최적화 프로그래밍 기술로 보완해야 했다. 개인용 컴퓨터의 체스 프로그램들은 여전히 유형 A의 무차별 대입법을 기반으로 삼고 있었지만, 오랜 세월에 걸쳐 다양한 기술이 추가되었다. 그리고 범용 CPU를 사용하면서 프로그래밍의 창조성과 유연성이 향상되었다. 또한 다양한 상업용 체스 엔진들이 계속해서 경쟁했고, 종종 그랜드마스터의 참여로 평가 기능에 대한 세부적인 조율이 이루어졌다. 반면 딥소트는 조정 가능한 콘트롤러 하드웨어를 탑재하고 있었음에도 그 특화된 체스칩들은 바위에 글자를 새기듯 조립 시점에 고정이 되었다. 물론 그 바위는 실리콘이긴 했지만.

1990년에 딥소트/딥블루 연구팀이 논문에서 밝혔던 것처럼, 하드웨어 속도는 회로의 복잡성에 달려 있다. 그들은 이렇게 설명했다. "회로의 설계 방식을 크게 단순화할 수 있다면, 평가 기능을 위한 데이터베이스도 얼마든지 희생할 수 있다." 또한 이렇게 인정했다. "최고의 상업용 체스 프로그램들이 연구용 프로그램보다 더 나은 평가를 받고 있다."[3] 그들의 이야기는 그리 반가운 소식은 아니었지만, 차세대 칩이 개발되고 딥소트의 평가 기능이 개선된다면 획기적인 성능 개선이 이루어질 것이라는 희망을 품게 했다.

1992년에 나는 차세대 컴퓨터 프로그램과 오랜 시간에 걸쳐 블리츠 방식으로 매치를 벌였다. 프리츠라는 이름의 그 프로그램은 나중에 체스 엔진을 대표하는 보통명사로 널리 알려졌다. 프리츠를 개발한 체스베이스는 그 이름을 냉소적인 독일식 애칭이라고 설명했다. 프리츠 개발자는 네덜란드 출신의 프란스 모르슈Frans Morsch라는 인물로, 메피스토 같은 탁상용 체스 프로그램 또한 그의 작품이다. 그는 코드를 최적화하여 한정된 용량의 하드웨어에 밀어넣는 데 능숙했다. 또한 검색 기능을 강화하기 위해 다양한 시도를 했다. 그리고 그 과정에서 탐색 트리 확장에 따른 속도 저하에도 불구하고 체스 컴퓨터의 성능을 지속적으로 개선해나갈 수 있는 발판을 마련했다.

모르슈의 시도 중 한 가지를 기술적 관점에서 간략하게 살펴볼 필요가 있다. 그 이유는 인공지능이 인간의 사고와 무관한 형태로 작동할 수 있다는 사실을 보여주는 좋은 사례이기 때문이다. '널무브null move'라는 이름의 그 기술은 검색 엔진에게 한쪽을 건너뛰라고 말한다. 다시 말해 한 사람이 두 수를 연속으로 두는 방식으로 포지션을 평가한다. 두 수를 두고 난 뒤 포지션이 개선되지 않을 경우, 널무브는 첫 번째 수가 잘못되었다고 판단하며 그렇기 때문에 탐색 트리에서 즉각 제외한다. 이를 통해 탐색 트리의 규모를 축소함으로써 검색 작업의 효율성을 높이게 된다. 이러한 널무브 기술은 소련의 카이사를 포함하여 일부 초창기 체스 프로그램에서 채택되었다. 여기서 한 가지 기묘한 아이러니는 완전검색을 기반으로 설계된 알고리즘이 덜 완전하게 검색함으로써 더 향상된 성능을 보인다는 사실이다.

우리는 계획을 세울 때 다양한 경험적 원칙을 활용한다. 전략적 차원에서 우선 장기적인 목표를 수립하고, 그에 따라 세부적인 이정표를 마련한다. 목표 수립 과정에서는 게임 상대, 혹은 비즈니스나 정치 세상의 경쟁자의 대응은 일단 고려 대상에서 제외한다. 가령 이런 식으로 생각한다. "먼저 비숍을 저쪽으로 옮기고, 그다음 폰을 이쪽으로 옮긴 뒤에 퀸으로 공격하면 멋진 흐름이 만들어질 거야." 이 단계에서는 본격적인 계산 작업이 이루어지지 않는다. 다만 전략적 차원에서 위시리스트를 작성하는 것이다. 그러고 나서야 그 전략이 현실적으로 가능한 것인지, 상대가 어떻게 대응할 것인지 고민하기 시작한다.

인간의 사고방식, 혹은 '선택적 검색'의 유형 B를 기반으로 개발에 몰두했던 프로그래머들은 컴퓨터가 바로 이러한 방식으로 목표를 세우도록 만들겠다는 포부를 갖고 있었다. 그들은 체스 프로그램이 가능한 경우의 수로 이루어진 탐색 트리를 기반으로 의사결정을 내리는 것이 아니라, 의미 있는 가상 포지션을 대상으로 평가 작업을 수행하도록 만들고자 했다. 그 작업이 효과적으로 이루어질 때, 체스 프로그램은 검색 과정을 통해 포지션의 가치를 높일 수 있다. 실제로 이들이 개발한 프로그램은 다양한 사례에서 평가 기능을 높여주었다. 그러나 그로 인해 검색 속도가 크게 떨어지면서 실질적인 성과는 보여주지 못했다. 이러한 문제는 유형 B를 기반으로 한 체스 프로그램들이 보편적으로 들려주는 안타까운 이야기다.

그러나 이후 체스 컴퓨터가 탐색 트리를 벗어나 가상 영역으로 나아가도록 허용하는 또다른 접근방식이 등장하여 많은 성과를 보여주었다. 몬테카를로 탐색 트리라는 이름의 방식은 검색 범위 안의 포지션으로부터 비롯되는 모든 게임을 시뮬레이션해서 각각을 승과 패, 혹은 무승부로 기록한다. 그리고 그 결과를 저장하고, 이를 기준으로 다음 포지션을 결정한다. 이 과정이 게임 내내 이어진다. 하나의 포지션에서 비롯되는 가상의 수백만 가지 게임을 시뮬레이션하는 접근 방식이 체스에서는 특별히 효과적이라거나 필수적인 기술이라는 평가를 받지 못했던 반면, 바둑처럼 컴퓨터 프로그램을 활용한 정확한 평가가 힘든 게임에서는 핵심 기술인 것으로 드러났다. 몬테카를로 탐색 트리는 평가 지식이나 사람이 일일이 입력한 원칙을 필요로 하지 않는다. 다만 포지션 개선을 위해 수를 끝까지 추적할 뿐이다.

인공지능의 성능 향상을 위한 흥미로운 아이디어들을 살펴볼 때, 우리는 인간의 마음을 재현하고 의식의 비밀을 밝혀내고자 하는 노력이 목표를 향한 여정에서 쉽게 벗어나게 된다는 사실을 확인할 수 있다. 중요한 것은 과정인가 결과인가? 투자든 보안이든 혹은 체스 게임이든 간에 사람들이 주목하는 것은 언제나 결과다. 그러나 많은 프로그래머들이 한탄하듯이 결과주의 접근방식은 체스 컴퓨터 개발에는 도움을 주었지만, 과학이나 인공지능이라는 학문의 발전에는 도움이 되지 못했다. 인간처럼 생각하는, 그러나 세계 챔피언에 패한 체스 컴퓨터에게 언론은 관심을 기울이지 않는다. 그리고 체스 컴퓨터가 세계 챔피언을 물리쳤을 때, 그 기계가 어떤 방식으로 생각했는지 아무도 묻지 않는다.

1994년 5월 나는 뮌헨에서 열린 블리츠 토너먼트에서 프리츠 3에게 패했다. 그 대회의 후원사는 인텔 유럽이었는데, 이들은 1993년에 내가 나의 동료이자 세계 챔피언 도전자인 나이젤 쇼트Nigel Short와 함께 설립한 프로체스연합Professional Chess Association(PCA)의 든든한 후원사이기도 했다. 뮌헨 토너먼트에는 세계 최고의 기사들과 함께 새로운 펜티엄 프로세서로 무장한 프리츠 3이 참가했다. 뮌헨 대회는 1989년 딥소트와의 대결로 많은 사회적 관심을 끌던 무렵에 내가 꿈꾸었던 바로 그러한 형태의 행사이자 홍보의 장이었다.

1992년 12월에 나는 쾰른에서 열린 비공식 블리츠 매치에서 프리츠의 전신에 해당하는 컴퓨터와 대결을 벌였다. 프레데리크 프리델의 설명에 따르면, 나는 총 37게임을 치르는 동안 마치 실험용 동물을 다루듯 이리저리 찔러보면서, 그 프로그램이 언제 좋은 수를 두고 언제 나쁜 수를 두는지 면밀하게 관찰했다고 한다. 그 체스 컴퓨터는 포악한 야수와는 거리가 멀었지만, 그렇다고 해서 온순한 애완동물도 아니었다. 그 매치에서 나는 서른 번 가까이 이겼고, 몇 번의 무승부와 함께 아홉 게임을 졌다.

비록 각각 5분만 허용하는 블리츠 방식이기는 했지만, 그래도 쾰른 대회는 컴퓨터가 체스 세계 챔피언을 이긴 최초의 시합이었다. 달 착륙까지는 아니라고 해도, 소형 로켓의 발사에 맞먹는 성공이었다. 프리츠 3은 이후에도 놀라운 성적을 보였고, 결국 나와 더불어 세계 최정상의 자리에 올랐다. 이는 인상적인 결과였다. 이후로 나는 챔피언 타이틀 매치에서 프리츠를 다시 만나 복수할 수 있기를 바랐다. 실제로 프리츠를 다시 만났을 때, 나는 강한 집중력으로 완승을 거두었고, 세 번의 승리와 두 번의 무승부로 본선 진출을 확정지었다. 무승부로 끝난 게임 중 하나에서는 완전한 우세를 점하고 있었지만, 시간 부족으로 인해 쉽게 이길 수 있는 퀸과 룩의 대결을 끝내 마무리 짓지 못했다.

몇 달 후 나는 인텔 PCA 토너먼트에서 리처드 랑Richard Lang이 개발한 체스 프로그램인 체스 지니어스와 대적하게 되었다. 런던에서 열린 그 대회는 각각 25분이 주어지는 래피드 게임으로, 매치에서 패할 경우 바로 탈락하는 녹아웃 방식이었다. 첫 번째 라운드에서 내 상대는 바로 지니어스였다. 많은 관심이 우리의 매치로 쏠렸다. 이번 매치는 래피드 방식인 만큼 위험성이 높았다. 게다가 두 게임의 미니 매치에서 지면 바로 탈락하게 된다. 그리고 그랑프리 시리즈의 일부였기 때문에 경기 성적이 레이팅에 반영되었다.

나는 첫 게임에서 백으로 유리한 포지션을 이끌어갔지만, 한 번의 실수로 전세는 다시 대등하게 되었다. 곧이어 컴퓨터를 상대로 하지 말아야 할 실수를 저지르고 말았다. 너무 강한 공세를 취했던 것이다. 무승부를 받아들이고 다음 게임으로 넘어가는 대신에, 나는 단순화된 포지션을 어떻게든 살려내고자 했다. 곧 나는 그 선택을 후회해야 했다. 지니어스는 퀸으로 몇 차례 연속 훌륭한 수를 보여주었고, 나의 킹과 나이트를 궁지로 몰아넣었다. 나는 폰을 포기했고, 결국 게임까지 포기했다. 충격적인 역전패였다. 유튜브에서 대회 영상을 본다면, 충격에 빠진 내 표정을 확인할 수 있을 것이다.

치명적인 실수를 저질렀지만 그래도 다음 게임을 이겨서 1 대 1의 무승부로 토너먼트에 진출할 자신이 있었다. 두 번째 게임 역시 내게 유리한 포지션으로 흘러갔다. 이번에는 폰을 잡아서 다시 한 번 퀸 대 나이트의 엔드게임으로 들어섰다. 하지만 지니어스는 이번에도 퀸을 가지고 놀라운 행마를 보여주면서 나의 폰을 가로막았다. 결국 나는 손으로 머리를 감싸쥔 채 무승부를 받아들여야 했다. 토너먼트 탈락이 확정되었다.[4] 물론 래피드 게임이기는 했지만 어쨌든 공식 대회였고, 컴퓨터는 대단히 훌륭한 기량을 보여주었다. 아직 달 착륙까지는 아니지만, 저궤도 위성을 띄우는 데 성공한 것과 맞먹는 성과였다.

지니어스와 두 게임을 치르면서, 특히 두 번째 게임에서 나는 컴퓨터 체스의 특징을 확인할 수 있었다. 체스 기사는 일반적으로 나이트의 경로를 시각화하는 과정에서 어려움을 느낀다. 나이트는 다른 기물처럼 쉽게 예측 가능한 직선 형태가 아니라 L자로 건너뛰는 방식으로 움직이기 때문이다. 물론 컴퓨터는 시각화 작업을 거치지 않기 때문에 모든 기물을 동등하게 운용할 수 있다. 내가 생각하기에 토너먼트 대회에서 컴퓨터의 희생양이 된 최초의 그랜드마스터는 아마도 벤트 라르센일 것이다. 라르센은 나이트가 없다면 컴퓨터의 레이팅은 수백 점 더 떨어질 것이라고 말했다. 물론 과장된 측면도 없지 않아 있지만, 때로는 정말 그런 것처럼 느껴지기도 한다. 그리고 이 말은 가장 강력한 기물인 퀸에도 똑같이 해당한다. 폰이 아직 어지럽게 흩어져 있지 않은 오픈보드open board 상황에서 퀸은 한두 번의 이동만으로 거의 모든 지점에 이를 수 있다. 퀸의 이러한 특성은 체스를 더욱 복잡한 게임으로 만들고, 이는 컴퓨터에게 유리한 방향으로 작용한다. 오픈 포지션에서 컴퓨터의 퀸과 나이트가 자신의 킹 근처에 있을 때, 우리는 스티븐 킹의 소설과 같은 섬뜩함을 느끼게 된다.

체스 역사를 통틀어 1993년까지 최고 수준의 기사들은 컴퓨터가 손쉽게 구사하는 엄청나게 복잡한 전술에 위협을 느끼지 않았다. 인간 기사들은 컴퓨터 역시 게임의 상황을 판단하는 과정에서 자신과 비슷한 한계를 갖고 있다는 점을 알고 있었다. 나 역시 신속한 전술 플레이로 유명한 인도의 스타 기사 비스와나탄 아난드를 제외하고 수의 계산에서 누구보다 강하다고 자부했다. 내가 어떤 수에 확신이 서지 않는다면, 상대 역시 그러할 것이라고 생각했다. 그러나 강력한 체스 컴퓨터가 등장하면서 이러한 균형은 깨져버렸다. 컴퓨터는 체스를 잘하면서도, 동시에 다르게 했다.

이 같은 심리적 비대칭과 앞서 언급한 다양한 물리적 조건은 대단히 중요한 문제다. 무엇보다 내가 보지 못하는 수를 상대가 보고 있다는 생각은 더욱 심장을 옥죄는 공포다. 그 긴장감은 특히 복잡한 포지션에서 배가된다. 그것은 어둠 속에서 언제 총성이 울릴지 모르는 막연한 두려움이다. 그러한 상황을 극복하기 위해서는 인간을 상대할 때처럼 직관에 의존할 것이 아니라 이중 삼중으로 점검해야 한다. 그러나 그만큼 많은 시간을 허비하고, 육체적으로도 지치게 된다.

체스판에서 평생을 보낸 사람은 어쩔 수 없이 습관의 덩어리가 된다. 그러나 이러한 습관도 기계를 만나면 허물어진다. 나 역시 그러한 상황을 좋아하지는 않지만, 그래도 스스로 그러한 약점을 극복할 수 있다는 사실을 증명해 보이고 싶은 마음도 있었다. 무엇보다 인간이든 기계든 내가 여전히 세계 챔피언이라는 사실을 확인시켜주고 싶었다.

체스 프로그램의 DNA

컴퓨터 프로그램은 놀라운 속도로 진화했다. 그러나 딥소트는 내 레이더망에서 벗어나 있었다. 1993년 2월에 나는 코펜하겐에서 IBM 연구팀을 다시 만나게 되었다. 당시 벤트 라르센이 소속된 IBM 덴마크 연구팀이 그 대회에 참가하고 있었다. 그들은 자신이 개발한 새로운 발명품을 하루빨리 시험해보고 싶어했다. 그때 그들이 가지고 나온 것은 딥소트 II라는 모델로, IBM 홍보팀은 코펜하겐 대회에서 특별히 노르딕 딥블루Nordic Deep Blue라는 이름을 지어주었다. 그것은 IBM이 언젠가 내게 도전하기 위해서 개발하고 있던 한층 더 업그레이드된 모델과 구별하기 위해 붙인 이름이었다. 그러나 독자의 혼란을 막기 위해 그냥 딥블루라고 부르겠다.

그 이름이 무엇이든 간에 IBM 연구팀이 코펜하겐 대회에서 선보인 컴퓨터는 그리 인상적인 모습을 보여주지 못했다. 우리는 그 컴퓨터가 어떤 수를 생각했는지 궁금해 하는 청중을 위해서 그 기계를 이용해 게임을 분석해보았다. 그 결과 컴퓨터의 평가 기능은 허약했고, 나의 공격 기회를 계속해서 과소평가했다는 사실이 드러났다.

결국 IBM 연구팀은 그동안의 노력이 제대로 성과를 거두지 못했다는 사실을 깨달았다. 그래도 그 컴퓨터는 라르센을 포함하여 레이팅이 2600대인 다른 덴마크 선수들과 멋진 게임을 펼쳤고, 나는 IBM의 개선 작업이 어느 정도 성공했다는 사실을 확인할 수 있었다. IBM 연구팀의 초기 멤버인 쉬펑슝과 머리 캠벨은 새로운 프로그래머로 조 호언Joe Hoane을 영입했으며, IBM으로부터 막대한 인적 · 물적 지원을 받았다. 이후 딥블루 연구팀은 뉴욕 요크타운하이츠에 위치한 IBM의 최고급 연구시설로 옮겼다. IBM의 새로운 CEO 루 거스너Lou Gerstner는 그 기업의 80년 역사 중 상당히 어려운 시기에 중책을 맡았다. 당시 발 빠르게 움직이는 새로운 경쟁자들을 제대로 따라잡지 못하면서 기업의 주가는 큰 폭으로 떨어져 있었다. 결국 거스너는 IBM의 조직을 여러 개의 사업부로 분할하는 계획을 중단했다. 만약 분할 작업이 진행되었더라면 체스 프로젝트는 살아남지 못했을 것이다.

1995년 5월 퀼른에 있는 한 방송국이 래피드 방식의 매치를 열면서 나는 체스 지니어스에게 복수할 수 있었다. 모래알 수까지 헤아릴 법한 소프트웨어를 상대로 복수를 한다는 말이 다소 우습게 들릴지 모르나, 그래도 나는 그렇게 느꼈다. 첫 번째 게임은 무승부로 끝났지만, 지니어스 역시 체스 컴퓨터의 고질적인 약점인 지나친 욕심에서 벗어나지 못했다는 사실을 확인할 수 있었다. 나는 외딴 폰을 하나 희생한 뒤에 킹에게 결정적인 공격을 가했다. 두 번째 게임에서는 큰 어려움 없이 흑으로 완승을 거두었다. 경기 후 가진 인터뷰에서 나는 완벽한 준비를 위해 다른 컴퓨터 프로그램을 가지고 집에서 연습을 했다고 털어놓았다.

그해 말 런던에서 열린 매치에서는 프리츠 4와 대적하게 되었다. 솔직하게 말해서 버전의 숫자가 높아질 때마다 조금은 위협을 느끼게 된다. 그런 식으로 하자면, 나도 여섯 번째 세계 챔피언십에서 승리하고 나서 내 이름을 '카스파로프 6.0'이라고 불러달라고 요구했어야 할 것이다. 사실 1993년에 미국 소프트웨어 거물 일렉트로닉 아츠 Electronic Arts가 '카스파로프 갬빗Kasparov's Gambit'이라는 이름으로 체스 프로그램을 출시했으니, 완전히 말도 안 되는 소리는 아닌 셈이다. 카스파로프 갬빗은 강력한 엔진과 컬러 그래픽까지 탑재한 모델로, 때로는 화면에 내가 등장해서 게임 진행에 관한 기초적인 조언을 주기도 한다. 가령 화면 속 나는 이렇게 외친다. "폰을 조심해!" 혹은 이렇게 말한다. "지금 잘못된 방향으로 가고 있어." 이러한 기능은 당시에는 최첨단 기술처럼 보였지만, 지금 작동시켜본다면 아마도 웃음만 나올 것이다.

하나의 버전에서 다음 버전으로 컴퓨터의 진화 여정을 따라가다 보면, 흥미롭게도 프로그램의 DNA를 만나게 된다. 새로운 코드를 추가하고, 새로운 검색 알고리즘과 최적화된 차세대 프로세스를 탑재한다고 하더라도, 체스 프로그램의 고유한 스타일은 계속 이어진다. 나는 가끔 체스 프로그래머들이 그들의 발명품을 자식이나 애완동물처럼 취급한다는 농담을 하곤 했었다. 실제로 체스 프로그램은 개발자의 특성을 닮는다. 그 고유한 특성은 다음 버전으로 대물림된다. 푸른 눈동자나 붉은 머리카락처럼 말이다. 유전 시스템과 마찬가지로 그러한 특질은 세월이 지날수록 점차 희미해진다.

예를 들어 프리츠는 폰을 잡는 것에 집착하기로 악명 높았다. 포지션이 불리해질 때에도 프리츠는 그 집착을 버리지 않았다. 여기서 프리츠 개발자인 모르슈를 비난하려는 의도는 없다. 나긋나긋하게 말을 하는 네덜란드인 모르슈는 아마도 자신의 프로그램이 대단히 공격적이라는 사실을 인정한 최초의 프로그래머였을 것이다.

다음으로 주니어Junior라는 이름의 프로그램을 살펴보자. 주니어는 이스라엘 듀오인 샤이 부신스키Shay Bushinsky와 아미르 반Amir Ban이 개발한 체스 프로그램으로, 여러 컴퓨터 챔피언십에서 우승을 거둔 바 있다. 주니어는 놀라울 정도로 공격적이었다. 다른 컴퓨터와 비교할 수 없을 정도로 초반부터 자신의 기물을 희생하면서까지 과감하게 공격했다. 진중한 네덜란드-독일 체스 엔진과 열정적인 이스라엘 엔진이 각각 그들 나라의 특성을 닮은 것은 아닌지 궁금해 한다면 지나친 억측일까? 어쩌면 그럴 수도 있겠지만, 사실 체스 프로그램이 프로그래머의 개성을 따르는 것은 지극히 자연스러운 현상이다. 특히 프로그래머가 프로그램의 성향까지 결정할 정도로 강력한 체스 기사라면 말이다.

체스 프로그램의 DNA는 수많은 대회에서 기계와 대결을 펼친 나를 비롯한 많은 그랜드마스터에게 대단히 중요한 단서다. 토너먼트나 매치에서 만나게 될 프로그램과 미리 연습 게임을 할 수는 없지만, 이전 버전과 훈련을 하거나 과거 게임을 분석함으로써 도움을 얻을 수 있다. 인간-기계, 혹은 기계-기계 게임 데이터가 오랜 기간에 걸쳐 축적되면서, 그랜드마스터들은 마치 인간 기사와의 게임처럼 컴퓨터와의 경기를 준비할 수 있게 되었다. 물론 체스 프로그램이 완전히 새로운 오프닝 라인을 구사하거나, 혹은 전혀 다른 '성향'을 드러낼 가능성은 여전히 문제로 남았다. 그래도 체스 프로그램의 특성이 갑작스럽게 바뀌는 경우는 드물었다.

프리츠 4와 런던에서 가졌던 두 번의 래피드 게임은 컴퓨터의 특별한 경기 운영을 확인했던 인상적인 경험이었다. 흑을 잡은 나는 일곱 번째 수에서 비숍을 c8에서 a6으로 두 칸 이동했다(표준 기보법에 따른 표기). 그런데 프리츠 관리자는 a6이 아닌 b7로 한 칸 이동했다고 착각했고, 또한 그렇게 입력했다. 충격적이게도 관리자는 네 수가 더 진행되고 나서야 실수를 깨달았다. 더 놀라운 사실은 관리자가 내 비숍의 위치를 프리츠 프로그램에서 수정한 뒤에도 게임이 어느 정도 정상적으로 진행되었다는 것이다. 물론 프리츠는 수정 이후로 아주 다른 방식으로 게임을 풀어나갔다. 어쨌든 나는 게임에서 이겼고, 두 번째 게임에서 무승부를 기록하면서 매치를 따냈다. 그러나 관리자의 어이없는 실수로 찜찜한 마음이 남았다. 물론 프리츠는 자신을 곤란한 상황에 빠뜨린 관리자를 원망할 수조차 없다.

리셋, 고장, 재부팅

1995년 초 드디어 데이비드 레비와 몬티 뉴본으로부터 내년에 딥블루와의 매치 가능성을 타진하는 문의가 있었다. 나는 내 에이전트인 앤드류 페이지에게 그들의 제안에 각별히 신경을 써달라고 부탁했다. 그보다 2년 전에 덴마크에서 딥블루 연구팀을 만났을 때, 나는 그들에게 젊고 강력한 카스파로프와 대결을 원한다면 서둘러야 할 것이라는 농담을 건네기도 했다. 그 무렵 나는 30대로 접어들고 있었다. 아무리 불멸을 자신한다 해도 세계 챔피언 자리에 영원히 머물러 있을 수는 없다. IBM은 대결을 원했고, 나 또한 그랬다. 매치의 성사는 딥블루의 준비 상태에 달려 있었다.

완벽한 체스칩을 강박적으로 고집했던 쉬펑슝은 대결 일정을 계속해서 늦추었다. 물론 똑같은 강박증 동료인 나는 그의 집착을 충분히 이해할 수 있었다. 오늘날 미국 사회의 발전에 누구보다 많은 기여를 한 사람이 있다면, 그들은 아마도 큰 꿈을 품고 이를 이뤄내기 위해 물불을 가리지 않았던 재능 있는 공학자일 것이다. 그렇지만 그들이 만든 기계는 언제나 말썽을 일으켰다. 1994~1995년에 걸친 딥블루의 개발과 성과에 관한 쉬펑슝을 비롯한 많은 연구원들의 이야기를 읽다 보면, 컴퓨터 수리 회사 직원의 작업일지를 읽고 있다는 느낌을 받게 된다. 그들의 이야기는 버그와 충돌, 전화선 연결 끊김, 인터넷 접속 방해, 오프닝북 오류, 신종 버그, 허술한 회로 등등의 문제로 넘쳐난다. 다른 한편으로 IBM은 그러한 힘든 상황에서도 기업 홍보를 위해 딥블루가 토너먼트와 시범 경기에 출전하기를 계속해서 격려하고 있었다.

그 일환으로 1995년 IBM 연구팀은 홍콩에서 열린 세계 컴퓨터 체스 챔피언십에 참가했다. 거기서 IBM이 들고 나온 딥블루 프로토타입이라는 모델은 많은 주목을 받았다(물론 IBM의 새로운 하드웨어는 아직 개발 단계에 있었으므로, 이 컴퓨터는 기본적으로 딥소트 II와 동일한 모델이다). 딥블루 프로토타입은 몇 년 동안 토너먼트에서 다른 컴퓨터에게 패한 적이 없었고, 쉬펑슝의 설명에 따르면 당시 최고 체스 프로그램과의 대결에서 3 대 1로 이겼다고 했다(다른 체스 프로그램을 구매하는 방식으로 다양한 경쟁자와 시범 게임을 치를 수 있다는 것은 IBM만이 누릴 수 있는 특별한 경쟁력이었다. 반면 다른 연구팀들은 IBM 프로그램과 테스트를 가질 기회가 없었다).

하지만 역전은 언제나 가능한 일이며, 그래서 게임은 재미있는 법이다. 딥블루는 더블유체스WChess라는 프로그램과의 네 번째 게임에서 무승부를 기록했고, 다섯 번째와 마지막 라운드에서 프리츠 3과의 대결을 앞두고 있었다. 당시 딥블루는 0.5점을 앞서고 있었다. 다시 한 번 쉬펑슝의 설명에 따르면, "IBM의 사전 토너먼트 시범 경기에서 딥블루는 프리츠와 열 번 붙어서 아홉 번을 이겼다."[5] 게다가 딥블루는 백을 잡게 되어 있었다. 그 게임에서 프리츠는 날카로운 시실리안을 시도했다. 명백하게도 딥블루가 수의 치환에 속아 넘어가면서, 프리츠는 오프닝이 끝날 무렵 유리한 포지션을 차지했다.

딥블루가 정말로 프리츠보다 강한 프로그램이라면, 그건 큰 문제가 아니었다. 하지만 공정하게 말하자면, 그 게임의 오프닝은 최신 컴퓨터조차 힘겨워할 정도로 복잡했다. 그때 딥블루는 내가 훈련 시간에 나무라듯이 오프닝 이론을 무모하게 따라 하기만 하고, 그래서 암기한 시나리오가 끝나고 전개되는 포지션을 제대로 이해하지 못하는 주니어 기사의 모습과 같았다. 그래도 게임 전체를 살펴보면 내용이 그렇게 나쁘지만은 않았다. 레이팅이 200점 정도 높은 기사라면 그리 어려워하지 않을 포지션이었다.

그런데 다시 한 번 하드웨어 문제가 발생했다! 홍콩과 뉴욕을 잇는 딥블루의 연결이 끊어졌고, 결국 게임은 연결이 복원된 이후에 재개되었다. 쉬펑슝의 설명에 따르면, 컴퓨터를 재부팅하면 사고과정이 뒤로 후퇴하게 되고, 그렇게 되면 연결이 끊어지기 전과 다른 수를 선택하게 된다.

컴퓨터와 컴퓨터가 펼친 흥미진진한 드라마의 결론을 말하기에 앞서, 먼저 당시 상황에 주목해볼 필요가 있다. 그 이유는 나와 딥블루 간의 대결과도 관련이 있기 때문이다. 우리는 딥블루에 관한 이야기에서 리셋과 갑작스러운 고장, 재부팅, 연결 끊김 같은 다양한 사고의 순간을 발견하게 된다. 심지어 하버드 대회에서는 전력 중단으로 게임을 포기해야 하는 일도 있었다. 여성 세계 챔피언인 시에준 Xie Jun 과의 베이징 매치는 고장으로 중단되었다. 하지만 이런 일은 시간을 다투는 실험적인 기술 분야에서 필연적으로 발생하는 문제다. 또한 그러한 문제가 발생했을 때, 일반적으로 그에 따른 대처 방안을 규칙으로 마련해두고 있다.

고장은 그 자체로 심각한 사안은 아니다. 하지만 고장에 따른 두 가지 문제는 상당히 우려되는 부분이었다. 첫째, 기계가 다시 게임을 시작하도록 하기 위해서는 인간 관리자의 개입이 필요하다. 그러나 관리자가 개입한다는 것은 단지 끊어진 전화선을 다시 연결하거나 인터넷 연결을 복구하는 것과는 차원이 다르다. 즉 데이터를 다시 입력하는 작업이 필요하다(이에 대해 쉬펑슝은 이렇게 말했다. "우리는 딥소트 II를 새로 시작해야 했다."). 내가 알기로, 기계가 다시 게임을 시작하도록 지시하기 전에, 먼저 전체 데이터를 입력해야 한다. 그렇게 되면 당연하게도 딥소트는 고장이 나기 이전과 다른 방식으로 게임을 풀어나가게 된다. 다시 한 번 쉬펑슝은 이렇게 설명했다. "호손에 있는 연구실에서 게임을 지켜보고 있던 조 호언에 따르면, 실제로 딥소트 II는 고장 직전에 두려고 했던 수와 다른 수를 선택했다고 한다. 그러나 홍콩에 있던 우리는 화면상으로 그 수를 볼 수 없었고, 게임이 끝나고 나서야 확인이 가능했다."

논의를 위해, 딥블루가 고장을 일으키기 전에 선택했던 수가 실제로 둔 수보다 더 좋은 것이었다고 가정해볼 수도 있다(그때의 게임을 살펴보건대, 연결을 끊어지고 나서 둔 열세 번째 수는 실제로 운이 없었다). 하지만 새로운 수가 더 나은 것이라면? 체스 컴퓨터의 사고방식이 예측 불가능한 것이라면, 재부팅 이후에 컴퓨터가 더 나은 수를 발견하는 것은 얼마든지 가능한 일이다. 그 정확한 내막을 누가 알겠는가? 그럴 경우 아무리 자비로운 인간이라도 당황할 수밖에 없다.

게임은 계속해서 프리츠에게 유리한 쪽으로 흘러갔다. 딥블루의 명성을 지키는 데 절박했던 쉬펑슝은 자신의 책에서 그 게임의 후반부에 대해 말도 안 되는 변명을 늘어놓았다. 나는 '0.8-마이크론 CMOS 프로세스'나 딥블루의 작동 원리에 대해서는 잘 모르지만, 체스만큼은 누구보다 잘 안다. 그 책에서 쉬펑슝은 "그럭저럭 잘해 나가고 있다", 혹은 "아직 잡히지 않았다"와 같은 표현을 동원하여 그 게임이 마치 대등하게 진행된 것처럼 묘사했다. 나도 게임 당시에는 정확하게 알지 못했지만, 딥블루는 연결이 끊기고 난 뒤 두 번의 끔찍한 실수로 완전히 길을 잃고 말았다. 게임이 재개된 후 딥블루가 둔 첫 수는, 프리츠가 받아칠 기회를 놓치면서 큰 타격으로 이어지는 않았다. 두 번째 수부터 게임은 상당히 기울어졌고, 결국 딥블루는 킹의 위험을 간과하면서 스스로 무너지고 말았다.[6] 그렇게 게임은 끝났다. 내 컴퓨터 속의 3000 레이팅 엔진과 내 머릿속의 2800 레이팅 엔진 모두 16수에서 게임은 이미 끝났다고 진단을 내렸다. 그 이후로 더 이상 잃을 게 없는 딥블루는 무모한 공격을 감행했지만 결국 39수 만에 패하고 말았다. 충격적이게도 독일의 작은 다윗이 IBM의 거대한 골리앗을 물리치고 우승을 차지했던 것이다.

프레데리크와 체스베이스에 있는 내 동료들에게는 만족스러운 결과였지만, 향후 벌어질 나와의 매치를 놓고 볼 때 껄끄러운 문제를 남겼다. 딥블루는 컴퓨터 체스 세계 챔피언이 되지 못했고, 다음 번 선수권은 몇 년 후에야 열릴 예정이었기 때문이다. 그러나 그 문제는 결국 아무 상관이 없는 것으로 드러났다. 딥블루가 여전히 가장 강력한 체스 컴퓨터라는 사실을 누구도 의심하지 않았다. 특히 9개월 뒤 내가 필라델피아에서 만나게 될 딥블루는 홍콩에서 프리츠에게 패했던 모델보다 훨씬 더 강력해진 업그레이드 모델이 될 것이라는 점에서 더욱 그랬다.

다른 한편으로 나 또한 세계 챔피언임을 입증해야 할 상황에 놓였다. 1995년 세계 챔피언 타이틀 방어전의 상대는 인도의 비스와나탄 아난드였고, 총 22게임의 매치를 치를 예정이었다. 그 시합은 뉴욕의 세계무역센터 남쪽 타워 107층에서 열렸다. 당시 뉴욕 시장이던 루디 줄리아니가 개회를 선언했다. 공교롭게도 그날은 바로 9월 11일이었다.

딥블루를 마주하다

나중에 살펴보겠지만, 나는 인간 도전자들로부터 세계 챔피언 타이틀을 지키는 과정에서 컴퓨터로부터 많은 도움을 받았다. 하지만 그

전에 컴퓨터가 나의 적이었던 시절이 있었다. 1996년 2월 10일은 나의 역사적 달력에서 중요한 하루였다. 그날 나는 필라델피아 매치에서 딥블루를 상대하게 되었다. 그전에 나는 이미 블리츠 게임에서 컴퓨터에 패한 최초의 세계 챔피언이자, 래피드 매치에서 컴퓨터에 패한 최초의 세계 챔피언이었다. 나는 지각변동이 일어나고 있다는 사실을 분명히 느낄 수 있었다. 그날 딥블루와 첫 게임을 치르기 위해 자리에 앉았을 때, 나는 챔피언 자리에 충분히 오랫동안 앉아 있다면 언젠가 클래식 매치에서도 컴퓨터에 패한 최초의 세계 챔피언이 될 것이라는 예감이 들었다. 다만 그날이 오늘이 아니기를 바라는 마음이었다.

이번 매치의 주최와 후원을 동시에 맡은 미국컴퓨터학회Association for Computing Machinery(ACM)는 오래전부터 컴퓨터 체스에 많은 관심을 보였다. 그 무렵 ACM은 필라델피아 연례 컴퓨팅위크Computing Week 행사의 일환으로 세계 최초의 디지털 컴퓨터 에니악 탄생 50주년을 기념하고 있었다. 당시 ACM 소속이었던 체스 프로그래머 몬티 뉴본은 조직에서 맡은 자신의 직책을 십분 발휘하여 이번 인간 대 기계 매치의 홍보자로 적극 나섰다. 그는 ACM 체스 챌린지라고 이름 붙인 이번 매치를 위해 여러 관계자들과 규칙을 협의하는 과정에서도 중요한 역할을 했다. 또한 이번 매치의 승인 기관인 국제컴퓨터체스협회 International Computer Chess Association(ICCA)의 부대표인 데이비드 레비는 협의와 조직적인 차원에서 많은 기여를 했다. 대회의 총 상금은 50만 달러로, 우승자가 40만 달러를 차지하도록 결정되었다. 애초의 제안은 3 대 2 분할이었지만, 내가 우승자의 몫을 높이자고 주장하여 4 대 1

로 정해졌다. 그만큼 나는 자신이 있었다. 1989년에 딥소트를 물리친 지 6년이 흘러 있었다. 어쩌면 나보다 IBM이 이번 매치를 더 간절히 기다려왔을 것이다.

몇 가지 측면에서 그 매치는 내게도 중요했다. 인텔은 아직 걸음마 단계에 불과했던 나의 PCA(프로체스연합)와 그랑프리 토너먼트에 대한 후원을 중단하기로 결정했다. 그 무렵 나는 IBM과 같은 후원사들과의 협력관계를 모색하고 있었다. 1993년에 무모하게도 FIDE(국제체스연맹)와 결별을 선언하면서 혼자서 체스 세상을 헤쳐가야 하는 처지가 되고 말았기 때문이다. 그래도 나는 PCA의 새로운 후원자를 찾아서 국제 대회를 주최하고 많은 기사들에게 상금을 수여하고자 했다. 그러나 인텔 유럽은 최종적으로 후원 계약을 갱신하지 않겠다고 내게 통보해왔다. 내가 필라델피아 매치와 뉴욕 재대결 제안을 100만 달러에 못 미치는 상금 조건으로 받아들였던 이유는 PCA와 IBM 간의 장기적인 후원 계약 성사에 도움이 될 것이라 판단했기 때문이다.

오랫동안 기다려온 매치를 놓고 사람들은 전반적으로 나의 승리를 점치고 있었다. 특히 데이비드 레비는 내가 6 대 0 완승을 거둘 것이라고 장담했다. IBM 연구팀 리더인 C. J. 탄C. J. Tan과 나는 똑같이 4 대 2 결과를 예상했는데, 물론 탄은 딥블루의 승리를, 나는 나의 승리를 확신했다. 나는 자신이 있었다. 하지만 이번에 IBM이 들고 나온 딥블루의 새 버전에 대한 정보가 전혀 없다는 점이 마음에 걸리기는 했다. 내가 염려한 것은 별 의미 없는 딥블루의 기술적 사양이 아니라, 그랜드마스터가 준비 과정에서 가장 필요로 하는 것, 즉 과거 게임 자료가 전무하다는 사실이었다. 이번에 맞붙게 될 딥블루의 버전은 그때까지 공식 대회에 한 번도 모습을 드러낸 적이 없었고, 그래서 그 실력을 전혀 가늠할 수 없었다.

딥블루의 사양은 매우 인상적이었다. 공식적인 이전 모델인 딥소트는 초당 300만~500만 가지의 포지션 검색이 가능했다. 하지만 IBM RS/6000 SP 슈퍼컴퓨터에 216개의 신형 체스칩을 탑재한 이번 딥블루 모델은 초당 1억 가지 포지션 검색이 가능했다. 물론 처리 속도가 스무 배 빠르다고 실력이 스무 배 높은 것은 아니지만, 딥블루의 존재는 베일에 싸여 있었고 그 사실은 어쨌든 불길한 예감으로 다가왔다. 많은 전문가들은 체스 세상에서 수십 년 동안 꾸준히 제기되어 온 '속도-깊이-실력'의 상관관계에 따라 딥블루의 레이팅이 2700을 넘어설 것으로 예측했다. 더욱 향상된 오프닝북 데이터베이스와 체스 지식에 따른 추가 레이팅을 50~100 정도로 고려한다면, 2800을 웃돌 것이라는 예상도 나왔다. 그러나 그건 모두 이론적인 이야기였다. 숨겨진 비밀이 그 밖에 또 뭐가 있을지 누구도 알 수 없는 일이었다.

하드웨어와 소프트웨어의 개선과 더불어 딥블루 연구팀은 중요한 재원을 얻었다. 그는 바로 미국의 그랜드마스터 조엘 벤저민Joel Benjamin이었다. 홍콩 매치에서 빚어진 오프닝북 오류 사건 이후, IBM 연구팀은 프로 기사의 도움이 필요하다고 판단했다. IBM은 그랜드마스터를 영입하여, 게임을 치르는 동안 오프닝북을 수정해야 하는 경우에 대비하는 동시에 이들을 딥블루의 트레이닝 코치로 활용했다. 벤저민은 딥블루의 스파링 상대는 물론 시스템의 평가 기능을 조율하는 역할도 맡았다. 세상에서 가장 빠른 체스 컴퓨터도 인간의 경험이 필요했던 것이다.

나 또한 그 매치에 진지하게 임했다. 그전에 나는 리우데자네이루에서 열린 다면기 대회에서 강력한 브라질 연구팀을 격파한 뒤 비행기를 타고 필라델피아로 날아왔다. 나는 내 조수이자 트레이너인 유리 도코이언과 함께 경기장에 들어섰다. 내 어머니 클라라도 경기장에 나와서 주변 환경에 특별한 문제는 없는지 점검해주셨다. 그리고 언제나 그렇듯 맨 앞줄에 앉아 경기를 지켜보셨다. 프레데리크 프리델은 이번 매치에서 비공식 컴퓨터 체스 자문 역할을 맡았다. 벨 개발자이자 여전히 컴퓨터 체스에 몰두해 있던 켄 톰슨은 대회 감독관을 맡았다. 이후 1년 뒤 뉴욕에서 열린 서커스를 방불케 한 재대결과 비교할 때, 첫 번째 매치는 비교적 유쾌한 분위기에서 시작되었다. 많은 사회적 관심이 집중되면서, 주요 신문사를 비롯하여 CNN 뉴스까지 열띤 취재 경쟁을 벌였다. 그럼에도 게임은 거대한 홀의 탁 트인 분위기 속에서 편안하게 펼쳐졌다. ACM과 ICCA가 대회의 주관을 맡았고, IBM 연구팀 리더인 C. J. 탄은 전반적으로 신중한 태도로 일관했다. 딥블루 맞은편에 앉기까지 나는 여느 정상급 매치와 다른 특별한 느낌을 받지 못했다.

역사적인 첫 게임

20년 동안 나는 세계 챔피언으로서 최고 체스 컴퓨터와의 대결이 과연 어떤 것인지 설명하기 위해 노력했다. 그럼에도 명확한 답변을 들려주었는지 아직 확신이 들지 않는다. 최고 컴퓨터와의 대결은 특별한 경험이다. 그것은 비디오 게임에서, 혹은 고용 시장에서 컴퓨터와 벌이는 경쟁과 차원이 다르다. 그 두 가지에 대해 MIT의 에릭 브린욜프슨Erik Brynjolfsson과 앤드루 맥아피Andrew McAfee는 공동 저서에서 기계에 '맞선 경주', 혹은 기계와 '함께 하는 경주'라는 개념으로 설명했다.

존 헨리는 군중 앞에서 증기기관과 경주를 벌였다. 자신의 근육과 뼈로 가차 없는 강철 기계와 맞붙었다. 자동차, 그리고 오토바이와 경주를 벌인 제스 오언스 역시 그와 똑같은 희비극적인 대결을 보여주었다. 하지만 이들의 경주는 진정한 경쟁이라기보다 볼거리에 가까웠다. 인간이 달리기 경주에서 자동차를 이긴다면 웃긴 일이 될 것이다. 거꾸로 진다면, 당연할 일 아니겠는가?

첫 번째 매치와 재대결 사이의 분위기 차이는 널리 알려진 언론 기사를 통해서도 분명히 확인할 수 있다. 언론은 오랫동안 체스와 지능에 대한 낭만적인 생각, 그리고 인공지능과 딥블루에 관한 오해를 퍼뜨렸다. 그들은 기사에서 "인간 두뇌의 최후 보루", "카스파로프가 인류를 지킬 것이다", 혹은 "기계가 최후의 전선인 지능의 영역을 침범하고 있다"와 같은 자극적인 표현을 사용했다. 제이 르노Jay Leno와 데이비드 레터만David Letterman의 농담들조차 심각하면서도 종말론적인 느낌을 자아냈다. "카스파로프는 극도로 긴장해 있습니다. 별일 아니라는 생각이 든다면, 여러분의 직장에 그런 일이 닥쳤다고 생각해보세요!" "카스파로프는 슈퍼컴퓨터와 체스를 두고 있는데, 전 아직도 비디오 예약 녹화조차 제대로 못합니다." "관련된 소식으로, 오늘 뉴욕 메츠가 전자레인지에 패했다고 합니다."

매치의 주최 측과 참가자들은 아첨하는 기사를 더 환영했다. 체스가 "인간의 지성적인 활동의 최고봉"이 아니라고, 혹은 내가 "걸어 다니는 에베레스트", 혹은 잠재적으로 "인류 전체를 실망시키게 될 체스 챔피언"이 아니라고 누구에게 말할 수 있었겠는가? 게다가 IBM은 그들이 개발한 컴퓨터의 "창조적 특성"이나 "산업 지평을 뒤흔들 잠재력"에 관한 이야기를 부정할 동기가 전혀 없었다. ACM의 몬티 뉴본은 자신의 역할에 충실했다. 그는 컴퓨터 과학과 체스 분야에서 쌓은 지식에 못지않게 피니어스 테일러 바넘P. T. Barnum[서커스단을 설립한 미국의 사업가이자 엔터테이너 —옮긴이]의 감성을 갖춘 타고난 이야기꾼이었다. 당시 나는 그러한 부차적인 일에 신경 쓸 여유가 없었다. 하지만 지금은 나조차도 그 매치가 "인류에게 무엇을 의미하는지"에 대해 언급했던, 그리고 딥블루의 승리를 달 착륙에 비유했던 뉴본의 인터뷰 기사를 보면서 영감을 얻는다.

　그 모든 칭송과 신화 창조의 과정이 끝나고 마침내 첫 번째 게임이 시작되었다. 그러나 버그가 우리의 앞길을 막았다. 심판이 시작을 알리고 나서도 딥블루는 당황스럽게도 작동을 시작하지 않았다. 그리고 그날 딥블루의 관리자로 참석했던 쉬펑슝이 버그를 해결하기까지 몇 분이 더 소요되었다. 이런 소동은 별것 아닌 것처럼 보이지만, 사실은 꽤나 정신을 산만하게 만든다. 그런 상황에서 평소대로 집중력을 발휘하기란 쉬운 일이 아니다. 특히 상대가 그러한 소동에 아무런 영향을 받지 않는 경우에는 더욱 그렇다. 컴퓨터는 당연하게도 체스판을 에워싼 사진 기자들에게도 전혀 신경 쓰지 않는다. 컴퓨터를 상대로 게임을 할 때, 상대의 눈을 들여다보며 감정 상태를 읽거나, 혹은 시계 버튼을 누를 때 머뭇거리는 동작으로 확신이 없다는 사실을 알아채는 것도 불가능하다. 체스가 지적인 게임일 뿐만 아니라 심리적인 게임이라고 믿는 사람으로서, 영혼이 없는 상대를 대적한다는 것 자체가 내겐 처음부터 곤혹스러운 일이었다.

잠시 후 딥블루가 가동을 시작했고, 쉬펑슝이 킹 앞에 있는 폰을 두 칸 앞으로 옮겼다(1.e4). 나는 평소에 즐겨하는 날카로운 오프닝인 시실리안 디펜스로 응수했다(1...c5). 걱정하지 마시라. 여기서 게임 전체를 중계할 생각은 없다! 누구든 관심이 있다면 역사적인 첫 게임의 다양한 해설을 찾아볼 수 있으니 말이다. 그러나 안타깝게도 그 게임은 그리 만족스럽지 못했다. 나중에 다시 검토해보았을 때에도 그러한 느낌을 지울 수 없었다. 내가 객관적인 분석을 할 수 있도록 모스크바에서 활동하는 몇몇 강력한 기사들이 최신 체스 엔진을 가지고서 검토해주었다. 결론적으로 나는 필라델피아 매치를 어느 정도 잘 풀어나갔지만, 썩 훌륭한 수준의 게임은 보여주지 못했다.

딥블루는 오픈 포지션에서 내 도전에 응수하지 않았다. 일반적으로 컴퓨터가 오픈 시실리안 특유의 복잡한 전술적 포지션에 능하다는 점에서 그것은 다소 의외의 반응이었다. 아마도 IBM 연구팀은 딥블루가 내 오프닝 노블티에 곧바로 대응하는 것에 걱정을 했을 것이고, 위험한 변화수 속에서 벤저민의 전략과 나의 전략을 정면으로 맞붙게 하는 것은 현명한 선택이 아니라고 판단했던 것 같다. 어쨌든 딥블루는 1989년 매치에서 백을 잡았을 때와 똑같은 두 번째 수를 두었다. 물론 딥블루 연구팀은 내가 그때의 오프닝을 그대로 반복할 것이라고 예상하지는 않았을 것이다.[7] 특별한 준비 없이 과거의 승리를 반복하려는 전략은 그냥 지뢰밭으로 걸어 들어가는 것과 같다. 딥블루는 안전한 선택을 했고, 치밀하게 준비된 오프닝북을 따라 아홉 번째 수까지 기물을 전개했다.

나 또한 철저한 준비가 되어 있었고, 열 번째 수에서 지난 게임의 라인으로부터 벗어나기 시작했다. 나는 방어적인 태세를 취하지 않았다. 딥블루의 실력을 한번 확인해보고 싶은 마음이 들었기 때문이다. 이번 게임은 블리츠나 래피드 방식이 아니었다. 즉 각자에게 몇 분이 아닌 몇 시간이 주어졌다. 나는 충분히 오랫동안 고민할 수 있었고, 그래서 대단히 복잡한 포지션을 향해 과감하게 들어갔다. 딥블루는 초반을 무난하게 이끌어가면서 백의 일반적인 유리함을 유지했다. 내가 미묘한 수를 두었을 때, 딥블루는 몇 차례 강력한 대응으로 위협을 가해왔다. 나는 습관적으로 쉬핑슨의 눈을 들여다보았지만, 이 게임에서는 아무런 의미 없는 행동이었다. 나는 점차 불리한 포지션으로 빠져들고 있었다. 딥블루는 강했다. 이전과는 분명 다른 모습이었다.

체스 엔진은 이야기를 좋아하지 않는다

여러분이 직접 필라델피아 매치에 대해, 특히 첫 게임에 대해 쓴 수많은 책과 기사를 읽어본다면, 이들 전문가들이 서로 다른 매치에 참석했던 것은 아닌지, 혹은 완전히 다른 게임을 분석한 것은 아닌지 의아해할지 모른다. 물론 전문가들이 서로 다른 분석을 내놓는 것은 일반적이고 건전한 현상이다. 우리가 지금 상상하지 못하는 획기적인 기술이 등장해서 체스의 모든 비밀을 벗겨낸다면, 체스 게임에 대한 객관적인 분석이 가능할 것이다. 하지만 그전까지는 특정 게임에 대한 이견이 보편적으로 남아 있을 것이다. 그랜드마스터와 체스 컴퓨터는 서로 다른 강력한 수를 선호할 것이다. 사실 이러한 차이는 체스를 더욱 흥미진진한 게임으로 만들어주는 요소다.

그렇다고 해서 객관적인 차원에서 치명적인 실수나 잘못된 수가 존재하지 않는다고 말하려는 것은 아니다. 또한 실전에서 최고의 수를 발견할 수 없는 경우가 종종 있다고 말하려는 것도 아니다. 대부분의 포지션에서 올바른 수는 분명히 존재하며, 강력한 선수라면 그러한 수를 반드시 발견할 수 있어야 한다. 난이도로 따졌을 때 상위 10~15퍼센트에 해당하는 포지션이라면 마스터 등급 이상의 경험이나 분석 능력이 있어야 그 안에서 복잡한 전략이나 전술을 찾아낼 수 있다. 상위 1~2퍼센트의 까다로운 포지션에서는 강력한 그랜드마스터조차 올바른 수를 발견하지 못하기도 한다. 그래도 인간 기사들이 심한 스트레스와 시간의 압박 속에서도 평정심을 유지하면서 게임을 펼칠 수 있다는 것은 놀라운 일이다. 오히려 힘든 상황에서 더욱 놀라운 능력을 발휘하는 경우도 있다.

《나의 위대한 선배들》시리즈를 쓰기 위해 조사를 하는 동안, 나는 과거의 세계 챔피언들과 체스 기사들에게 더 깊은 존경심을 갖게 되었다. 프로 체스만큼 인간의 다양한 능력을 요구하는 경기도 없을 것이다. 우선 빠른 계산은 필수다. 아드레날린이 넘치는 긴박한 상황에서 내리는 매순간의 결정이 승패를 좌우한다. 극도의 긴장감이 몇 시간 혹은 며칠 동안 이어진다. 때로는 전 세계가 지켜보는 가운데 게임이 펼쳐지기도 한다. 정신적·육체적 에너지를 소모하는 최적의 게임이 아닐 수 없다.

　나는 과거 세계 챔피언들의 게임을 분석하면서 최대한 너그러운 시선으로 바라보고자 했다. 내 스승인 보트비닉이 나의 게임을 냉철하게 평가했던 것과 달리, 나는 그들의 실수를 이해하고자 했다. 우리가 살아가는 21세기에는 수백만 회의 게임 정보를 담은 데이터베이스, 그리고 손가락만으로 조작 가능한 기가헤르츠 속도의 프로세싱 파워를 갖춘 체스 엔진이 나와 있다. 그러한 점에서 이런 생각이 들었다. "이러한 기술적 혜택, 그리고 나중에 말하는 자의 이점을 감안해서 선배들을 너무 가혹하게 평가하지는 말자."

　《나의 위대한 선배들》 시리즈에서 한 가지 중요한 과제는 과거 게임에 대한 모든 분석 자료를 수집하는 일이었다. 특히 자신의 게임에 대한 기사들의 직접적인 분석, 혹은 동시대 전문가들이 내놓은 분석은 소중한 자료였다. 여기서 내 동료 드미트리 플리셋스키Dmitry Plisetsky는 여섯 개의 언어권에서 자료를 검색하는 힘든 일을 맡아주었다. 여러분은 어쩌면 과거의 분석 자료를 차분하게 살펴보고, 시간적 여유를 가지고 각각의 수에 해설을 다는 일이 직접 체스 게임을 치르는 것보다 훨씬 더 수월할 것이라 생각할지 모른다. 당연하게도 우리는 오랜 세월이 지나면 더 정확하게 볼 수 있다. 하지만 그 과정에서 내가 처음으로 느낀 것은, 컴퓨터가 등장하기 이전에 나온 체스 분석 자료는 반드시 이중 초점 렌즈를 통해 바라보아야 한다는 것이었다.

　아이러니한 사실은 최고의 기사들이 체스판보다 잡지나 신문 칼럼을 쓸 때 더 많은 실수를 저지른다는 점이다. 심지어 자기 자신의 게임을 분석할 때도 날카로움이 크게 무뎌진 모습을 종종 보인다.[8] 기발한 수를 실수라고 평가하거나, 잘못된 수를 긍정적으로 분석한다. 이러한 모습은 챔피언의 천재성을 이해하지 못하는 평범한 기사 출신의 몇몇 저널리스트만의 문제는 아니다. 체스 엔진의 도움으로 쉽게 발견할 수 있는 멋진 수를 많은 기사들이 놓친다. 실제로 이런 일은 자주 일어난다. 하지만 체스 기사들이 저지르는 가장 심각한 문제는 모든 게임을 몇 번의 반전과 더불어 시작과 중반, 마무리로 이어지는 하나의 일관된 시나리오로 바라보려는 함정에 쉽게 빠진다는 것이다. 그 이야기의 끝에는 어김없이 권선징악의 교훈이 자리 잡고 있다.

나는 이러한 깨달음으로부터 두 가지 교훈을 얻었다. 첫째, 체스 기사는 극한의 압박 속에서 최고의 능력을 발휘한다는 사실이다. 스트레스를 극복하고 경쟁에서 이기기 위해 인간의 감각은 예민해지고 직관은 활성화된다. 물론 나는 중요한 순간에 15초가 아니라 15분 동안 고민한다. 그렇다고 하더라도 인간의 두뇌는 압박 속에서 더 놀라운 성과를 일구어낸다는 사실에는 변함이 없다. 우리는 아무것도 의존할 수 없는 절박한 상황에 닥쳐서야 직관이 얼마나 위대한 능력인지를 깨닫게 된다.

둘째, 우리 모두는 이야기를 좋아한다. 이러한 성향은 객관적인 분석을 해야 할 때도 여지없이 발휘된다. 우리는 악당이 벌을 받는 결말을 사랑한다. 약자를 응원하고, 영웅의 시련을 안타까워하고, 운명의 희생자에게 연민을 느낀다. 이러한 성향을 기업의 신화 속에서는 물론 체스 게임 안에서도 발견하게 된다. 이는 또한 우리가 필사적으로 이야기 소재를 발견해내도록 몰아감으로써 인지적 오류를 촉발한다.

그러나 컴퓨터 분석 프로그램은 체스 게임을 요정 이야기처럼 각색하려는 안이한 전통을 완전히 짓밟아버렸다. 체스 엔진은 이야기를 좋아하지 않는다. 엔진은 체스 게임에서 유일한 이야기란 오직 강하고 약한 수로 이루어진다는 점을 분명히 밝히고 있다. 그들이 내놓은 분석은 우리가 좋아하는 이야기처럼 재미있거나 흥미롭지 않다. 하지만 그러한 분석이야말로 진실이며, 이는 비단 체스에만 해당하는 것은 아니다. 인간은 주변 세계를 이야기를 통해 이해하려고 한다. 그 이유는 단편적인 사건에만 집중하다 보면 큰 그림을 놓치기 때문이다. 반면 이야기는 우리의 편견에 부합하거나 혹은 편견을 강화함으로써 우리를 객관적인 데이터에서 더욱 멀어지게 한다. 그래서 도시 괴담이 그렇게 빠른 속도로 퍼져나가는 것이다. 우리는 스스로 정말로 믿고 싶어하는 방식대로 설명해주는 이야기를 좋아한다. 나 역시 예외가 아니다. 인간이 이러한 인식의 한계를 극복하는 것은 어쩌면 영원히 불가능한 일일지 모른다. 그렇다고 해도 우리에게 그러한 편향이 존재한다는 사실을 이해하는 것만으로도 많은 도움이된다. 그리고 우리가 기계와 협력적인 관계를 형성한다면, 이 같은 안이한 인식적 습관에서 벗어날 수 있다.

실리콘 두뇌의 위력적인 플레이

이러한 생각을 염두에 두고, 나를 곤란에 빠뜨렸던 딥블루와의 첫 게임으로 다시 돌아가 보자. 딥블루는 여러 차례 놀라운 수를 보여주었고, 포지션은 점점 더 내게 불리한 방향으로 전개되고 있었다. 그런데 첫 게임에 대한 많은 전문가의 분석을 살펴보거나 여러 그랜드마스터(그리고 프리츠 4!)가 현장에서 들려주었던 해설을 들여다보면, 우리는 이야기를 좋아하는 인간의 성향과 다시 한 번 마주하게 된다. 인간의 편견이 객관적인 분석을 압도하는 장면을 목격하게 된다. 당시 전문가들 사이에 공감대를 형성했던 이야기는 딥블루가 놀라운 전술적 능력을 발휘한 오픈 포지션에서 내가 수비를 강화하지 않고 반격을 시도하는 치명적인 실수를 저질렀다는 것이었다. 그들의 이야기가 전적으로 틀린 말은 아닐 것이다. 하지만 정작 나 자신은 딥블루와 정면승부를 펼치고자 하지 않았다. 다만 그보다 더 나은 수를 발견하지 못했을 따름이다.

1989년 나는 딥소트에 승리를 거두고 나서 《뉴욕타임스》와 인터뷰를 했다. 그 내용은 꽤 긴 잡지 기사로 소개되었다. 그 인터뷰에서 나는 기자와 함께 매치에 대한 한 기사를 놓고 이야기를 나누고 있었다. 그 기사에는 딥소트 연구팀의 머리 캠벨이 했던 언급이 소개되어 있었다. "딥소트는 제대로 실력을 발휘할 기회를 잡지 못했습니다. 그게 원인이었습니다!" 캠벨의 말에 대해 나는 이렇게 지적했다. "그건 제가 그런 기회를 허락하지 않았기 때문이죠! 체스의 최고 기술은 상대가 기를 펴지 못하도록 막는 겁니다."[9]

그로부터 7년의 세월이 흘러서 딥블루는 더 강해졌고, 특히 백을 잡았을 때 더욱 버거운 상대로 성장했다. 첫 게임에서 킹을 공격한 나의 수가 잘못된 선택이었다는 지적이 있었지만, 분명히 그건 치명적인 실수는 아니었다. 오히려 실수는 다음 두 번째 수에서 있었다. 아이러니하게도 나는 폰을 지키기 위해 공격을 감행했다. 전문가들의 해설대로 내가 계속해서 공격적으로 게임을 풀어나갔더라면 어쩌면 승리했을지 모른다.[10] 그러나 나는 사람들의 이야기와 반대되는 선택을 했고, 결국 치명적인 실수를 간과하고 말았다.

다른 한편으로, 내가 간과했던 부분에 대한 사람들의 지적은 정확했다. 딥블루는 킹이 공격당할 위험한 수 대신에 폰을 잡는 선택을 했다. 그리고 인간과 컴퓨터가 벌인 유서 깊은 대결의 전통 속에서 충분히 깊은 계산을 통해 위기를 벗어났다. 여기서 나는 이야기에 담긴 위험성에 대해서 논하고 있지만, 그래도 칼럼니스트 찰스 크로서머Charles Krauthammer가 《타임》 기사에서 우리의 매치에 대해 들려주었던 이야기만큼은 소개하지 않을 수 없다. 사실 나는 이런 이야기를 대단히 좋아한다.

후반부로 접어들면서 카스파로프는 딥블루의 킹을 거세게 몰아붙였다. 인간 기사였다면, 세계 챔피언으로부터 그러한 공격을 받았을 때 자신의 킹만 뚫어지게 바라보면서 어떻게든 벗어날 방법을 궁리했을 것이다. 그러나 딥블루는 카스파로프의 위협에도 불구하고 태연하게 체스판 반대편 쪽에 있는 폰을 사냥했다. 그리고 게임의 가장 급박한 순간에 폰을 잡기 위해 느긋하게 두 수를 더 이어나갔다(많은 이들이 한 번의 실수로 카스파로프에게 패했다). 그때의 장면은 게티즈버그 전투에서 미드 장군이 피켓의 돌격[게티즈버그에서 남부군이 북군 진영의 묘지능선을 향해 돌격한 사건—옮긴이]을 앞두고 병사들에게 사과를 따도록 명령했던 상황을 떠올리게 한다. 그럴 수 있었던 것은 언제라도 병사들을 원위치로 돌아오게 할 수 있다는 확신이 있었기 때문이다.

그러한 사람을 일컬어 우리는 냉혈한sangfroid이라 부른다. 냉froid을 유지하려면 혈sang이 없어야 한다. 실제로 미드 장군이 언제 적군이 밀어닥칠지 정확하게 알고 있었다면(피켓 일대의 모든 총알과 검, 그리고 포탄의 움직임을 계산함으로써), 그는 아무런 걱정 없이 병사들에게 사과 수확을 명령했을 것이다.

딥블루가 바로 그런 일을 했던 것이다. 딥블루는 카스파로프의 모든 수를 계산했고, 폰을 사냥하다가 카스파로프의 공격에 정확하게 한 수 앞서 대처할 자신이 있었던 것이다. 게임은 정말로 그렇게 흘러갔다.

이를 위해서는 담력 이상의 것이 필요하다. 즉 실리콘 두뇌가 필요하다. 인간은 절대적인 확신을 갖지 못한다. 모든 경우의 수를 검토할 수 없기 때문이다. 하지만 딥블루라면 가능하다.[11]

결국 나는 37수 만에 게임을 포기했다. 그리고 역사상 최초로 컴퓨터가 클래식 게임에서 체스 세계 챔피언을 물리치는 사건이 벌어졌다. 나는 물론 관중과 평론가들 역시 충격에 휩싸였다. 딥블루의 우세를 화면을 통해 알고 있었을 쉬펑슝마저 놀란 기색이 역력했다. 그는 위대한 승리의 순간에도 마치 죄를 진 듯한 표정을 짓고 있었다. 그때를 떠올리면 솔직히 지금도 기분이 좋지 않다. 비록 증오의 감정은 그로부터 1년이 지난 재대결에서 시작되기는 했지만 말이다. 쉬펑슝은 틀림없이 승리의 순간에 동료들과 함께 펄쩍펄쩍 뛰고 싶었을 것이다.

딥블루의 멋진 플레이에 대한 충격에서 여전히 헤어나오지 못한 나는 게임이 끝나고 그랜드마스터들이 이른바 '사후 검토postmortem'에서 서로 질문을 주고받는 것처럼 쉬펑슝에게 이렇게 물었다. "제가 어디서 실수를 했을까요?" 하지만 훌륭한 체스 기사는 아닌 그는 내 질문에 당황한 듯 보였다. 그는 아마도 화면을 보고 확인했을 딥블루의 분석을 제대로 기억하지 못했다. 그때 사후 검토 시간은 두 사람 모두에게 어색한 순간이었다.

딥블루와의 매치가 끝나고 한 달이 흘러, 나는《타임》기사에서 그날 "테이블 맞은편에 새로운 차원의 지능"이 앉아 있는 것처럼 느꼈다고 고백했다.[12] 어떤 면에서 그건 진심이었다. 나는 이에 대해 특별한 이론적인 해명은 내놓지 않았다. 다만 이런 질문을 던졌다. 오직 빠른 속도로만 그처럼 인상적인 플레이를 펼치는 것이 가능한 일일까요? 딥블루가 둔 많은 수들은 내게 이렇게 말하는 것 같았다. "컴퓨터가 이런 수를 두지 못할 거라고 생각하고 있군!" 예를 들어 딥블루는 미들게임에서 폰을 희생했다. 그 수는 지극히 인간적인 아이디어였고, 기물의 가치에 집착하는 컴퓨터의 일반적인 성향과는 어울리지 않았다.

나는 그 수가 컴퓨터가 두었던 모든 수 가운데 단연 으뜸이라 생각한다. 첫 게임을 내주었을 때, 나는 딥블루가 어쩌면 절대 이길 수 없는 강력한 상대일지 모른다는 생각이 들었다. 나는 프레데리크에게 이렇게 물었다. "만약 내가 절대 이길 수 없는 상대라면 무슨 일이 벌어지게 될까요?" 물론 나는 언젠가 그날이 오리라 예상했다. 그런데 하필 그날이 오늘이란 말인가?

그 질문의 답을 확인하기까지는 그리 오랜 시간이 걸리지 않았다. 다음 날 펼쳐진 두 번째 게임에서 나는 천천히, 그리고 치밀하게 오프닝을 전개했다. 나는 딥블루에게 뚜렷한 약점을 노출하지 않으려 했다. 컴퓨터는 절대 인간처럼 전략을 세우지 못한다는 사실을 나는 잘 알고 있었다. 딥블루 역시 그럴 수 없기를 바랐다. 항상 그렇듯 두 번째 게임에서도 기술적인 문제가 있었다. 그때 그 사실을 즉각 알아차린 건 나밖에 없었다. 딥블루는 초반 여섯 번째 수에서 실수를 저질렀다. 나중에 프레데리크의 설명에 따르면, 그 순간 나는 딥블루의 오프닝북에 중대한 결함이 있다는 생각에 무척 기뻐하는 표정을 지었다고 했다. 실제로 나는 딥블루가 난공불락의 존재가 아니며, 두 번째 게임을 수월하게 풀어나갈 것으로 기대했다. 하지만 심판이 갑자기 달려와 쉬펑슝이 기물을 잘못 옮겼다고 했을 때 내가 얼마나 실망했을지 여러분은 쉽게 짐작할 수 있으리라.

런던에서 열린 프리츠와의 매치에서도 똑같은 실수가 있었다. 당시 대회 규칙은 그러한 경우에 실수를 수정한 뒤 게임을 재개하도록 규정하고 있었다. 그때는 별문제가 없었다. 하지만 이번에 쉬펑슝의 실수는 약한 기사에게 컴퓨터 대신 기물을 옮기도록 맡기는 방식이 대단히 위험하며, 또한 그러한 소동이 인간 기사에게만 불리하게 작용한다는 사실을 분명히 보여주었다.

쉬펑슝은 자신의 책에서 요크타운하이츠 게임 이후 벤저민과 함께 연구했던 오프닝북 파일을 제대로 업로드하지 않았다며 머리 캠벨을 책망했다. 이로 인해 딥블루는 그랜드마스터 게임으로부터 얻은 데이터베이스 통계에 기반을 둔 대략적인 지침이라 할 수 있는 이른바 '확장북extended book'에 의존해야만 했다. 그러나 나는 그 사실을 눈치채지 못했고, 딥블루는 내가 열네 번째 수에서 새로운 아이디어를 시도할 때까지 그랜드마스터 이론을 따라 오프닝을 무난하게 전개했다. 많은 사람들이 '평가 버그evaluation bug'가 딥블루의 플레이에 영향을 미쳤다고 지적했다. 하지만 솔직히 나는 그게 정말로 버그인지, 아니면 그저 수준 낮은 평가 기능에 불과한 것이었는지 따지는 일이 지겹기만 하다.

나의 전략은 효과가 있었고, 딥블루는 어떻게 방어해야 할지 갈피를 잡지 못하면서 점차 구조적으로 취약한 포지션으로 빠져들었다. 나는 공격적인 전술 포지션을 피하는 것만으로는 이길 수 없다고 판단했다. 그 대신 일반 원칙이 단기적인 계산을 능가하는 포지션을 구축해야만 했다. 딥블루에게 평가 기능이 있었지만 그다지 정교한 수준은 아니었으며, 좀처럼 드러나지 않는 컴퓨터의 성향을 일단 간파해낸다면, 그 기능을 손쉽게 이용할 수 있겠다는 생각이 들었다. 예를 들어 딥블루는 퀸을 쉽게 포기하려 하지 않았다(기계가 인간을 상대할 때 일반적으로 활용하는 효과적인 전술). 그래서 나는 딥블루가 퀸을 포기하거나, 아니면 나쁜 수를 두도록 압박했다.

인간은 이러한 방식으로 컴퓨터와의 대결에 적응해나갈 수 있다. 바로 이러한 이유로 일부 컴퓨터 과학자들은 체스 기계가 그랜드마스터를 물리치기까지는 훨씬 더 오랜 시간이 걸릴 것으로 예상했던 것이다. 일단 인간이 컴퓨터의 플레이를 지배하는 규칙과 정보를 파악하게 되면 이를 이용하는 방법도 이해하게 된다. 하지만 무차별 대입법의 속도가 엄청나게 빨라지면서 인간이 이용할 수 있는 규칙과 정보는 대부분 사라졌고, 컴퓨터는 검색의 깊이만으로 대부분의 약점을 보완했다.

하지만 딥블루는 완성 단계와는 거리가 멀었다. 두 번째 게임에서, 나는 딥블루가 거부하기 힘든 폰의 희생을 유도했고, 이를 통해 킹 주변의 라이트스퀘어light square[체스판에서 밝은 색 칸—옮긴이]를 위협하고 자 했다. 게임은 무승부에 가까워졌지만, 딥블루의 검색 깊이로는 최 고의 수를 발견해낼 수 없었다. 딥블루는 그러한 포지션을 방어하기 위한 일반 원칙을 알지 못했다. 몇 시간 동안 치밀한 움직임 끝에 나 는 잇달아 폰을 잡았다. 결국 머리 캠벨은 73수에서 딥블루를 대신해 기권을 선언했다. 이로써 나는 게임 성적에서 동점을 이루었다. 더 중요한 것은 딥블루가 불멸의 존재는 아니라는 깨달음이었다.

"테이블 맞은편에 앉아 있는 새로운 차원의 지능"이 사실은 더 속 도가 빠른 프로그램에 불과하다는 사실을 깨달았을 때, 나는 안도의 한숨을 쉬었다. 물론 딥블루는 강하다. 그러나 나보다 강하지는 않다. 그리고 분명히 결함이 있다. 인간 상대와 마찬가지로 장점을 제어하 고 약점을 공격한다면, 매치에서 무난하게 이길 것이다.

세 번째 게임의 오프닝은 딥블루가 그날 벤저민이 오프닝북에 새 롭게 삽입한 변화수를 둘 때까지 첫 번째 게임과 똑같은 형태로 흘러 갔다. 그렇게 벤저민의 생각대로 게임이 전개되던 중 18수에 이르렀 을 때, 나는 벤저민이 의도했던(그에게는 다행스럽게도 구체적으로 입력하지 는 않았던) 오프닝 라인에 결함이 있다는 사실을 간파했다. 그 순간 나 는 기회를 보았고, 두 번의 연승이 가능하다는 생각이 들었다. 그러 나 딥블루는 컴퓨터 특유의 끈질긴 방어 태세에 돌입했다. 딥블루의 생존력은 바퀴벌레보다 더 강했다. 포지션을 만회할 기회가 나타나 면, 놓치지 않고 그 수를 발견해냈다. 무척이나 당황스럽게도 딥블루는 여러 번의 좋은 수를 이어나가면서 위기에서 빠져나갔고, 게임은 결국 무승부로 끝나고 말았다.

집중 포화 속에서 정확한 수를 구사하는 능력은 인간과 기계 사이에 비대칭을 유발하는 또 하나의 요소다. 체스에서 '날카로운' 포지션이라 함은 대단히 복잡하고, 그리고 한 번이라도 실수를 저지르면 치명적인 피해가 발생하는 상황을 의미한다. 두 기사가 팽팽한 균형을 이룰 때, 실수는 승패를 좌우한다. 하지만 그러한 상황에서 컴퓨터는 좀 더 수월하게 올바른 수를 발견한다. 그 밖의 다른 수에 대한 평가가 아주 낮게 나타나기 때문이다. 그러나 인간은 그렇지 않다. 또한 아슬아슬한 긴장감은 오로지 인간의 몫이다. 내가 포지션에서 위험을 감지할 때면, 내 머릿속에서 변화수의 나뭇가지가 기하급수적으로 뻗어나가는 것을 느낀다. 하지만 컴퓨터는 그러한 순간에도 해변에서 휴가를 즐기듯 편안하다. 특히 딥블루처럼 주요한 변화수를 더 깊이 파고들어가는 확장된 검색 기능을 갖춘 컴퓨터라면 더할 나위 없다.

엔드게임

총 여섯 게임의 매치에서 전반전이 끝났지만 스코어는 동점이었다. 그래도 후반전 세 게임에서 두 번 백을 잡게 되어 있었기에 마음은 편안했다. 언론의 관심은 딥블루가 첫 게임을 따낸 이후로 크게 높아져 있었다. 물론 딥블루는 아쉽게도 인터뷰에 응할 수 없었다. 우리 팀 자문에게는 미안하게도, 나는 네 번째 게임에서 그의 조언을 무시하고 오프닝을 시작했다. 그리고 백으로 과감하게 날카로운 플레이를 보여주었다. 열세 번째 수에서 기물을 희생하는 전술에 대해 오래 고민했지만, 너무 위험한 수라고 판단했다. 상대가 인간이든 기계든 그런 상황이라면 나는 똑같은 선택을 했을 것이다. 그때 나는 사소한 계산 실수로도 게임을 내줄 수 있으며, 그렇게 된다면 만회할 기회가 마지막 두 게임밖에 없다는 사실을 분명히 인식하고 있었다. 돌이켜 봐도 정말로 중요한 순간이었다. 그때 나는 체스를 두고 있던 게 아니었다. 특정 분야에서 나보다, 혹은 그 누구보다 뛰어난 컴퓨터와의 대결에 적응하기 위해 안간힘을 쓰고 있었다.

기술적 문제는 네 번째 게임에서도 나타났다. 그때 나는 과감한 공격을 준비하고 있었다. 이전 수에서 오랜 시간을 보내면서, 나이트를 희생해 두 개의 폰을 잡으면서 공격을 시작할 계획을 세웠다. 그런데 갑자기 딥블루가 작동을 멈추었고, 결국 재부팅을 해야 하는 상황이 벌어졌다. 나는 화가 치밀었다. 게임의 가장 중요한 순간에 또 한 번 집중력을 잃어버리고 말았다. 게임이 재개되기까지 무려 20분이 걸렸고, 새로 정신을 차린 딥블루는 나의 희생을 피하는 강한 수를 두었다. 버그보다 더 심각한 문제가 발생한 것은 아닌지 의심이 들 정도로 특이한 수였다(사후 분석을 통해 밝혀진 것처럼, 딥블루가 나의 희생을 받았더라면 게임은 전반적으로 대등한 방향으로 흘러갔을 것이다).

포지션은 균형을 이루었지만 여전히 위태로운 상황이 계속되었다. 게다가 나는 시간에 쫓기고 있었다. 40수를 넘어서면 추가 시간이 주어지지만, 문제는 내가 그때까지 버틸 수 있는가였다. 그래도 나는 신중하게 몇 수를 이어나갔고, 결국 탄탄한 포지션으로 40수의 능선을 넘게 되었다. 그리고 마침내 무승부로 이어질 좋은 수를 발견했고, 결국 게임은 그렇게 끝났다. 두 게임을 남겨둔 상황에서 매치 스코어는 여전히 동점이었다. 하지만 나는 이미 지칠 대로 지쳐 있었다. 게임은 갈수록 힘들어졌고, 언론의 관심은 더 뜨거워졌다. 양 팀 모두 인터뷰와 함께 방송에도 출연했다. IBM 연구팀은 이번 매치를 통해 과거의 그 어떤 시도보다 더 많은 사회적 관심을 받고 있다는 사실을 분명히 인식하고 있었다.

네 번째와 다섯 번째 게임 사이에는 하루 휴식 시간이 있었다. 그럼에도 나는 기력을 회복하지 못했다. 다섯 번째 게임 오프닝에서는 일반적인 시실리안 디펜스 대신 페트로프Petroff라는 이름으로 유명한 러시안 디펜스를 선택했다. 물론 애국심의 발로는 아니었다. 지루하다고 말하는 사람들도 있었지만, 어쨌든 페트로프는 견고한 라인이다. 페트로프에서는 종종 많은 기물 교환이 일어나거나, 혹은 대칭적인 폰 구조로 포지션의 역동성이 떨어질 때도 있다. 사실 페트로프는 내가 평소 선호하는 오프닝은 아니지만, 심신이 피로하거나 슈퍼컴퓨터를 상대할 때 주로 고려하는 포지션이다. 딥블루는 페트로프만큼 단조로운 포나이츠Four Knights를 오프닝으로 선택했다.

수차례 기물 교환이 이루어지고 나서 전반적인 포지션 형태는 내게 살짝 유리했다. 내가 백을 잡게 될 내일의 마지막 게임을 위한 에너지를 비축하고자 나는 23수 만에 일찍이 무승부 제안을 했다. 체스를 잘 모르는 독자에게 무승부를 제안한다는 말은 낯설게 들릴 것이다. 가령 권투 선수가 두 번째 라운드까지만 뛰고 무승부로 끝내기로 합의한다면, 혹은 축구 경기가 시작된 지 15분 만에 양측 감독의 합의 아래 무승부로 경기를 끝낸다면 관중들은 어안이 벙벙할 것이다. 하지만 체스에서는 특별한 규정이 없는 한, 양 선수는 언제든 상대에게 무승부를 제안할 수 있다. 상대는 그 제안을 받아들일 수도 있고 거절할 수도 있다. 거절할 경우에 게임은 계속된다.

무승부는 체스 게임의 일부다. 적어도 현대 체스의 역사에서는 그렇다. 양측 모두 승리를 거둘 수 없는 다양한 포지션이 존재한다. 가령 체크를 당하지 않은 상태에서 킹이 정상적으로 이동할 수 없는 상황을 뜻하는 스테일메이트stalemate가 그렇다. 무승부로 끝나면 양 선수는 0.5점을 얻는다. 패배해서 점수를 하나도 얻지 못하는 것보다는 분명히 낫다. 무승부 제안은 강한 기사들이 승패가 나지 않는 지루한 게임을 무한정 이어나가야 하는 상황을 사전에 방지하기 위한 약속으로 시작되었다. 무승부를 제안한다는 것은 곧 이렇게 말하는 것과 같다. "우리 모두 상대가 무승부를 만들 수 있다는 사실을 알고 있으니, 이쯤에서 악수를 나누고 담배나 피우러 갑시다." 물론 관중은 게임이 일찍 끝난 것을 아쉬워하겠지만 그렇다고 해서 크게 화를 내는 경우는 없다. 덧붙여 말하자면, 19세기만 해도 게임 수준이 상대적으로 낮았고, 그래서 대부분의 게임이 분명한 승패로 끝났다.

그런데 마스터 등급 기사들이 전략적으로, 혹은 전술적 차원에서 무승부 규정을 남용하면서 문제가 불거지기 시작했다. 토너먼트를 치르는 동안 자신과 상대가 모두 유리한 상황에 있다면, 당연히 무승부 제안을 해서 경기를 빨리 끝내고 싶은 마음이 들지 않겠는가? 혹은 포지션이 점차 불리해질 것으로 예상될 경우, 먼저 무승부를 제안해서 상대방의 의중을 떠보려 하지 않겠는가? 강력한 그랜드마스터들끼리의 게임마저도 몇 분 만에, 혹은 몇 수 만에 끝나는 경우가 늘어나면서, 무승부 제안은 체스의 심각한 문제가 되었다. 무승부 제안은 점점 확산되었고, 오늘날에는 아마추어 기사들이 무승부 제안으로 게임을 일찌감치 끝내는 장면도 심심찮게 볼 수 있다.

결국 주요 토너먼트 주최 기관들이 나서서 이러한 관행을 바로잡기로 결정했다. 그들은 게임의 최소 수와 같은 규칙을 만들기 시작했다. 오늘날 일반적인 체스 규칙은 포지션 반복에 따른 무승부를 제외하고, 30수나 40수 이전에 무승부 제안을 허용하지 않는다. 세월에 따라 기사들의 평균 실력이 더욱 높아지면서, 고수들끼리의 게임에서 무승부 비중이 크게 높아졌다. 정상급 선수의 대회에서는 대략 절반 정도가 무승부 게임으로 끝난다. 하지만 나는 체스 기사들이 진지하게 게임에 임하는 한 무승부 제안은 큰 문제가 아니라고 본다. 무승부 역시 게임의 결과다. 그럼에도 최근 공격적인 플레이를 강화하는 방향으로 체스 규칙을 수정해서 확실한 승패의 비중을 높여야 한다는 목소리가 커지고 있다. 예를 들어 프로 축구나 하키처럼 승리에 3점을, 무승부에 1점을 주는 방식을 제안하고 있다.

매치 대회에서 선수는 무승부를 전략적으로 활용할 수 있다. 나는 다섯 번째 게임에서 심한 피로감을 느꼈다. 포지션에서 할 수 있는 게 그리 많지 않다는 생각이 들었고, 일찍 무승부를 제안했다. 게임이 그렇게 끝났다면, 700명가량의 관중은 크게 실망했을 것이다. 그러나 그들에게는 다행스럽게 딥블루는 내 제안을 거절했고, 게임은 그대로 진행되었다. 덧붙여 말하자면, 컴퓨터와의 대결에서는 누가 무승부를 제안하고 받아들일 것인지가 문제가 된다. 전적으로 컴퓨터에게 맡겨야 할 것인가? 그렇다면 포지션 평가가 0 혹은 이보다 낮을 때, 컴퓨터는 무조건 그 제안을 받아들일 것인가? 그러나 반드시 이겨야 하는 게임이라면? 오프닝북과 마찬가지로 이 문제와 관련해서도 인간의 개입에 대한 마땅한 기준을 찾기 힘들다.

내가 무승부 제안을 했을 때, 딥블루는 포지션이 약간 불리하다고 판단했다. 그러나 딥블루 연구팀은 논의 끝에 게임을 끝내기에는 아직 이르다는 벤저민의 판단을 따르기로 했다. 특히 마지막 게임에서 흑을 잡아야 한다는 사실이 부담으로 작용했을 것이다. 그러나 그들의 결정은 내게 행운이었다. 바로 다음 수에서 딥블루가 치명적인 실수를 저질렀기 때문이다. 내가 폰을 전진시켰을 때, 딥블루는 장기적인 흐름을 내다보지 못하고 기물들의 활동성을 떨어뜨리는 선택을 하고 말았다. 딥블루는 공격적인 전략을 세우지 못했다. 과감한 공격만이 유일한 희망이라는 사실을 깨닫지 못하고 몇 수 동안 이리저리 돌아다녔다. 딥블루가 위험을 감지했을 때, 이미 승부는 결정 나 있었다. 나는 45수 만에 승리를 거두었고, 이번 매치가 시작되고 처음으로 우위를 차지했다. 그리고 내일 있을 마지막 게임 결과와 상관없이 무승부를 확보했다.

무척 피곤했지만 여섯 번째 게임은 어쩐지 느낌이 좋았다. 다섯 번째 게임에서 딥블루의 약점을 간파했다는 생각이 들었다. 물론 다섯 게임 만에 딥블루의 약점을 파악했다는 것은 다분히 과장된 생각이었을 것이다. 어쨌든 나는 일주일 전에 비해 딥블루에 대해 더 많은 것을 알게 되었고, 그 모든 지식을 여섯 번째 게임에 퍼부어야 했다. 나는 딥블루가 변화수를 둘 때까지 백을 잡았던 게임과 똑같은 형태로 오프닝을 전개했다. 매치 스코어에서 뒤지고 있던 딥블루 연구팀은 어떻게든 승리를 거두기 위해 안간힘을 썼다. 물론 나는 호락호락 넘어가지 않았다. 위험을 무릅쓰는 특유의 공격적인 스타일에도 불구하고, 나는 최근 몇 년 동안 백을 잡고 게임을 내준 적이 없었다. 게다가 비기기만 해도 매치에서 승리하고, 40만 달러의 상금을 차지할 수 있었다. 그래서 불필요한 위험을 감수하지 않을 생각이었다.

내가 변형수를 두자 딥블루도 오프닝 라인에서 벗어나 약한 플레이를 이어갔다. 그리고 방어적인 포지션으로 들어갔다. 여느 그랜드마스터와 마찬가지로, 나는 특정 오프닝에서 특정 기물을 정확하게 어느 칸에 놓아야 하는지 암기하지 않았다. 이는 인간이 항상 활용하는 보편적이고 은유적인 형태의 사고방식을 정확하게 나타내는 것이다. 하지만 인간처럼 사고하지 않는 딥블루는 곤경에서 벗어나기 위해 오직 검색에만 의존해야 했다. 그러나 딥블루는 선택의 폭이 점점 줄어들고 있었다. 나는 퀸 앞의 폰을 전진해서 딥블루가 후퇴하도록 만들었다. 이것이야말로 내가 바라던 지배적인 게임이었다. 오픈이 아닌 클로즈드[오픈 게임은 양측 모두 킹 앞의 폰을 두 칸 전진하면서 시작한다. 폰으로 중앙을 장악하고 퀸과 비숍의 길을 열어주는 공격적인 오프닝 라인으로 전통적인 기법에 해당한다. 반대로 퀸 앞의 폰을 두 칸 전진하면서 시작하는 클로즈드 게임은 비교적 현대적인 기법이다—옮긴이] 형태의, 그리고 전술적이 아닌 전략적인 형태의 게임이었다. 그때 나는 피 냄새를, 혹은 그와 비슷한 어떤 냄새를 맡았다.

스물두 번째 수에서 나는 딥블루의 킹이 거부할 수 없는 기물 희생을 생각해냈다. 그때 나는 얼마나 확신했을까? 아마도 90퍼센트 혹은

95퍼센트의 확신이 있었을 것이다. 하지만 마지막 게임에서 비기기만 해도 매치를 따낼 수 있었기에 나는 100퍼센트 확신을 고집했다. 이후의 분석 결과는 내가 실수만 하지 않는다면 딥블루에게 결정적인 일격이 되었을 것이라는 사실을 보여주었다. 하지만 여전히 유리한 상황이었으므로 굳이 위험을 감수할 필요는 없었다. 흑은 반격이 힘든 상황이었고, 내 폰들은 진격을 멈추지 않았다. 관중은 크게 흥분했다. 딥블루는 진퇴양난에 빠졌고, 비숍과 룩은 첫 번째 랭크[체스판에서 세로 열은 파일file, 가로 열은 랭크rank라고 부른다—옮긴이]에서 꼼짝달싹하지 못하고 있었다. 흑의 기물들은 서로 얽혀 있어서 나는 굳이 뚫고 나갈 필요가 없었다. 딥블루는 기물을 포기해야만 했고, 결국 그 연구팀은 패배를 인정했다.

나는 4 대 2로 매치를 이겼다. 정확하게 내가 예상한 결과였다. 하지만 경기는 상상했던 것보다 훨씬 더 힘들었다. 나는 딥블루 연구팀에게 칭찬의 말을 건넸다. 결과를 떠나서 딥블루는 내가 상상하지 못한 수를 종종 보여주었다. 그래도 나는 내 전략대로 밀어붙였고, 덕분에 마지막 두 게임을 쉽게 따냈다. 물론 이후에 펼쳐진 재대결 매치에서는 그렇지 못했지만. 나는 《타임》과의 인터뷰에서 첫 번째 매치에 대해 이렇게 설명했다.

결국 제가 가진 최고의 경쟁력은 딥블루의 성향을 파악하고 거기에 따라 게임 방식을 바꿔나갈 수 있다는 것이었습니다. 그러나 딥블루는 그럴 수 없었죠. 딥블루에게서 지능의 존재를 느낄 수 있었습니다만, 그건 비효율적이고 부자연스러운 기이한 형태의 지능이었습니다. 제가 앞으로 몇 년 동안 더 체스를 둘 수 있겠다는 생각이 들더군요.

이후 딥블루와의 재대결이 끝난 1997년 5월 11일까지 내게는 정확하게 450일의 시간이 남아 있었다. 거꾸로 생각해보면, 나는 컴퓨터와의 매치에서 승리를 거둔 마지막 세계 챔피언이기도 했다. 그런데 '역사적 그날'은 왜 그 사실을 인정해주지 않는단 말인가?

딥블루와의 첫 매치는 인터넷 사용자들의 큰 관심을 받은 기록적인 행사였다. IBM은 폭주하는 웹사이트 접속에 대처하기 위해 딥블루와 동일한 기반의 슈퍼컴퓨터를 활용했다. 인터넷 사용자들이 전화선을 이용해 접속하던 시절이었다. 우리의 매치는 새로운 커뮤니케이션 네트워크의 위력을 보여준 초기 사례로 인정받았고, 언젠가 인터넷이 TV나 라디오와 경쟁을 벌이게 될 가능성을 보여주었다.

딥블루 연구팀은 틀림없이 매치 결과에, 특히 마지막 게임의 내용에 만족하지 못했을 것이다. 그럼에도 그들은 충분히 만족스러운 결과를 얻었다고 답했다. 어쨌든 세계 챔피언을 상대로 두 게임을 이겼고, 처음 네 게임 동안 내가 진땀을 흘리도록 만들었다. 그러나 다른 한편으로, IBM은 나보다 더 만족했을 것이다. 그들이 내게 준 우승 상금은 매치의 인기 덕분에 IBM의 주가와 기업 이미지가 높아진 것에 비하면 아무것도 아니었다. IBM은 기존의 고루한 이미지를 벗고 첨단 기업으로 거듭났으며, 최첨단 인공지능 슈퍼컴퓨터로 인간과 경쟁을 벌이는 앞서가는 IT 기업으로 도약했다. 적어도 겉으로는 그렇게 보였고, 그러한 인식의 변화가 주가에 그대로 반영되었다.

몬티 뉴본이 이번 매치에 대해 쓴 책에 따르면, IBM 주가는 불과

일주일 만에 33억 1000만 달러로 뛰었다. 같은 기간에 다우지수는 큰 폭으로 하락했는데도 말이다.[13] 그렇다면 나는 4 대 1의 상금 분할 대신에 스톡옵션을 요구했어야 했다! 모든 언론이 딥블루의 이름을 거론했고, IBM 연구팀과 브랜드도 덩달아 인기를 끌었다. 물론 그건 내게도 좋은 일이었다. 특히 미국은 체스 챔피언이 유명인의 반열에 오르기 힘든 사회였기 때문에 더 그랬다. 뉴욕 세계 챔피언십 매치에서 아난드를 이겼을 때보다 필라델피아에서 딥블루를 이겼을 때, 언론은 내게 더 많은 관심을 보였다. 인류 수호자의 서열이 체스 세계 챔피언보다 더 높았던 셈이다.

엄청난 홍보 효과를 누린 IBM은 리매치를 당연한 것으로 규정했다. 문제는 그 시기였다. 딥블루 연구팀은 실질적인 개선이 이루어지기 전까지 재대결을 미룰 것이었다. 그들이 더 위협적인 새로운 버전의 딥블루를 개발하기까지 시간이 얼마나 더 걸릴 것인가? 논의가 진행되는 과정에서 한 가지 사실이 분명하게 드러났다. 만약 리매치가 열린다면, 그것은 딥블루 연구팀이 새로운 컴퓨터의 놀라운 개선을 보여주기 위함은 아닐 것이다. 또한 내가 또 한 번 상금을 타기 위해서도 아닐 것이다. 그것은 IBM이 승리를 원해서일 것이다.

DEEP THINKING

완전히 달라진 도전자

◆

나는 스스로의 능력을 과대평가하는

전형적인 실수를 저지르고 말았다.

물론 똑같은 상대와 재대결을 펼칠 것이므로

자만심은 크게 문제가 되지 않는다고 생각할 수도 있다.

그러나 그 상대가 컴퓨터일 경우 이야기는 달라진다.

딥블루 연구팀은 내가 승리를 통해 얻었던 것보다

패배를 통해 더 많은 것을 얻었다.

◆

켄 톰슨은 뉴저지에 있는 벨연구소에서 혁신적인 체스 컴퓨터 벨을 개발했다. 당시 '아이디어 공장'으로 널리 알려진 벨연구소는 태양열에서 레이저, 트랜지스터와 휴대전화에 이르기까지 다양한 분야에서 획기적인 연구를 선도하던 기관이었다. 톰슨은 또한 애플의 맥과 구글의 안드로이드, 그리고 리눅스로 돌아가는 수십억 대의 장비와 서버의 기반을 이루는 유닉스 운영체제의 주요 개발자 중 한 사람이었다.

DARPA(미국고등연구계획국)의 초창기 시절과 마찬가지로, 벨연구소의 접근방식은 구체적인 제품 개발이 아니라, 기본적으로 먼저 문제를 정의하고 이를 해결하기 위한 기술을 개발하는 것이었다. 2010년 디트로이트 인근에 들어선 GE 이노베이션센터로부터 강연 초청을 받았을 때, 나는 이 같은 접근방식에 관한 이야기를 듣게 되었다. 행사 주최 측은 수십 년 동안에 걸친 인수합병 이후로 관심을 기울이지 않았던 이른바 블루스카이 씽킹blue sky thinking[구체적인 목표를 수립하지 않고 순수한 호기심과 아이디어를 바탕으로 연구를 추진하는 과학적 접근방식—옮긴이]을 새롭게 시도해보고자 했다. 내가 강연을 하는 동안 한 청중이 일어나 스스로 혁신을 추구하지 않아도 세상 어디에선가는 분명히 혁신이 이루어지고 있으며, 그렇기 때문에 대기업은 돈으로 그러한 혁신을 사들이기만 하면 된다는 지적을 했다. 하지만 모두가 그런 생각을 할 때, 우리는 어떤 문제가 발생하게 될지 쉽게 짐작할 수 있다.

체스 컴퓨터에 관한 이야기를 할 때면, 항상 그때의 강연이 떠오른다. 나는 컴퓨터 과학의 개척자이자 1996년 ACM(미국컴퓨터학회)에서 처음으로 튜링 어워드를 수상한 앨런 펄리스Alan Perlis의 말을 슬라이드로 소개했었다. 펄리스는 1982년에 출간된 프로그래밍에 관한 격언집에서 이렇게 말했다. "개선은 진화의 장애물이다." 처음에 이 문장을 접했을 때, 나는 의아한 생각이 들었다. 앞뒤가 맞지 않는 말처럼 들렸다. 개선이 어떻게 진화를 가로막는다는 말인가? 개선이 축적되어 진화가 이루어지는 것이 아니던가?

그러나 진화는 개선이 아니다. 진화는 혁신이다. 일반적으로 진화의 여정은 단순함에서 복잡함으로 흘러가지만, 그 핵심에는 점층적 다각화, 즉 본질적 변화가 있다. 개선은 단지 컴퓨터 프로그램의 속도를 높이는 일이다. 프로그램의 본질을 바꾸거나 새로운 프로그램을 창조하는 것이 아니다. 펄리스는 '진화 나무evolutionary tree'의 개념을 통해 프로그래밍 언어가 새로운 요구를 충족시키고 새로운 하드웨어에 적응하는 과정에서 또 다른 언어로 진화하게 된다고 설명했다. 또한 야심찬 목표가 진화의 흐름을 가속화한다고 강조했다. 그 이유는 기존의 도구와 방법을 개선하는 방식으로는 절대 충족시킬 수 없는 고유한 욕망과 새로운 도전 과제를 야심찬 목표가 만들어내기 때문이다.

여기에는 기회비용의 문제도 있다. 온 에너지를 개선에 집중할 때, 창조는 사라지고 정체가 이어진다. 창조를 통해 더 많은 이익을 얻을 수 있는 상황에서 개선에만 집중하는 것은 기회를 낭비하는 선택이다.

과장은 주의해야겠지만, 우리는 펄리스의 격언을 프로그래밍 분야를 넘어 다양한 분야에 적용할 수 있다. 그의 주장은 "개선은 혁신의 적이다"라는 애매모호한 표현으로 널리 알려져 있다. 그러나 우리가 혁신이라 부르는 많은 것들은 사실 수많은 사소한 개선을 솜씨 있게 조합한 것이다. 예를 들어 아이폰은 생소한 기술로 탄생하지 않았다. 아이패드 역시 최초의 태블릿은 아니었다. 그러나 처음 나왔다고 해서 성공과 최고의 자리를 보장받는 것은 아니다. 그보다는 올바른 조각들을 올바른 관점으로 연결하는 작업이 더 중요하다. 특히 마케팅 예산이 날로 증가하는 것과 달리, 연구개발 예산은 계속해서 줄어드는 오늘날의 현실에서 더욱 중요하다. 어떤 발명도 본질적으로 '혁신적'이지 않다. 발명이란 곧 혁신적인 활용을 의미한다.

배비지, 튜링, 섀넌, 사이먼, 미치, 파인먼, 톰슨…… 목록은 계속 이어진다. 체스에 오랜 열정을 바친 20세기 주요 과학자와 공학자의 경우와 마찬가지로, 나는 이들이 체스를 몰랐다면, 혹은 체스 경험이 부족했더라면 그만큼 성공을 거두지 못했을 것이라고 생각한다. 아이의 집중력과 창의성을 길러주는 체스의 장점은 이미 입증되었다. 또한 그러한 장점이 성인에게도 그대로 적용된다는 생각은 그리 터무니없는 주장은 아닐 것이다. 이들 유명 혁신가들 역시 어린 시절에 배운 체스 덕분에 두뇌 발달에 많은 도움을 얻었을 것이다.

예전에 두뇌는 성인이 되면 굳어버린다는 생각이 일반적이었다. 하지만 그렇지 않다는 사실이 밝혀지고 있다. 노벨상을 받은 리처드 파인먼Richard Feynman은 브라질 음악을 연주하거나 자물쇠를 따는 것과 같은 다양한 취미 활동이 집중력을 방해하기는커녕 물리학자로 성공하는 데 큰 도움이 되었다는 이야기를 들려주었다. 켄 톰슨도 경비행기 조종을 즐긴다. 여러분도 노벨상까지는 아니더라도 체스를 배우기에 결코 늦지 않았다. 게다가 오늘날 여러 연구 결과는 체스를 비롯하여 인지 능력을 요하는 다양한 활동이 치매를 예방하는 데 도움이 된다는 이야기를 들려준다.

그러나 아이러니하게도 톰슨이 개발한 초고속 컴퓨터 벨은 체스 컴퓨터 진화의 중단을 알리는 신호탄이 되고 말았다. 빠른 속도, 무차별 대입법, 최적화를 기반으로 한 벨의 성능은 너무나 대단한 것이어서, 체스 컴퓨터 개발자라면 결코 무시할 수 없는 성과였다. 이후에도 검색 작업을 효율적으로 개선하고 데이터를 추가하는 등의 주요한 발전이 있었지만, 벨의 등장은 체스 컴퓨터의 근본적인 개념을 확립한 사건이었다. 그로부터 개인용 컴퓨터의 체스 엔진은 프로그래밍 기술, 방대한 오프닝 데이터베이스, 더 빨라진 인텔칩 덕분에 빠른 속도로 발전했고, 기업용 윈도 서버 기반의 일반적인 체스 엔진은 6년 만에 수백만 달러의 체스 전용칩의 성능과 딥블루의 슈퍼컴퓨팅 기술을 능가하게 되었다.

결론적으로 이제 최고의 하드웨어가 곧 최고의 체스 기계를 의미하게 되었다. 하지만 기존의 값비싼 칩을 더 작고 더 빠른 칩으로 업그레이드하기 시작하면서, 하드웨어 중심의 체스 기계는 지속적이고 방대한 투자가 이루어지지 않은 채 그 자리에 오랫동안 머물러 있었다. IBM은 세계 최초로 체스 챔피언을 꺾으면서 엄청난 투자 수익을 올렸지만, 그 이후로 딥블루는 이렇다 할 개선을 보여주지 못했다. 그들이 체스에 기여한 것이라고는 스미스소니언 박물관에 하드웨어 몇 점을 기증한 것밖에 없다.

여기서 나는 IBM이 딥블루에 대한 투자를 병렬 프로세싱을 비롯한 다양한 프로젝트를 위한 실질적인 시험대로 평가했던 보도자료와 인터뷰 내용을 반박하려는 것은 아니다. 그들의 주장에도 어느 정도 일리가 있다. 다만 나는 그러한 정당화가 정말로 필요한 것이었는지 묻고 싶을 따름이다. 물론 세계적인 대기업이 대중문화와 첨단기술이 통합된 흥미진진한 경쟁에 뛰어들어 많은 돈을 투자한 것은 칭찬할 만한 일이다. 그리고 매치에 쏠린 사회적 관심을 수억 달러의 수익과 매출로 전환하고자 했던 것도 충분히 이해할 만한 일이다. 그러나 돈보다 더 중요한 것은 도전과 탐험의 정신이다. IBM은 시장점유율을 높이기보다 대중의 상상력을 끌어안는 데 더 많은 에너지를 집중했어야 했다.

첫 승리의 교훈

딥블루와의 재대결에 관한 논의는 필라델피아 매치의 폐막식 자리에서 이미 거론되었다. 나는 IBM 연구팀 리더인 C. J. 탄에게 가까운 미래에 딥블루의 성능을 크게 개선할 가능성이 있는지 물었다. 그는 그렇다고 답했다. 그리고 이번 매치를 통해 보완해야 할 점을 발견했다고 말했다. 나는 이렇게 대답했다. "좋습니다. 또 한 번의 기회를 드려야겠군요!"

그건 농담이 아니었다. 개선 가능성에 대한 질문도 진지한 것이었다. 나는 컴퓨터가 점점 더 빨라지고, 체스 기계가 점점 더 강력해질 것이라는 사실을 알고 있었다. 적어도 알고 있다고 생각했다. 무엇보다 무어의 법칙이 있다. 분석 속도가 빨라지고 검색이 깊어지면서 레이팅은 상승할 것이다. 물론 그러한 발전은 쉽게 이루어지지 않는다. IBM이 막대한 자원을 투자하고, 실력과 재능을 겸비한 연구원들이 노력을 집중한다 해도 어려운 일이다. 딥블루의 레이팅이 2550에서 필라델피아 매치 당시의 2700으로 올라서기까지 6년이 넘는 세월이 걸렸다. 딥블루는 새로운 칩과 슈퍼컴퓨터, 그랜드마스터 트레이너로 무장하고 나왔지만, 나는 다섯 번째 게임에서 딥블루를 교란시켰고, 마지막 게임에서 압승을 거두었다. 혹시 딥블루의 검색 깊이가 이미 한계에 도달한 것이 아닐까? 나는 딥블루의 레이팅이 2800에 도달하려면 최소한 몇 년이 더 걸릴 것으로 내다보았다.

지금 돌이켜볼 때, 나의 판단은 전반적으로 정확했다. 하지만 거기에는 몇 가지 문제점이 있었다. 첫째, 세계를 깜짝 놀라게 했던 소규모 체스 프로젝트에 IBM이 앞으로 얼마나 많은 투자를 이어갈 것인지가 의문으로 남았다. 매치가 열린 일주일 동안 딥블루는 인공지능과 동의어가 되었고, IBM은 적어도 대중의 눈에 첨단 IT 기업으로 거듭났다. IBM의 이러한 이미지는 그 이후로 계속해서 강화되었다. CEO인 루 거스너는 다양한 프로젝트를 적극적으로 수립했고, 거기에는 1996년 애틀랜타 올림픽에서 딥블루를 네트워크 운영을 위한 슈퍼컴퓨터 시스템으로 활용하는 방안도 포함되었다. 또한 실시간 기상 예보 시스템 프로젝트에 도전하면서, 딥블루의 성공을 넘어서겠다는 의지의 표명으로 슈퍼컴퓨터의 이름을 딥선더Deep Thunder로 명명했다.

만약 딥블루가 첫 게임을 따내면서 기업의 주가가 치솟고 엄청난 사회적 관심이 집중되지 않았더라면, IBM은 홍보를 위한 최고 자원인 딥블루의 잠재력을 실현함으로써 재대결을 펼치겠다는 생각을 애초에 하지 않았을 것이다.[1] 사람들은 딥블루가 첫 매치에서 패했다는 명백한 사실에 주목하지 않았다. 또한 내가 그 매치의 승자였다는 사실도 별로 중요하게 생각하지 않았다. 필라델피아 컨벤션센터에서 열린 첫 번째 매치는 1948년부터 ACM(미국컴퓨터학회)과 ICCA(국제컴퓨터체스협회)가 추진했던 과학 실험의 연장선상에 있었다. 딥블루는 매치에서 졌지만, 첫 게임을 따내면서 과학적 진보의 상징이 되었다. IBM은 놀라운 일을 해냈고, 합당한 인정을 받았다.

그러나 재대결에서는 모든 게 달라질 것이다. IBM의 부담은 더욱 커질 것이다. 그들은 아마도 포커 게임처럼 모든 것을 걸 것이다. 뉴욕에서 진정한 쇼를 만들어내기 위해 수천만 달러를 쏟아부을 것이다. 하지만 또 한 번 패한다면, 사회적 관심이 아무리 높다 하더라도 주주들에게는 돈 낭비로 보일 것이다. IBM은 첨단기술로 무장한 도전자가 아니라 패자로 기억될 것이다. 실제로 많은 이들이 토크쇼나 풍자만화를 통해 IBM의 도전을 조롱했다. 거스너에겐 세 번째 도전을 감행할 배짱이 남아 있을까? 딥블루가 나를 이길 수 있다고 하더라도 그리 가까운 미래는 아닐 것이다. 하지만 앞으로 몇 년 동안 과연 무슨 일이 벌어질지 누가 알겠는가?

그러나 나는 재대결을 둘러싼 이러저러한 이야기를 귀담아듣지 않았다. IBM의 목표는 단지 체스 챔피언을 꺾을 수 있는 컴퓨터를 개발하는 것이 아니었다. 그들이 진정으로 원했던 것은 나를 짓밟는 것이었다.

두 번째 문제점은 매치를 끝내고 내가 객관성을 잃어버리고 말았다는 사실이다. 앞서 언급했듯이 과거의 성공은 미래 성공의 적이다. 마지막 두 게임에서 딥블루를 손쉽게 제압하고 난 뒤, 나는 스스로의 능력을 과대평가하는 전형적인 실수를 저지르고 말았다. 물론 똑같은 상대와 재대결을 펼칠 것이므로 자만심은 크게 문제가 되지 않는다고 생각할 수도 있다. 그러나 그 상대가 컴퓨터일 경우 이야기는 달라진다. 딥블루 연구팀은 내가 승리를 통해 얻었던 것보다 패배를 통해 더 많은 것을 얻었다. 그들은 그때의 깨달음을 바탕으로 자신들의 강점을 극대화하면서 나의 약점을 집요하게 파고들 것이다. 또한 하드웨어의 결함을 보완하여 처리 속도를 두 배로 높일 것이다.

재대결에 일가견이 있는 체스 기사로 미하일 보트비닉을 꼽을 수 있다. 1946년 보트비닉은 세계 챔피언 알렉산데르 알레힌Alexander Alekhine의 사망 후 열린 1948년 세계 선수권 토너먼트 대회에서 우승을 차지함으로써 여섯 번째 세계 챔피언으로 등극했다. 소련 정부는 1950년대와 1960년대에 걸쳐 체스 세상을 지배하기 위해 많은 인재를 양성했고, 보트비닉은 그중 최고의 인물이었다. 나중에 그는 세계 챔피언십 매치가 아니라 재대결에 승리함으로써 챔피언 자리를 지킬 수 있었다고 스스로 인정했다. 보트비닉은 1951년에 열린 첫 번째 타이틀 방어전에서 다비드 브론스타인을 물리쳤다. 당시 세계 챔피언십은 도전자가 승리해야 타이틀을 가져갈 수 있도록 규정했기 때문에, 챔피언은 무승부만 기록해도 자리를 지킬 수 있었다. 3년이 흐른 1954년에는 바실리 스미슬로프Vasily Smyslov를 상대로 방어전을 치렀다. 그러나 스미슬로프는 그에게 벅찬 상대였고, 보트비닉은 결국 처음으로 챔피언 타이틀을 내주고 말았다.

그러나 보트비닉은 체스판 밖에서 많은 도움을 받았다. 당시 세계 챔피언십 규정은 챔피언이 방어전에서 패할 경우, 일반적인 3년 제한 기간 대신에 바로 그 이듬해에 자동적으로 재대결을 치르게끔 정하고 있었다. 이러한 재대결 규정은 소련 정부의 지원을 등에 업은 보트비닉과 같은 챔피언이 타이틀을 오랫동안 유지하기에 더없이 유리한 조건이었다. 물론 아무리 조건이 유리하다 하더라도 챔피언 자리를 지키기 위해서는 매치에 이겨야 한다. 그리고 1958년에 보트비닉은 그렇게 했다. 첫 세 게임을 연달아 이기면서 스미슬로프로부터 챔피언 타이틀을 되찾아왔다. 그러나 2년 뒤에 똑같은 일이 벌어졌다. 보트비닉은 스물세 살의 '리가의 마법사' 미하일 탈의 현란한 마술에 압도되고 말았고, 무려 4점 차이로 챔피언 타이틀을 또다시 빼앗기고 말았다.

50세의 보트비닉이 1년 후 재대결에서 이길 것이라 예상한 사람은 거의 없었지만, 그는 챔피언에 대한 과소평가가 탈의 실력보다 더 위험한 것임을 입증해 보였다. 재대결에서 보트비닉은 큰 차이로 승리함으로써 타이틀을 되찾았다.[2] 이후 그는 1963년에 티그란 페트로시안Tigran Petrosian에 또다시 패했지만, 이번에는 체스위원회가 기존의 재대결 규정을 폐지하면서 챔피언 자리에서 완전히 물러나야 했다. 나는 그것이 공정한 결정이었다고 생각한다. 게다가 재대결이 펼쳐졌다 해도 보트비닉이 열여덟 살의 신예를 꺾을 것이라는 데 내기를 걸 사람이 있었을까? 적어도 나는 아니었다.

그래도 보트비닉은 부지런히 활동을 이어나갔고, 내가 프로 기사로 성장했던 체스 스쿨을 설립했다. 또한 많은 시간을 들여 글을 쓰고, 실험적인 체스 프로그램 개발에 집중했다. 내가 보트비닉으로부터 배운 최고의 가르침은 아마도 1958년과 1961년의 재대결에서 스미슬로프와 탈을 상대로 거둔 승리였을 것이다. 그를 꺾은 상대가 1년 동안 영광의 시절을 만끽하는 동안, 보트비닉은 패인을 분석하면서 재대결 준비에 몰두했다. 그는 상대 선수에 대한 분석에만 몰두한 것이 아니라 자기 자신에 대해서도 냉철하게 평가했다. 탈과 스미슬로프의 약점을 발견하는 것만으로는 충분하지 않다고 판단한 보트비닉은 자신의 경기력을 향상시키고 결함을 찾기 위해 노력했다. 보트비닉만큼 자기 자신을 객관적으로 바라본 체스 기사는 드물다. 또한 보트비닉만큼 스스로를 정확하게 판단했던 기사도 드물다.

준비 과정에서 보트비닉은 자신이 패한 게임과 포지션을 놓고 훈련하고 분석하는 데 집중했다. 그는 상대의 발전을 저지할 수는 없지만, 자신의 결함은 얼마든지 보완할 수 있다는 사실을 이해했다. 물론 보트비닉이 직면한 상황은 나와는 달랐다. 보트비닉은 두 번의 세계 챔피언십 매치에서 패했다. 하지만 자만심은 그는 아니라 스미슬로프와 탈의 문제였다. 스스로의 실력을 향상시키기 위한 보트비닉의 노력은 분야를 막론하고 우리 모두에게 소중한 교훈을 준다.

냉철한 보트비닉은 챔피언십 매치에서 승리하자마자 자신을 깎아 내렸던 새로운 챔피언들로부터 동기를 부여받았다. 특히 1957년 매치를 마친 뒤 스미슬로프는 챔피언 타이틀을 향한 싸움이 드디어 끝이 났다며, 보트비닉에게 이제 무거운 챔피언의 왕관을 내려놓고 편안한 마음으로 체스를 즐기라는 말까지 했다. 그러나 보트비닉은 스미슬로프의 자만 속에서 기회를 엿보았다. 나중에 그는 이렇게 썼다. "자만하는 자는 노력이라는 올바른 마음가짐 속에 머무르지 않는다."[3] 나 역시 위대한 스승의 가르침에 귀를 기울였다면 참으로 좋았을 것이다.

정말로 그랬다면, 나는 첫 매치에서 내 플레이가 평범한 수준에 불과했으며, 마지막 두 게임에서 딥블루가 드러낸 약점 때문에 그러한 점이 가려졌을 뿐이라는 사실을 깨달았을 것이다. 딥블루 연구팀의 머리 캠벨은 딥블루가 실력을 발휘하지 못하도록 내가 가로막았다고 언급했다. 그건 분명히 나의 능력이었다. 하지만 그러한 사실은 딥블루 연구팀이 문제를 해결하기 위해 구체적인 목표를 세울 것임을 뜻하는 것이기도 했다. 쉬핑슝과 달리 실력 있는 체스 기사였던 캠벨의 언급은 꽤나 의미심장한 말이었다. 그는 깨달음을 얻는 좋은 패배와 똑같은 실수를 반복하는 나쁜 패배의 차이를 이해했다. 캠벨은 허무하게 무너졌던 여섯 번째 게임과 관련하여 뉴본에게 이렇게 말했다. "(카스파로프가) 딥블루의 장단점을 완전히 파악했다고는 생각하지 않습니다. 하물며 딥블루가 어떻게 다섯 게임 만에 그를 완전히 파악할 수 있었겠습니까? 카스파로프는 단지 우연히 좋은 수를 발견했고, 그게 먹혀들었던 겁니다."[4]

물론 나는 나의 승리가 단지 '우연'이라고는 생각하지 않는다. 그래도 캠벨의 주장에는 일리가 있었다. 다섯 번의 게임을 치르면서 나는 딥블루 역시 체스 컴퓨터의 보편적인 결함에서 자유롭지 않다는 확신이 들었다. 딥블루는 양쪽이 각각 얼마만큼의 영역을 장악하고 있는지 이해하지 못했다. 그 덕분에 나는 여섯 번째 게임에서 압승을 거두었다. 하지만 재대결은 달랐다. 내 예상이 어긋났다는 사실이 드러났을 때, 과거의 지혜는 오히려 내게 불리하게 작용했다. 다시 한번 테니스에 비유하자면, 나는 첫 번째 매치에서 상대가 백핸드에 약하다는 사실을 깨달았고, 그래서 이를 집중 공략했다. 그리고 재대결에서도 여전히 백핸드에 약할 것이라고 예상했다(정확하게 말해서, 공간 파악 능력에서 결함을 보일 것으로 예상했다). 그러나 재대결의 두 번째 게임에서 분명하게 보여주었던 것처럼, 딥블루는 과거의 단점을 거의 극복한 듯 보였다.

딥블루에 대한, 그리고 첫 번째 매치에 대한 나의 평가에서 세 번째 문제점은 인간과 기계의 차이에 관한 것이다. 그랜드마스터들 모두 저마다의 장단점을 갖고 있다. 세계 챔피언도 오프닝과 미들게임, 그리고 엔드게임에서 모두 강하지는 않다. 다양한 포지션 형태에 따른 편차가 그리 크지는 않지만, 그래도 때로 비일관적인 모습을 보인다. 즉 엔드게임에서 종종 약점을 드러내는 그랜드마스터도 때로는 아주 멋진 엔드게임을 펼쳐 보인다. 마찬가지로 오프닝에서 약점을 드러내는 그랜드마스터도 놀라운 노블티를 준비해서 상대의 오프닝 라인을 완전히 궤멸시키기도 한다. 반대로 뛰어난 전술가도 때로는 포지션 파악에 실수를 저지른다. 이러한 모든 장단점이 개별 기사의 레이팅에 반영되어 나타난다.

어떤 그랜드마스터의 레이팅이 2700이라고 할 때, 그에 상응하는 실력이 수많은 게임에 걸쳐 일관적인 형태로 드러난다. 아주 어린 기사나 편차가 심한 그랜드마스터를 제외하면 큰 이변이 일어날 가능성은 매우 낮다. 첫 번째 매치가 끝나고 딥블루의 레이팅이 2700 정도인지 묻는 질문에 나는 이렇게 대답했다. "아마도 그럴 겁니다. 하지만 어떤 포지션에서는 3100이고, 또 어떤 포지션에서는 2300으로 보입니다." 딥블루는 날카롭고 전술적인 플레이에서 나의 2800보다 훨씬 더 높은 레이팅 실력을 보여주었다. 이런 식의 설명은 상대적으로 약한 개인용 컴퓨터 기반의 체스 프로그램에도 그대로 해당한다. 동시에 딥블루는 계산 능력을 마음껏 발휘할 수 없는 폐쇄적인 포지션에서, 약한 인간 마스터도 애초에 고려하지 않을 낯설고 무의미한 수를 두었다. 딥블루의 평가 기능은 전반적으로 약했고, 첫 번째 매치의 몇몇 경우에서는 끔찍할 정도로 허술했다.

나는 딥블루의 성능이 1년이 약간 넘는 기간에 과연 얼마나 개선될지 제대로 예측하지 못했다. 예상대로 처리 속도가 빨라지면서 레이팅이 100점 정도 상승한다고 해도, 그것이 기존에 강한 포지션에 국한된 것이라면 큰 의미가 없을 것이다. 특정한 포지션 플레이에 도움이 된다고 하더라도, 빨라진 속도 그 자체로는 중대한 영향을 미치지 못한다. 또한 특정 포지션에서 실력이 2300에서 2400으로 오른 것이라면, 나는 똑같은 상황에서 게임을 더 유리한 방향으로 이끌어나갈 수 있을 것이었다.

그러나 내게는 아쉽게도 딥블루 연구팀은 이 점을 잘 알고 있었다.

딥블루 연구팀은 보트비닉의 제자였던 나와 달리 그가 재대결을 통해 남긴 교훈을 유념했고, 딥블루의 약점을 집중적으로 분석했다. 그들은 처음부터 딥블루의 평가 기능을 개선하는 작업에 힘을 쏟았다. 이를 위해 원래 계획보다 더 많은 그랜드마스터를 고용하고, 첨단 체스칩을 기반으로 시스템을 새롭게 했다. 또한 머리 캠벨과 조 호언은 새로운 소프트웨어를 개발해서 조율 과정을 더 효과적으로 개선했다. 연구팀은 스페인의 강력한 그랜드마스터인 미구엘 일레스카스Miguel Illescas를 영입하여 조엘 벤저민에 힘을 실어주고, 또한 딥블루와 훈련 게임을 통해 평가 기능을 향상시켰다. 쉬펑슝의 설명에 따르면, 그로부터 얼마 후 딥블루는 대략적으로 비슷한 프로세싱 파워를 기반으로 최고의 상업용 엔진을 모두 물리쳤다. 이 말은 곧 딥블루가 한층 더 스마트해졌음을 의미하는 것이다. 덕분에 나는 단지 속도만 빨라진 것이 아니라, 근본적으로 완전히 달라진 딥블루와 대적하게 되었다.

2월 필라델피아 매치가 끝난 뒤, 나는 IBM의 초청으로 필라델피아 본사 건물을 방문했다. 프레데리크 프리델과 나의 새로운 미국 에이전트인 오언 윌리엄스가 나와 동행했다. IBM이 친목 차원에서 열었던 초청 행사에서 우리는 재대결에 관해 논의했고, 딥블루와 나의 분석을 바탕으로 한 강연 시간도 있었다. 딥블루 연구팀은 그리 좋은 아이디어를 내놓지 못했다. 나는 몇 번의 위험한 순간에 대해 설명했다. 사실 나는 이번 초청 행사를 공동 과학 실험의 차원에서 임했다. 당연하게도 카르포프를 위해 나를 이길 전략을 공개할 일은 없었다! 거기서 나는 중국 등 IBM의 몇몇 해외 지역 연구소와 원격으로 대화를 나누었다. 사실 나는 그러한 노력이 협력관계를 위한 첫 단계라고 생각했다. 이러한 과정을 통해 상호 신뢰가 쌓이길 바랐다.

몇 달 후 우리는 재대결의 대략적인 시점과 방향에 대해 다시 논의했다. 그리고 1997년 5월 초에 뉴욕에서 여섯 게임 방식의 매치를 갖기로 합의했다. 세부 사항에 대한 논의는 그해 계속해서 이어졌고, 상금을 포함한 구체적인 사안에 대한 합의가 최종 마무리되었다. 총상금은 두 배 높아진 110만 달러였고, 그중 우승자의 몫은 70만 달러로 정해졌다.

상금 분할이 다소 보수적인 방식으로 결정되자, 이번에는 내가 자신이 없는 게 아니냐는 이야기가 나왔다. 첫 번째 매치에서 나는 승자독식을 주장했고, 결국 총 50만 달러에 대한 4 대 1 분할로 결정되었다. 물론 나는 자신감이 넘쳤지만, 사실 그들의 분석도 완전히 틀린 것은 아니었다. 재대결에서 내가 주목한 것은 상금이 아니었다. 그때만 하더라도 나는 시범 경기를 통해 더 쉽게 돈을 벌 수 있었다. 또한 아주 짧은 매치에 많은 상금이 걸려 있었던 만큼 위험을 분산하는 방식도 괜찮은 선택이라고 생각했다. 두 번째 매치에서 패해도 첫 번째 매치의 우승만큼 돈을 받을 수 있다는 생각은 보험의 관점에서 나쁘지 않은 선택이었다. 물론 나는 자신이 있었지만, 승부가 단 여섯 게임 만에 갈린다는 사실을 잘 인식하고 있었다. 사실 나는 시동이 늦게 걸리는 편이다. 카르포프를 상대로 세계 챔피언십 매치를 다섯 번 치르는 동안, 여섯 번째 게임이 끝난 시점에서 내가 이기고 있었던 적은 1990년 대회 단 한 차례에 불과했다. 나머지 네 번의 매치에서는 항상 뒤처져 있었다. 그중 한 번은 여섯 게임 후에도 뒤처져 있었지만, 이후 두 번의 승리와 한 번의 무승부로 결국 매치를 따냈다(우리의 첫 매치는 0 대 5까지 갔다가 3 대 5로 만회하고 난 뒤 중단되었다).

1996년은 내게 개인적으로도 직업적으로도 바쁜 한 해였다. 많은 변화가 있었고, 그래서 재대결 협상과 매치 준비에 정신을 집중하지 못했다. 다른 일들 때문에 체스에 집중하지 못한 것인지, 아니면 체스 때문에 다른 일에 집중하지 못했던 것인지 잘 모르겠다. 오언은 다양한 체스 행사와 웹사이트를 통해서 이번 재대결을 IBM과의 대규모 프로젝트로 발전시키고자 했다. 인텔이 PCA 후원을 중단한 이후로 나는 새로운 후원사를 찾지 못했고, 결국 그해 8월 제네바에서 열린 그랑프리 대회에서는 크레디트 스위스와 손을 잡았다. 그로부터 한 달 뒤 나는 아르메니아 예레반에서 열린 체스 올림피아드에서 러시아 팀을 이끌고 우승을 차지했다. 그해 말에는 라스팔마스에서 열린 역사적으로 가장 강력한 토너먼트 중 하나로 평가받는 대회에서 우승을 차지했다. 나는 최고의 라이벌들을 물리쳤다. 그래도 그해 나의 가장 큰 '승리'는 10월에 태어난 아들 바딤이었다.

실험은 끝났다

매치를 앞두고 IBM과의 관계는 나의 예상과 다른 방향으로 흘러가고 있다는 사실이 드러났다. ACM이 주최했던 첫 번째 필라델피아 매치에서의 우호적이고 개방적인 분위기가 완전히 사라졌다. 처음부터 끝까지 IBM이 모두 책임을 지게 되면서, 친근한 관계는 경쟁과 심지어 적대적인 관계로 대체되었다. 그동안 내가 언론 기사와 IBM

의 발표에 관심을 기울였더라면, 그렇게까지 놀라지는 않았을 것이다. 8월에 딥블루 프로젝트 매니저인 C. J. 탄은 《뉴욕타임스》에 퉁명스럽게 이렇게 말했다. "더 이상 과학 실험을 할 생각은 없습니다. 이번에는 체스에 집중할 것입니다."[5]

물론 나는 순진한 사람은 아니었다. 이미 소련 정부의 정치 책략과 심리전의 세상에서 수많은 대결을 치른 바 있다. 카르포프와의 초기 대결에서는 소련의 그랜드마스터 체스 선수는 물론 회의실에서 수많은 소련의 그랜드마스터 관료들과 맞서야 했다. 뉴욕에서 벌어질 매치의 분위기가 쇼핑의 왈츠에서 차이콥스키의 행진곡으로 바뀔 것이라는 사실을 진즉에 알았더라면, 나는 주저 없이 그에 따라 나의 태도를 바꾸었을 것이다. 하지만 당시 그건 쉬운 일이 아니었다. IBM은 나의 체스 상대일 뿐만 아니라 초청자이자 주최자였으며, 매치의 후원자였기 때문이다. 나는 여기서 한 발 더 나아가 그들이 나의 파트너가 되어주기를 바랐다.

이러한 이유로 나는 다른 사람들(특히 내 에이전트)의 예상보다 훨씬 낮은 상금 조건에도 재대결을 수락했다. 나는 IBM이 약속한 미래의 협력관계를 믿었다. 1996년에 IBM 본사를 방문해 부사장을 만났을 때, PCA 그랑프리 대회의 후원자로 나서겠다는 확답까지 받았다. 게다가 웹 포털과 전시회, 그리고 체스와 함께 IBM의 기술력을 홍보하기 위한 대규모 협력 프로젝트를 계획하고 있다는 말도 들었다. IBM은 나를 만나기 위해 모스크바까지 찾아왔고, 나와 친분이 있는 인사들을 보내 '클럽 카스파로프'라는 이름의 웹사이트 출범에 대해 논의했다. 그러한 IBM의 의지를 의심할 아무런 이유가 없었다. 적어도 대규모 프로젝트와 관련된 내용이 몽땅 빠진 채로 계약을 맺기 전까지는 그랬다. 그때 IBM 관계자는 예산을 담당하는 광고부서의 승인이 나지 않았으니 일단 매치를 진행하자고 했다. 그 순간 나는 이번 재대결이 그야말로 대결이 될 것임을 처음으로 예감했다. 재대결 동안 C. J. 탄을 비롯한 여러 IBM 인사들이 미래의 협력관계에 대해 언급하기는 했지만, 그건 그저 듣기 좋은 소리에 불과했다.[6]

또 한 번의 위대한 혁신을 기대하며 많은 시간과 노력을 투자한 나로서는 무척이나 실망스러운 반전이었다. 나는 1989년 딥소트와의 대결을 시작으로 참여했던 역사상 가장 긴 과학 실험에 대해 처음으로 배신감을 느꼈다. 그때 나는 IBM 연구팀을 만나서 그들이 보여준 열정과 꿈에 강한 인상을 받았다. 우리는 서로를 존중했고, 그렇게 필라델피아에서 첫 번째 매치를 가졌다. 그러나 재대결이 가까워지면서 나는 IBM이 상호 존중과 협력관계를 원치 않는다는 사실을 분명히 깨닫게 되었다. 그들이 원하는 것은 오직 나를 짓밟는 것이었다.

IBM이 반복해서 상기시켜주었던 것처럼 나는 이미 오래전에 매치 규정에 동의했다. 그랬기 때문에 그들이 합의된 규정을 엄격하게 적용한다고 해서 불만을 제기할 수 없었다. 그 한 가지 사례로, 나는 신형 딥블루의 과거 게임 데이터를 요구했다. 첫 번째 매치의 경우, 비록 그 자료가 많지는 않았지만 누구든 자유롭게 열람할 수 있었다. 하지만 이번 재대결에서 내 요청에 대한 IBM의 답변은, 딥블루는 대회에 참가한 적이 없고 앞으로도 그럴 계획이 없다는 것이었다. 실제로 IBM은 그해 딥블루를 다분히 의도적으로 공식 대회에 출전시키지 않았다. 하지만 우리는 벤저민과 일레스카스를 비롯한 여러 체스 기사들이 딥블루와 연습 게임을 하고 있다는 사실을 알고 있었다. 게다가 우리가 생각했던 것보다 훨씬 많은 그랜드마스터들이 딥블루 프로젝트에 참가했다는 사실을 한참 시간이 흘러서야 알게 되었다. PCA는 나 때문에 해체의 위기에 직면했던 반면, IBM은 많은 그랜드마스터에게 일자리를 제공해주었다. IBM은 내부적인 연습 게임은 공식 대회가 아니므로 매치 규정에 따라 데이터를 공개할 의무가 없다고 했다. 결국 내가 매치 전에 확인할 수 있는 게임 자료는 하나도 없었던 것이다.

매치 전에 가진 기자회견에서 내가 이 문제를 제기하자, 탄은 나에게 다른 컴퓨터와 가졌던 모든 연습 게임을 공개해야 할 것이라고 요구했다. 하지만 나는 작년 토너먼트에서 수십 회 게임을 치렀고, IBM은 얼마든지 관련 데이터를 확인할 수 있었다. 나는 프리츠나 HIARCS 같은 체스 컴퓨터와 했던 모든 훈련 게임 데이터를 기꺼이 보내줄 용의가 있다고 답했다. 그러나 IBM은 아무런 반응이 없었다. 그렇게 딥블루는 첫 게임이 시작될 때까지 완전한 블랙박스로 남아 있었다.

일정과 관련해서도 나는 또 한 번 양보를 했다. 나는 내게 소중한 휴식 시간이 딥블루에게는 아무런 의미가 없다는 사실을 잘 알고 있었다. 또한 필라델피아 매치를 치르는 동안 컴퓨터를 상대로 클래식 게임을 치르는 것이 얼마나 고된 일인지 분명히 깨달았다. 그럼에도 나는 마지막 게임 전에 하루 휴식이 필요하다는 주장을 끝까지 고수하지 못했다. 결국 네 번째 게임을 마치고 이틀을 내리 쉬는 일정에 동의하고 말았다. 이로 인해 주말에 다섯 번째와 여섯 번째 게임을 연달아 치러야 했다. 그 결정은 아마도 시청률과 언론의 관심을 높이기 위한 선택이었을 것이다. 그러나 그게 내게는 치명적인 실수였음이 드러났다.

기자회견장에서 나는 그동안의 과학 실험이 모두 끝났으며, 더는 선의의 경쟁도 없다는 사실을 다시 한 번 깨달았다. 첫 번째 매치 때처럼 함께 식사를 하거나 게임에 대해 이러저러한 이야기를 나누는 일도 없었다. IBM에 대한 나의 신뢰는 그저 순진한 기대에 불과했던 것이다. 나는 그 사실을 갑작스럽게 깨달았다. 매치에서 지면 어떻게 할 것인지 묻는 질문에 나는 이렇게 대답했다. "그러면 공정한 조건에서 또 한 번 대결을 해야겠죠." 그때는 좀 무례한 질문이라 생각했지만, 돌이켜보면 당시 분위기는 이미 나의 패배 쪽으로 흘러가고 있었다. 게임 규정과 다양한 조건에 대한 합의를 너무 안이하게 생각했던 것이다. 그런 나 자신에 짜증이 났다. 첫 번째 매치가 끝나고 나는 큰 변화를 느끼지 못했다. 그러나 재대결을 앞두고서는 은밀하고 적대적인 낯선 분위기가 어떤 방식으로든 게임에 영향을 미치지 않기를 바라는 마음이었다.

사실 그것도 나의 착각이었다. IBM의 목표는 분명했다. 그들은 이번 매치에 사활을 걸었다. 그러나 딥블루 연구팀은 많은 투자에도 불구하고 레이팅을 2820대로 끌어올렸다고 확신하지 못했고, 재대결이 시작되기 직전까지도 평가 수정 시스템과 오프닝북 개선 작업을 마치지 못했다. 그래도 내가 제대로 실력을 발휘하지 못할 가능성은 언제나 있었다. 그럴 경우 딥블루는 2800 정도의 레이팅으로도 얼마든지 나를 이길 수 있었다. 그렇게 게임 속의 게임이 시작되었다.

9

DEEP THINKING

딥블루에게 칵테일을!

◆

첫 번째 게임에서 "몇몇 의심스러운 수"를 두었던

딥블루가 어떻게 두 번째 게임에서

"그야말로 천재적인" 플레이를

보일 수 있었는지 물었을 때,

C. J. 탄은 기자들을 향해 이렇게 외쳤다.

"딥블루에게 칵테일을!"

그러자 장내에서 박수갈채가 이어졌다.

승리의 커튼콜은 그렇게 끝났다.

◆

두 번째 매치 동안 IBM은 맨해튼의 중심가에 위치한 에퀴터블센터 건물의 여러 층을 사용했다. 딥블루의 메인 시스템은 펜타곤을 방불케 하는 엄격한 보안 시스템이 갖춰진 방 안에 설치되었다. 뉴본의 설명에 따르면, 만약의 사태에 대비해 요크타운하이츠와 에퀴터블센터에 백업 시스템을 가동하고 있었다. 두 번째 매치에 모습을 드러낸 딥블루는 지난번보다 속도가 두 배 빨라진 신형 슈퍼컴퓨터를 기반으로 하고 있었다. 새롭게 개선된 480개의 체스칩을 탑재한 슈퍼컴퓨터는 최대 성능에서 초당 2억 개의 포지션 검색이 가능했다.

　나중에 나는 신형 딥블루가 연습 게임에서 구형 딥블루를 3 대 1로 꺾었다는 기사를 읽었다. 그러나 그 기사를 재대결 이전에 읽었다고 해도 큰 의미는 없었을 것이다. 체스 프로그램이 전혀 개선되지 않았다고 해도, 하드웨어 속도가 두 배 빨라졌다면 마땅히 체스 실력도 향상되었을 것이다. 하지만 컴퓨터가 다른 컴퓨터를 상대로 강한 실력을 발휘했다고 해서 그랜드마스터에게도 그대로 통할 것이라 장담할 수는 없다.

게임을 치르게 될 작은 방에는 VIP용 의자 열다섯 개가 빙 둘러 있었다. 관중석은 다른 층의 큰 공간에 따로 마련되어 있었다. 거기서 500명의 사람들이 자리에 앉아 커다란 비디오 화면을 보면서 생중계를 들을 수 있었다. 주 해설은 미국의 그랜드마스터인 야서 세이라완 Yasser Seirawan 과 모리스 애슐리 Maurice Ashley, 그리고 컴퓨터 체스 전문가인 마이크 밸보 Mike Valvo 가 맡았다. 또 다른 해설자로 프리츠 4가 있었다. 어쨌든 컴퓨터의 입장을 대변하는 해설도 하나쯤은 있어야 하니까!

예상대로 관중은 대부분 나를 응원했다. 이러한 모습은 IBM 연구 팀에게 어색한 상황이었다. 이번 매치는 처음부터 끝까지 IBM 행사였지만, 관중은 그들의 경쟁자를 지지했다. 그나마 IBM에게 다행스러운 소식은 그들의 출전 선수가 홈그라운드 어드밴티지나 관중의 응원에 전혀 개의치 않는다는 사실이었다.

매치가 시작되기 며칠 전, 우리 팀은 게임 장소와 게임을 하는 동안 사용하게 될 시설을 둘러보았다. 휴게실이 너무 멀리 떨어져 있어서 가까운 곳으로 옮겨달라는 요청을 했다. 일반적으로 휴게실은 게임 중에 가벼운 음료나 스낵을 섭취하거나 게임의 속도를 조절하기 위한 공간이다. 딥블루가 게임을 하려면 수천 와트의 전력이 필요했다. 반면 내 두뇌는 20와트 정도면 충분했고, 바나나와 초콜릿으로 쉽게 얻을 수 있었다. 나는 인간과 기계의 대결에서 경기장을 평등하게 조율하는 것과 관련하여 나중에 들었던 흥미로운 개념, 즉 에너지 형평성 energy equality 으로부터 그런 생각을 하게 되었다. 즉 체스 컴퓨터가 인간과 동등한 에너지로 게임을 치르기 위해서는 에너지 효율성에서 획기적인 개선이 이루어져야만 한다는 것이다.

다음으로 우리 팀이 사용할 공간을 확인하고는 깜짝 놀랐다. IBM 및 오언의 설명과 달리, 우리 팀에게는 별도의 방이 배정되지 않았다. 그래서 팀원들은 기자 대기실이나, 혹은 두 좌석만 허락된 관중석에서 나의 어머니와 번갈아가며 앉아 있어야 했다. 나중에 생각해도 도무지 납득할 수 없는 부분이었다. IBM은 사소한 요청도 즉각 처리해주지 않았다. 나는 세계 챔피언으로서 어떤 대회에서나 최고의 대우를 받는 데 익숙해져 있었다. 바비 피셔가 그랬던 것처럼, 경기장 시설과 관련하여 이러저러한 요구를 하는 것은 챔피언의 권리이자 의무다. 챔피언의 요구가 다른 대회와 선수에게 기준이 되기 때문이다. 자잘한 실수와 소동은 그냥 넘겨버릴 수도 있지만, 반복될 경우 심각한 문제가 될 수 있다.

재대결 매치에 대해 본격적으로 설명하기에 앞서, 당시 대회장 분위기와 준비 상황의 문제점을 지적하는 것이 딥블루 연구팀을 비난하려는 의도는 아니라는 점을 미리 밝혀두고자 한다. 어쨌든 그들은 매치의 참가자이자 IBM 직원이었다. 그래서 내가 하는 요구나 이의제기를 적극적으로 받아들이기 힘들었을 것이다. 앞서 밝혔듯이, 컴퓨터 세상의 체스 챔피언을 창조한 프로그래머와 트레이너들에게서 인간 챔피언과 같은 자만은 찾아볼 수 없었다. 그래도 그들은 나의 치열한 경쟁자였고, 그 때문에 그들을 비난할 수는 없다. 주로 C. J. 탄이 나서서 여러 가지 문제를 처리해주기는 했지만, 전반적으로 딥블루 연구팀은 기자회견이나 인터뷰 자리에서 강력한 대결 의지를 드러냈다. 그때까지 나는 이미 일곱 차례 세계 챔피언십 매치를 치른 베테랑이었고, 점점 더 과열되는 심리전 양상을 진정시키지 못하면 내게 불리할 것이라는 사실을 알고 있었다. 하지만 오랜 경험 없이 IBM 홍보팀의 요구로 전선에 뛰어든 캠벨, 호언, 쉬펑슝은 아마도 내가 그들을 미워하고 있다고 여겼을 것이다. 어쩌면 조금은 그런 마음이 들었는지 모른다. 하지만 이 같은 분위기는 IBM이 주최 측과 참가자의 역할을 동시에 맡으면서 빚어진 문제 중 하나였다.

상대를 알 수 없다는 것

이번 재대결에서 첫 번째 게임은 아마도 1972년 피셔-스파스키 매치의 첫 게임 이후로 가장 많은 주목을 받았을 것이다. 사람들은 잡지 표지와 버스정류장 광고, TV 토크쇼 등을 통해서 그 게임 소식을 듣지 않으려야 않을 수 없었다. 취재진이 너무 많이 몰려드는 바람에 기자 대기실을 더 큰 장소로 옮겨야 했다. 처음에는 나도 그러한 분위기를 즐겼다. 그러나 시합이 다가오면서 마음을 진정시키려 했지만, 압박감은 쉽게 떨쳐버릴 수 없었다. 나는 유리와 마이클, 프레데리크와 함께 중대한 위험을 무릅쓰는 대신 보편적인 전략을 활용하여 신형 딥블루에 대해 최대한 많은 정보를 알아내는 접근방식을 택했다. 그 이전의 세계 챔피언십 매치는 보통 몇 주 혹은 몇 달 동안 계속되었다. 그렇게 열여섯 게임이나 스물네 게임을 치르는 동안 다양한 아이디어를 시도해볼 여유가 있었다. 하지만 이번 매치는 여섯 게임으로 끝나기 때문에 단 한 번만 실수를 저질러도 회복 불가능한 치명적인 잘못이 될 수 있었다.

재대결이 열리기 몇 달 전, 나는 한 인터뷰에서 이렇게 밝혔다. "첫 번째 매치에서 딥블루는 어떤 포지션에서는 대단히 강했지만 다른 포지션에서는 형편없었습니다. 그리고 그 사이에 수많은 포지션이 자리 잡고 있습니다. 전반적인 예측은 가능하지만, 항상 돌발변수에 주의해야 하죠."

나는 뉴욕에서 일주일 동안 IBM 연구팀으로부터 그들이 어떻게 딥블루의 성능을 개선했는지에 관한 설명을 들었다. 놀랍게도 그 자리에서 여러 명의 미국 그랜드마스터를 만날 수 있었다. IBM은 그랜드마스터와 협력한 적이 없다고 밝혔지만, 우리는 세 번째 게임을 치르는 동안 여러 그랜드마스터들이 IBM 연구팀과 함께 호텔에 묵었다는 사실을 확인할 수 있었다. 나중에 《뉴욕타임스》는 그들이 IBM에 고용된 신분이었음을 확인해주었다.

여러 놀라운 이야기와 마찬가지로, 그러한 사실은 IBM이 이번 매치를 전면전으로 생각하고 있음을 분명하게 보여주는 것이었다. 일반적으로 프로 기사와 그 팀원들은 중요한 매치를 앞두고 보안에 각별히 신경 쓴다. 상대가 누구와 트레이닝을 하고 있는지만 보고도 그가 어떤 오프닝을 들고 나올지 대충 짐작할 수 있다. 예를 들어 상대가 방어 전략에 뛰어난 고수와 함께 훈련하고 있다면, 시실리안 디펜스를 예상할 수 있다. 내가 딥블루 연구팀이 세계적인 컴퓨터 과학자들과 함께 일하는 모습을 목격했다면, 그들이 하드웨어 속도를 개선하는 작업에만 몰두하고 있다고 안심했을 것이다. 앞서 설명했듯이, 딥블루가 전술적 포지션에서 3100대에서 3200대로 올라가는 것은 큰 문제가 아니다. 전술적 포지션은 얼마든지 피할 수 있기 때문이다. 반대로 그들이 여러 명의 그랜드마스터와 함께 훈련하고 있다면,

딥블루에게 체스 전략을 가르치고 있는 것이다! 딥블루 연구팀이 포지션 평가 기능을 2500대의 그랜드마스터 등급으로 끌어올리는 데 성공한다면, 컴퓨터와의 대결에 특화된 전략들은 거의 무용지물이 되고 말 것이다.

IBM이 거대한 트레이닝 팀을 기반으로 훈련을 했다는 사실은 곧 오프닝북 연구에 상당한 시간을 투자했다는 의미다. 세계 챔피언십 매치를 준비할 때면, 나는 몇 달 동안 팀원들과 함께 상대 선수와 팀에 대해 연구를 했다. 그러나 정작 게임이 시작되면 나와 상대방, 그리고 그동안 훈련했던 오프닝에 대한 기억만이 남았다. 딥블루는 그랜드마스터 트레이너들이 입력했던 수많은 오프닝 라인을 잊어버릴 염려는 하지 않았을 것이다.

기억의 문제 역시 인간과 기계의 대결에서 드러나는 까다로운 비대칭 요소 중 하나다. 일단 게임 규칙에 합의했다면, 이 문제를 해결하기 위해 할 수 있는 일은 없다. 나는 뉴욕 매치로부터 많은 것을 깨달았고, 이후 경기장을 평평하게 만들기 위한 엄격한 규정을 제안했다. 예를 들어 게임 사이에 컴퓨터 프로그램에 변화수를 추가하고 수정할 수 있는 범위를 제한하고, 혹은 부족한 공식 게임 데이터를 보완하기 위해 최신 버전의 체스 프로그램을 단기간 대여하는 방식을 제안했다(딥블루와의 재대결에서 세 페이지 분량이었던 게임 규칙이 컴퓨터와의 다음 번 매치에서 여섯 페이지로 늘어났다. 진화하는 것은 컴퓨터만이 아니다).

그 밖에 다양한 규정을 마련함으로써 또 다른 비대칭 요소인 공정성과 보안의 문제점도 해결할 수 있다. 가령 게임 도중에 컴퓨터가 고장을 일으키거나 문제가 발생할 경우 인간 상대에게 그 사실을 즉각 알려야 하는가? 그러한 행동은 인간 기사에게 혼란을 줄 수 있지만, 그렇다고 해서 알리지 않는다면 선수는 컴퓨터 관리자가 왜 갑자기 키보드를 두드리는지, 혹은 왜 정신없이 돌아다니며 다른 팀원과 이야기를 주고받는지 추측을 해야만 할 것이다. 또한 컴퓨터 관리자뿐만이 아니라 게임에 관여한 모든 사람이 컴퓨터와 주고받은 세부적인 커뮤니케이션 내역을 기록으로 남겨야 한다.

홍콩에서 있었던 매치를 떠올려보자. 프리츠가 고장 났을 때, 뉴욕에 있던 연구원들이 원격으로 딥블루를 재부팅하지 않았던가? 하지만 원격조종과 다중 백업 시스템으로 인해 컴퓨터에 대한 인간의 개입은 더욱 감시하기 힘들어진다. 그래서 더 높은 기술적 전문성과 광범위한 접근성이 요구된다. 그러나 우리 팀은 뉴욕 매치를 준비하는 과정에서 이와 관련한 문제가 집중력을 방해할 수 있다는 점에 대해 주의 깊게 고민하지 않았다. 그리고 어리석게도 이번 매치 역시 필라델피아처럼 투명하고 우호적인 분위기에서 진행될 것이라고 기대했다.

모든 문제를 형평성의 원칙에 따라 처리하고, 평온한 게임 분위기를 유지하기 위한 엄격한 규정이 필요하다. 특히 기사들이 최고의 실력을 발휘할 수 있도록 편안한 분위기를 마련하려는 노력은 필수적이다. 물론 신뢰와 투명성이 확고하게 자리 잡고 있다면, 세부적인 규정은 그리 중요하지 않다. 다른 컴퓨터들과의 대결에서처럼 세부적인 규정으로도 해결할 수 없는 문제는 언제든 일어나기 마련이다. 스스로 제어 불가능한 문제로 부당하게 불이익을 겪을 때도 있다. 가령 지속적인 정전 사태로 컴퓨터가 실격 처리를 당한다면 어떻겠는가? 이는 분명히 부당한 판결이다. 다른 한편으로 집중력을 잃어버린 상태에서 언제 게임이 재개될지 알지 못한 채 마냥 기다려야 하는 인간 선수는 어떤가?

매치가 시작되기 며칠 전까지도 딥블루의 실력은 베일에 싸여 있었다. 게임 자료에 대한 요청을 거절당하면서 기분이 좋지 않았다. 무엇을 기준으로 준비해야 할 것인가? 필라델피아 매치의 여섯 게임은 신뢰할 만한 표본으로 삼기에 데이터가 너무 빈약했다. 특히 내가 노출한 약점에 대해 정확한 해결책을 마련하기에 턱없이 부족했다. 어쩔 수 없이 초반 몇 게임을 치르면서 딥블루의 실력을 가늠해보는 수밖에 없었다. 이 말은 곧 평소보다 더 신중하게 게임에 임해야만 한다는 뜻이었다. 이는 전술적 포지션이 아닌 조용한 포지션으로 게임을 몰아가고자 했던 나의 전반적인 전략과 조화를 이루는 것이었다.

IBM 연구팀을 제외하고 대부분의 사람들이 나의 승리를 예상했다. 데이비드 레비나 야서 세이라완 같은 전문가들은 내가 이미 이전 매치에서 충분한 경험을 쌓았기 때문에 4 대 2보다 더 압도적인 차이로 승리할 것으로 내다보았다. 나도 이전 매치만큼 자신감이 넘쳤다. 뭐가 문제란 말인가? 어떤 스포츠맨이 패배를 예상하고 경기에 임한단 말인가? 나는 정말로 자신이 있었다. 1년 남짓한 시간 동안 딥블루의 성능을 개선하기에는 뚜렷한 한계가 있을 것으로 보였다. 그러나 자신감에서 내게 뒤지지 않았던 IBM의 탄 역시 이번 매치에서 딥블루가 '압도적' 승리를 거둘 것이라고 장담했다.

5월 1일 에쿼터블센터에서 게임 순서를 결정했다. 세계 챔피언십 매치는 오랜 전통에 따라 첫 게임에서 백을 잡을 쪽을 정하는 의식을 치르고, 일반적으로 대회 주최 측이 지역의 색채를 가미하는 방식으로 이루어진다. 특별한 아이디어가 없는 경우 한 선수가 흑백의 폰을 양손에 나눠 쥐면, 다른 선수가 손을 선택하는 방식으로 결정된다. 손에서 흰색 폰이 나왔다면, 그 손을 선택한 기사가 백을 잡게 된다. 그걸로 끝이다. 오랜 세월에 걸쳐 나는 여러분이 상상할 수 있는 다양한 형태의 추첨 의식에 참여했다. 공으로 추첨할 때도 있었고, 동물이나 댄서 혹은 마술사가 등장한 경우도 있었다. 1989년 스웨덴 셸레프테오 토너먼트에서는 열여섯 개의 금괴가 놓여 있었다. 선수들은 금괴를 뒤집어 바닥에 붙어 있는 숫자로 자신의 대진 순서를 확인했다. 그런데 선수들은 금덩어리의 무게 때문에 뒤집는 데 애를 먹었다. 나는 한 손으로 가뿐히 금괴를 들어올리려고 했지만, 결국 포기하고 다른 선수처럼 양손으로 뒤집어야 했다. 하지만 나보다 나이가 두 배나 많은 헝가리 그랜드마스터 라요시 포르티슈Lajos Portisch는 아무 일 아니라는 듯 한 손으로 번쩍 들어올렸다. 2002년 뉴욕 타임스 스퀘어에서 카르포프와 래피드 매치를 벌였을 때, 유명 마술사이자 체스 애호가인 데이비드 블레인이 추첨을 맡았다. 그는 전통적인 방식대로 두 개의 폰을 양손에 쥐었다. 하지만 그가 손을 폈을 때 폰은 모두 감쪽같이 사라져 있었다!

재대결 매치에서 나는 C. J. 탄과 함께 흰색과 검은색 뉴욕 양키스 야구 모자가 들어 있는 두 개의 상자 앞에 섰다. 하지만 그다지 흥미진진한 광경을 연출하지는 못했다. 어쨌든 나는 하나를 선택했고, 그 안에 흰색 모자가 들어 있었다. 인류의 수호자에게 잘 어울리는 색깔이 아니던가! 첫 번째 매치와 반대로 이번에는 내가 백을 잡고 게임을 시작하게 되었다. 적어도 이론적으로는 유리한 선택이 아니었다. 전반전 세 게임에서 딥블루의 성향을 파악한 뒤, 후반전 세 게임에서 두 번 백을 잡고 매치를 승리로 이끌어갈 구상을 했기 때문이다. 첫 번째 매치에서 확인했던 것처럼, 매치 스코어에 따라 마지막 게임에서 백을 잡는 것이 전술적으로 유리했다. 백을 잡게 될 마지막 게임을 앞두고 동점이나 이기고 있는 경우, 상대에게 엄청난 심리적 압박을 가할 수 있다. 게다가 나는 초반에 신중한 오프닝으로 백의 이점을 충분히 발휘하지 못하는 성향이 있기 때문에, 흑으로 시작하는 쪽을 선호했다.

불붙은 체스판

드디어 결전의 날이 밝았다. 수백 명의 기자들이 취재를 위해 모여들었고, 관중석은 인파로 가득했다. 나는 쉬펑슝과 악수를 나누고 자리에 앉았고, 플래시 세례가 쏟아지는 동안 어수선한 마음을 다잡기 위해 노력했다. 자세를 갖추자 평온한 마음이 들었다. 다행스럽게도 인류의 수호자라는 부담은 느껴지지 않았다.

첫 번째 매치에서 백을 잡았을 때 매번 그랬듯이, 나는 킹 쪽의 나이트를 f3으로 옮기면서 게임을 시작했다. 이는 양측의 많은 기물 교환을 허용하는 탄력적인 수로서 상대의 반응을 살펴보기에 좋다. 그러나 '컴퓨터와의 대결에 특화된' 수로서, 사실 나는 그때나 지금이나 별로 좋아하지 않는다. 물론 나는 보르헤스의 바벨 도서관만큼이나 무한한 데이터에 접근할 수 있는 컴퓨터를 상대로 카르포프나 아난드에게 했던 것처럼 날카로운 오프닝을 펼쳐 보이고 싶은 마음이 더 컸다.

그래도 현실적인 선택이 필요했다. 나는 이기고 싶었다. 순간적인 화려한 불꽃으로 사라지고 싶지 않았다. 나는 이전에 더욱 약한 체스 프로그램과의 연습 게임을 통해서 인간 선수에게 효과적이었던 날카로운 포지션이 컴퓨터에게는 먹히지 않을 수 있다는 사실을 깨달았다. 나는 신중한 오프닝을 원했다. 그날 나는 세상의 모든 그랜드마스터들로 이루어진 팀을 상대해야 했다. 그러나 딥블루를 상대로 나의 메인 라인을 그대로 따라가기에는 두 가지 중대한 문제가 있었다.

첫째, 오프닝북 데이터베이스나 내 기억에 절대적으로 의존해서 오프닝을 전개할 경우, 자칫 딥블루로 하여금 강점을 보이는 미들게임으로 곧장 직행하도록 허용할 위험이 있었다. 딥블루가 카르포프의 라인을 기계적으로 따라간다고 해서, 20수를 똑같이 전개하도록 내버려둘 이유가 무엇이란 말인가? 한번은 프레데리크가 내게 상업용 오프닝북을 보여준 적이 있었다. 거기서 일부 변화수는 대단히 깊어서 실질적으로 엔드게임으로까지 그대로 이어지고 있었다. 딥블루가 정말로 세계 챔피언처럼 플레이를 펼칠 수 있다면, 나는 그 컴퓨터가 다른 게임을 그대로 재현하는 것이 아니라, 스스로의 생각을 통해 실력을 입증하도록 만들고 싶었다. 또한 딥블루를 가능한한 빨리 오프닝북에서 끄집어내어 계획 수립이나 전략적 플레이에서 드러나는 딥블루의 약점을 집중 공략하고자 했다. 게다가 오프닝 포지션이 내게 유리한 방향으로 전개되지도 않았다. 앞서 수차례 그랬던 것처럼, 나중에 다시 메인 라인으로 돌아온다고 해도 그 과정에서 딥블루의 성향을 충분히 파악할 수 있을 것이었다.

둘째, 내가 선호하는 다양한 오프닝은 날카롭고 열린 포지션으로 이어진다. 이는 딥블루가 3000대 수준으로 플레이를 펼친 포지션에 가깝고, 훨씬 더 약한 플레이를 보인 폐쇄적인 전술적 포지션과는 거리가 멀다. 딥블루 연구팀이 장담했던 것처럼 포지션에 대한 이해가 크게 향상되었다 하더라도, 나는 넓은 평원에서 전투를 치르는 것보다 컴퓨터와의 대결에 특화된 전략 안으로 딥블루를 끌어들이는 편이 더 낫다고 판단했다. 물론 그것은 결코 쉽지 않은 결정이었다. 나는 체스판을 비롯한 모든 상황에서 타협을 좋아하지 않는다. 물론 내가 재대결에서 졌다고 해서 그때의 결정이 잘못된 것이었다고는 생각하지 않는다.

게임 분석에서 사람들은 결과를 놓고 분석하기 때문에 이야기를 만들려는 실수를 저지른다. 다시 말해, 승자는 이겼기 때문에 좋은 수를 둔 것이라고 판단한다. 마찬가지로 패자는 졌기 때문에 치명적인 실수를 범했을 것이라고 짐작한다. 경기 결과를 이미 알고 있을 때, 사람들은 패자의 수를 더 비판적으로 본다. 그래서 딥블루와의 재대결에서 패한 내가 틀림없이 잘못된 수를 두었을 것이라고 생각한다. 그러나 체스 분석에서 가장 중요한 것은 각각의 수를 객관적으로 바라보는 것이다. 물론 나는 큰 실수를 저질렀기 때문에 매치에서 졌다. 그러나 동시에 미국의 체스 작가 I. A. 호로비츠I. A. Horowitz의 말을 떠올릴 필요도 있다. "나쁜 수 하나가 좋은 수 마흔 개를 덮어버린다."

첫 게임에서 컴퓨터에 대해 특화된 내 전략은 결정적인 한 방을 보여주지는 못했지만 그래도 어느 정도 효과가 있었다. 나는 예전에 딥 블루를 상대로 효과를 확인했던 레티 오프닝_{Reti Opening}[1.Nf3, 즉 폰 대신 나이트로 중앙을 차지하는 수로 시작되는 오프닝—옮긴이]을 시도했고, 내게 익숙한 포지션에 이르렀다. 그때까지 딥블루는 오프닝북을 그대로 따라가고 있었다. 열 번째 수에서 나는 인간 상대라면 절대 두지 않았을 수를 선택함으로써 오프닝 라인에서 벗어났다. 일반적인 수인 킹 앞의 폰을 두 칸 전진시키는 대신, 다소 보수적인 형태로 한 칸만 전진하여 흑과의 접촉을 피했다. 방어를 강화하면서 전세를 관망하기 위한 수였다. 또한 컴퓨터가 구체적인 목표물을 발견하지 못할 때, 스스로 포지션을 약화하도록 만드는 데이비드 레비의 고전적인 속임수이기도 하다.

그런데 놀랍게도 그 수가 통했다! 딥블루는 자신의 킹을 불필요하게 위태롭게 만들었다. 딥블루는 나의 뻔한 수를 이용하지 못했고, 내가 선사한 추가적인 시간으로 무엇을 해야 할지 갈피를 잡지 못했다. 그때 IBM 연구팀을 제외한 외부인들은 딥블루가 펼친 새로운 플레이를 처음으로 목격했다. 딥블루가 배워야 할 것이 아직도 남아 있다는 생각은 내게 위안이 되었다. 이제 내게 남겨진 질문은 내가 그것을 가르쳐줄 것인가였다. 나는 모른 척하고 딥블루가 평범한 수를 이어나가도록 내버려둘 수도 있다. 그러나 게임에서 이기려면 어떤 지점에서 반드시 공격에 들어가야 한다는 사실도 알고 있었다.

내가 작전을 이어나가는 동안에 딥블루는 의미 없는 수를 두 번이나 두었다. 그랜드마스터 해설자와 청중들이 딥블루가 이리저리 방황하는 모습에 실소를 터뜨렸다는 이야기를 나중에 기사를 읽고 알게 되었다. 조용한 포지션에서 그러한 움직임은 딥블루를 심각한 위기로 몰아넣지는 못했지만, 어쨌든 나는 자신감을 얻고 아이디어를 떠올릴 여유를 찾았다. 나는 나이트로 압박을 가하면서, 딥블루가 비숍을 지키기 위해 킹 앞의 폰을 위태롭게 내버려두길 기대했다. 그리고 내게는 다행스럽게도 딥블루는 나이트를 물리도록 나를 압박하면서, 이후에 쉽게 공략할 수 있는 많은 허점을 남겨놓았다.

그러나 공격은 절대 쉬운 일이 아니다. 컴퓨터는 스스로 자신의 포지션을 취약하게 만들기도 하지만, 때로는 놀라우리만치 약점을 철저하게 봉쇄한다. 이론적인 약점은 아무런 의미가 없다. 중요한 것은 그 약점을 파고드는 나의 능력이다. 딥블루는 인간이라면 두지 않을 낯선 수를 두었지만, 컴퓨터의 시선으로 볼 때 반드시 나쁜 선택이라고만 할 수는 없었다. 물론 딥블루가 좋은 플레이를 펼치기 위한 포지션에 이르렀다고 해도, 객관적인 평가가 내 쪽에 유리하다면 큰 문제는 아니었다.

그렇다고 포지션이 객관적으로 내게 아주 유리한 것은 아니었다. 나는 지극히 조심스럽게 게임에 임했기 때문에 딥블루의 약점을 쉽게 공략할 수 있는 포지션을 갖추지 못했다. 어쨌든 신중한 접근방식은 이번 매치에서 나의 전반적인 전략에 따른 것이었다. 나는 서두르지 말자고 계속 되뇌었고, 딥블루의 실력을 파악하는 데 최대한 집중했다. 내가 가장 주의했던 부분은 딥블루의 역공이었다. 이는 첫 번째 매치의 마지막 게임에서도 내가 제일 신경 썼던 부분이기도 했다. 필라델피아의 마지막 게임에서 나는 딥블루의 움직임을 완전히 막았다. 그러나 한층 개선된 신형 딥블루는 궁지에서 쉽게 벗어났고, 이 말은 곧 본격적인 전투를 벌일 때가 왔다는 뜻이었다.

영국의 그랜드마스터 존 넌John Nunn은 체스베이스 분석 기사에서 그 순간에 대해 이렇게 평가했다. "중요한 국면이다. 컴퓨터와 게임을 해본 사람이라면 이러한 시나리오에 익숙할 것이다. 먼저 전략적인 측면에서 유리한 포지션에 이른다. 그런데 컴퓨터가 갑자기 전술적인 수로 필사적인 돌진을 감행한다. 이에 당황하여 몇 번 실수를 하고 나면, 전세는 어느새 컴퓨터에게로 기울어 있다."

딥블루는 내가 완전한 우세를 점하기 전에 강력한 공격수를 발견했다. 딥블루는 폰을 차례로 전진시켰다. 청중은 아마도 그때 처음으로 딥블루의 과감한 공격에 깜짝 놀랐을 것이다. 딥블루는 내가 어떻게든 피하려고 했던 난타전의 양상으로 게임을 몰아갔다. 신중함과 방어의 시간이 끝나고 맞서 싸워야 할 시간이 왔다. 그 순간 애슐리는 관중을 향해 이렇게 말했다. "체스판에 불이 붙었군요!"

딥블루는 내 킹을 공격하기 위해 두 비숍을 재빨리 움직여 포지션을 열었다. 그때 많은 해설자들, 그리고 이후 기자와 저자들은 딥블루의 그러한 행마를 '과감한', 혹은 '미친' 수라고 평가했다. 그동안 나는 룩을 희생해서 비숍을 잡는 기물 교환, 그리고 두 개의 폰으로 딥블루의 킹을 압박하는 수를 생각하고 있었다. 그랜드마스터 대니 킹Danny King은 《카스파로프 대 딥블루Kasparov v Deeper Blue》라는 책에서 이렇게 지적했다. "카스파로프와 딥블루 모두 몇 수 앞서 그 포지션을 예상했을 것이다. 그리고 모두 자신에게 유리한 포지션으로 판단했을 것이다. 정말로 아슬아슬한 순간이었다."

프로이센 참모총장 헬무트 폰 몰트케가 말했듯이, 모든 전투 계획은 첫 번째 교전이 끝난 뒤 즉각 폐기된다. 나는 첫 번째 게임에서 상대의 성향을 차분히 파악한다는 게 애초의 계획이었으나 딥블루의 갑작스러운 공세 전환에 바로 그 계획을 폐기해야 했다. 딥블루는 기물의 우위와 정교한 배치를 선호했다. 반면 나는 두 폰의 긴밀한 전진과 검은 칸 비숍의 위력을 좋아했다. 팽팽한 포지션 속에서 나와 딥블루는 서로 다른 전통적인 방식으로 싸움을 벌였다. 게임은 혼전 양상으로 접어들었지만, 그래도 시간적 여유가 있었고, 딥블루의 어떤 공격도 막아낼 자신이 있었다.

1986년 매치에서 내가 영국의 그랜드마스터 토니 마일스를 크게 이기고 난 뒤, 그는 나를 "모든 걸 꿰뚫어보는 천 개의 눈을 가진 괴물"이라 불렀다. 나는 "바쿠의 야수"(실제로는 스페인어로 'el Ogro de Baku'라고 말했다)만큼이나 그 별명도 마음에 들지 않았다. 물론 칭찬의 의미였으나, 내겐 노련한 그랜드마스터도 몇 분이 필요한 수를 단 몇 초에 간파해내는 비상한 능력이 있었다. 어린 시절 미하일 보트비닉이 나를 주목했던 것도 그러한 능력 덕분이었다. 물론 나는 체스 기계도 아니고, 모든 걸 꿰뚫어보는 눈을 가진 괴물도 아니었지만, 그래도 체스 세상에서는 인간의 한계에 근접해 있었다. 그랜드마스터 로버트 번Robert Byrne은 다음 날 '인간이 컴퓨터를 능가하다'라는 제목의 《뉴욕타임스》 기사에서 이렇게 썼다. "가리 카스파로프는 어제 IBM의 놀라운 체스 컴퓨터 딥블루와의 대결에서 자신의 방식대로 게임을 이끌어나가면서 승리를 거두었다."

중요한 순간에 딥블루가 대략적인 균형으로 포지션을 평가했다면 큰 실수를 저지르지 않았을 것이다. 그러나 딥블루는 자신의 물질적 우위를 과대평가했고, 퀸을 쉽게 내주고 말았다. 체스 컴퓨터의 전형적인 실수였다. 당시 상황에 만족했던 딥블루는 자신에게 포지션을 개선할 힘이 없다는 사실을 이해하지 못했다. 그러나 나는 그럴 능력이 있었다. 첫 번째 게임에서 딥블루가 무승부로 끝낼 기회가 한 차례 있었고, 그 기회를 잡기 위해서는 물질적 우위를 과감하게 포기해야 했다. 그러나 딥블루는 기물에 대한 고집을 버리지 못했다. 실수를 인정하고 생존 방안을 모색하는 것이 아니라, 가라앉는 배를 어떻게든 살려내려고 했다. 딥블루는 방어에서 또 한 번 실수를 저질렀고, 룩을 낯선 형태로 움직였다. 흑의 포지션은 결국 절망적인 상황에 이르고 말았고, 캠벨은 손을 들어 기권 의사를 밝혔다. 놀랍게도 내 기물 중 하프라인을 넘어선 것은 하나도 없었다. 내가 승리를 거둔 게임에서 좀처럼 찾아보기 힘든 장면이었다. 나는 폰만으로 게임을 압도했던 것이다.

강당으로 들어서자 관중들이 나와 딥블루에게 기립박수를 보냈다. 우리 둘 모두 열렬한 환영을 받을 자격이 있었다. 첫 번째 게임은 체스의 진수를 보여주는 훌륭한 대국이었다. 나는 승리를 거두었지만, 첫 게임이 끝나고 무대에서 밝혔듯이 신형 딥블루는 필라델피아 때와는 완전히 다른 모습이었다. 충분히 훌륭한 경쟁자였다.

기계가 패배에 대처하는 방식

딥블루를 상대로 거둔 승리를 음미할 수 있는 시간은 24시간도 채 되지 않았다. 흑을 잡게 될 두 번째 게임은 특히 대비를 잘해야 했다. 먼저 말을 움직일 수 있는 특권은 아마추어 경기에서는 큰 의미가 없다. 그 가치는 폰의 절반에도 미치지 못한다. 약한 선수들이 번갈아가며 실수를 저지르면서 매번 시간을 낭비하는 게임은 더욱 그렇다. 그러나 그랜드마스터 간의 대결에서는 모든 수가 중요하다. 특히 대등한 포지션에서는 누가 먼저 기물을 이동하느냐가 대단히 중요하다.

게임 초반의 닫힌 포지션에서는 강력한 수를 몇 번 놓친다고 해서 치명상을 입지는 않는다. 컴퓨터와의 대결에서 레비가 오래전에 남긴 격언은 "좋은 수가 아니면 두지 마라", 그리고 철저하게 준비한 방어 속으로 상대를 몰고 가라는 것이었다. 딥블루는 어떻게 대응해야 할지 갈피를 잡지 못했지만, 그래도 심각한 상황에 봉착하지는 않았다. 딥블루는 기회가 보일 때마다 재빠르고 강력하게 반응했다. 내가 딥블루를 또 한 번 과소평가했다는 주장은 잘못되었다. 그 이유는 딥블루를 평가할 수 있는 기준이 애초에 없었기 때문이다. 실제로 게임이 진행되는 동안 나는 딥블루의 능력을 더욱 인정하게 되었다. 두 번째 게임에서 백을 잡은 딥블루가 나를 마음대로 공격하지 못하도록 철저하게 방어해야 했다.

컴퓨터를 상대로 거둔 모든 승리에는 버그 보고서가 당연한 듯이 따른다. 프로그래머가 패배의 원인으로 버그를 지목하는 것은 그랜드마스터가 수를 놓쳤다고 인정하는 대신, 게임을 하는 동안 무언가를 '깜빡'했다는 변명처럼 들린다. 이에 대해 스파스키는 1988년 인터뷰에서 자신의 게임을 분석한 책에 대해 이렇게 언급했다. "솔직해지고 싶군요. 내가 정말로 뭔가를 놓쳤다면 이렇게 말해야 할 겁니다. '나는 그 수를 보지 못했다!'"[1] 셰익스피어라면 버그가 곧 실수의 다른 이름이라고 말했을 것이다.

첫 게임에서 언급된 두 가지 '버그' 중 하나는 중요한 것이었지만, 게임에 영향을 미칠 정도는 아니었다. 그 버그는 15년의 세월이 흘러, 이야기의 힘을 잘 보여주는 또 하나의 사례 속에서 부활했다.

첫 번째 게임은 사실 44수에서 끝났다. 40수에 도달했을 때 상황은 내 쪽으로 완전히 기울어 있었다. 나는 승리를 확실히 다지기 위해 오랫동안 숙고하면서 속임수와 실수의 위험을 피해나갔다. 오늘날 최신 체스 프로그램은 내가 44수를 두고 난 이후의 포지션에 대해 백이 12점 이상 앞선 것으로 평가한다. 이는 퀸을 하나 추가한 것보다 더 높다. 인간 기사라면 그러한 상황에서 초반의 실수에 대한 미련을 버리지 못한 채 크게 낙담했을 것이다. 하지만 컴퓨터는 그렇지 않다. 기계는 수십억 개의 포지션을 끊임없이 검색하고, 그중 최고의 수를 찾아낸다. 컴퓨터는 실질적인 가능성에 대한 인간의 경험적인 지혜를 이해하지 못한다. 인간이 심각한 상황에 봉착했을 때, 객관적으로 더 나쁜 수를 두어 컴퓨터를 혼란에 빠뜨리는 것이 더 좋은 선택일 때가 종종 있다. 컴퓨터는 자만심 때문에 계산에서 실수를 저지르는 일도 없다. 컴퓨터의 시선으로 볼 때, 10수 만에 체크메이트를 허용한 수는 아홉 수 만에 허용한 수보다 더 낫다. 컴퓨터와 게임을 해본 적이 있는 사람이라면, 컴퓨터는 죽음에 임박해서도 체크메이트의 순간을 조금이라도 더 미루기 위해 말도 안 되는 수를 이어나간다는 사실을 알고 있을 것이다.

딥블루의 마흔네 번째 수 또한 그렇게 나온 것이다. 내 폰들은 가까이 붙어서 퀸을 향해 돌진하고 있었고, 딥블루는 오래 버티지 못할 것으로 보였다. 내가 그렇게 확신했다면, 딥블루도 그랬을 것이다. 포지션은 이미 체크메이트로 들어서고 있었다. 벗어날 수 있는 길은 없었다. 딥블루의 탐색 트리는 아주 작았을 것이다. 그런데 딥블루는 게임을 포기하거나, 혹은 예상했던 방어를 하지 않고 난데없이 룩을 멀리 치워버렸다. 나는 그 의도를 도무지 짐작할 수 없었다. 그래서 혹시 내가 보지 못한 위험이 있는 것은 아닌지 세 번이나 점검했다. 나는 5분 정도 고민한 끝에 위험이 없음을 확인했고, 컴퓨터가 패배를 확신했을 때 종종 보이는 이해할 수 없는 수라고 결론지었다. 나는 다시 폰을 g7로 옮겨 퀸을 더욱 압박했다. 그리고 풀어놓았던 오데마피게 시계를 다시 손목에 찼다. 그건 게임이 끝났을 때 내가 하는 의식이었다. 캠벨은 게임을 포기했고, 딥블루의 이상한 수가 육지로 끌려 나온 물고기의 마지막 한숨이었다는 나의 결론을 확인시켜 주었다.

그날 저녁 나는 팀원들과 함께 게임을 분석했다. 특히 오프닝을 집중적으로 들여다보았다. 그러나 우리가 보유하고 있던 컴퓨터 엔진으로는 딥블루의 마흔네 번째 수를 재현하거나, 납득할 만한 설명을 내놓지 못했다. 상대적으로 원시적인 우리의 컴퓨터를 가지고 오랜 시간에 걸쳐 딥블루가 체크메이트를 할 수 있는 다양한 수를 연구했지만, 결국 그 마지막 수는 실수로밖에 보이지 않았다(마지막 포지션에서 우리의 컴퓨터는 체크메이트까지 열아홉 수가 필요하다고 분석했지만, 사실은 다섯 수 만에 쉽게 끝낼 수 있었다). 혹시 딥블루는 나보다, 그리고 우리의 컴퓨터 엔진보다 더 깊이 들여다보았기 때문에 그 수를 두었던 것은 아닐까? 그 마지막 수를 어떻게 설명해야 할까?

나는 프레데리크에게 물었다. "컴퓨터가 자살을 하는 게 가능한 일일까요?" 잠시 동안 프리츠를 만지작거리고 난 뒤, 나는 딥블루에게서 예상했던 수를 두고 나서 룩으로 체크를 하면 승리를 거둘 수 있다는 사실을 확인했다. 그건 게임 당시에는 보지 못했던 멋진 수였다. 하지만 딥블루는 보았을 것이다. 결론적으로 말해서 딥블루는 체크메이트를 예상했고, 어떻게든 이를 연기하기 위해 마지막 수를 둔 것이다. 분석은 끝났다. 컴퓨터는 완전히 패한 포지션에서 때로 이해하기 힘든 수를 둔다. 그러나 지금처럼 더 깊이 분석해 들어간다면, 우리는 그 안에서 또 다른 이야기를 발견하게 될지 모른다.

해설자들 역시 이러한 결론에 동의했다. 킹스매치북King's match book은 마흔네 번째 수를 "궁금하고" "이상한" 수라고 부르면서, 딥블루가 예상된 수를 두었다면 "게임은 더 빨리 끝났을 것"이라고 덧붙였다. 그 포지션은 이미 진 상태였기 때문에, 일반적인 기보법에서 실수를 의미하는 '?' 표시를 덧붙일 필요가 없었다.

두 번째 게임에 대비하여 나는 유리와 함께 오프닝 준비에 돌입했다. 반면 프레데리크는 첫 번째 게임에서 그리 중요하지 않은 마지막 순간을 전설적인 이야기로 바꾸어놓았다. 우리는 분석 과정에서 만족스러운 결론에 도달했음에도(그 결론은 틀린 것으로 드러났지만), 프레데리크는 체스베이스 기사를 통해 내가 마흔네 번째 수에서 느낀 당혹감을 극적으로 묘사했다. 그는 이렇게 설명했다. "우리는 섬뜩한 결론에 이르렀다. (……) 딥블루는 마지막까지 모든 수를 계산했고, 그중에서 가장 나은 형태의 패배를 선택했던 것이다. 가리는 이렇게 말했다. '체크메이트까지 20수 넘게 걸리겠군요.' 그러고는 이처럼 놀라운 계산에서 유리한 쪽에 있었던 것을 감사하게 생각했다."

딥블루가 예상된 수를 두었을 때 이르게 될 체크메이트에 대한 프리츠의 분석까지 함께 언급했다는 점에서 프레데리크의 언급에 특별한 악의는 없었다. 하지만 "섬뜩한"과 "놀라운"은 내 것이 아닌 프레데리크의 표현이다. 이러한 이야기는 매치가 끝난 뒤 괴담처럼 퍼져나갔다. 그리고 내가 낯선 룩의 이동을 보고 딥블루의 계산 깊이에 깜짝 놀랐으며, 이로 인해 나머지 게임에, 특히 중요한 두 번째 게임에 치명적인 영향을 받았다는 인식을 심어주었다. 이 가설은 몬티 뉴본이 딥블루를 주제로 한 책을 출간했던 2002년에 머리 캠벨이 내놓은 것이다. 캠벨의 설명에서 가장 놀라운 대목은 딥블루가 보여준 기묘한 수는 사실 아무런 근거가 없는 것으로, 치명적인 실수나 버그에 불과한 것이라는 주장이다. 캠벨과 쉬펑슝의 설명에 따르면, 그 수는 일종의 '무작위' 선택으로, 매치가 시작되기 전에 해결하지 못했던 이미 알려진 버그로부터 비롯된 것이었다.

이후 2012년에 선거 분석가 네이트 실버Nate Silver가 자신의 책 《신호와 소음》에서 새롭게 다루면서 그 괴담은 새 생명을 얻었다. 프레데리크가 만들고 캠벨이 퍼뜨린 '카스파로프가 버그 때문에 딥블루에게 졌다!'는 괴담은 참으로 충격적인 이야기였다. 실버는 이렇게 썼다. "버그는 딥블루의 안타까운 실수가 아니었다. 그 덕분에 카스파로프를 물리칠 수 있었기 때문이다." 《타임》과 《와이어드》를 비롯한 여러 언론매체들은 똑같은 주제의 서로 다른 이야기를 쉴 새 없이 퍼날랐고, 그 모든 이야기 속에는 체스에 관한 많은 오해, 그리고 나의 심리 상태에 관한 더 많은 어리석은 생각이 담겨 있었다.[2]

나는 책을 비롯한 다양한 대중매체의 관심으로 체스가 대중문화로 자리매김할 수 있었다는 사실을 기쁘게 생각한다. 그러나 문제는 영화 속 체스 장면에 편견이 담겨 있고, 대중매체에 출연해 체스에 관한 이야기를 하는 사람들 대부분이 자신이 무슨 말을 하고 있는지 이해하지 못할 때가 종종 있다는 사실이다. 그들은 프로 기사의 자문에 귀를 기울이기보다, 체스 2급 토너먼트에서 플라스틱 트로피를 받았으므로 세계 챔피언십 게임을 해설할 자격이 있다고 생각한다.

실버가 자신의 책에서 소개한 많은 이야기는 다양한 출처에서 들은 것이며, 여러 대목에서 오류를 범했다. 특히 오프닝북의 개념을 잘못 이해하고 있고, 미들게임을 '미드게임'이라 부르는가 하면, 여섯 번째 게임 해설은 완전히 엉터리였다. 예를 들어 그는 이렇게 썼다. "카스파로프는 카로칸Caro-Kann을 알지 못한다."

내가 일찍이 카로칸 디펜스[1.e4 c6으로 시작하는 안정적인 형태의 오프닝—옮긴이]를 포기한 것은 사실이다. 하지만 나는 카로칸 디펜스를 주제로 책을 공저한 적도 있다. 또한 특정 오프닝을 선호하지 않는다고 해도, 그 오프닝을 구사하는 상대와 계속해서 대적해야 한다면 당연히 자세하게 알고 있어야 한다. 그건 체스 기사의 상식이다. 내 경우가 바로 그랬다.

다시 첫 번째 게임으로 돌아가서, 실버는 프레데리크가 그 체스베이스 기사에서 "프리츠는 이 지점에서 체크메이트를 인식하기 시작했다"라고 썼다는 사실을 간과했다. 개인용 컴퓨터의 프리츠도 10수 이상을 들여다볼 수 있다. 물론 우리는 딥블루가 훨씬 더 빠르다는 사실을 알고 있었다. 기물과 그 움직임이 제한되어 있을 때, 컴퓨터는 대단히 깊이 포지션을 검색할 수 있다. 탐색 트리의 폭이 크게 좁아지고, 딥소트가 10년 앞서 보여주었던 '단수 확장'과 같은 기술을 극단적으로 밀고 나갈 수 있다. 첫 번째 게임처럼 체크를 한 상태에서 네 개의 룩과 몇 개의 폰밖에 남지 않았을 때, 딥블루는 몇 분 만에 그러한 검색 깊이에 도달할 수 있다. 우리는 그로부터 몇 년 뒤에 공개된 로그 파일을 통해서도 더 많은 기물이 남아 있던 41수에서 딥블루가 20플라이 깊이에 도달했다는 사실을 확인할 수 있다.

만일 딥블루가 대등한 포지션에서 그처럼 애매모호한 수를 두었다면, 그건 검토가 필요한 또 다른 이야기가 될 것이다. 그러나 그 수는 게임 막바지에 완전히 승패가 갈린 상황에서 나왔기 때문에 많은 궁금증을 유발했다. 나는 처음에 어리둥절했다가 나중에 살짝 감탄했다. 그러나 그게 전부였다. 그럼에도 "카스파로프가 버그 때문에 졌다"라는 자극적인 이야기에 통계학자들마저 속아 넘어갔다. 게다가 여기에 어설픈 심리 분석까지 더해지면서, 내가 두 번째 게임에서 패했다는 사실조차 어처구니없는 신화 만들기에 동원되고 말았다.

실버는 에드거 앨런 포가 1836년에 쓴 에세이에서 다루었던 체스 자동인형 투르크를 언급했다. 그러나 실버는 포가 남긴 "들은 것은 하나도 믿지 말고, 본 것은 절반만 믿을지어다"라는 격언도 진지하게 받아들였어야 했다.

첫 번째 게임을 둘러싼 신화와 관련하여, 내가 심리적으로 좀 더 편안했더라면 매치를 내주지 않았을 것이라는 결론에 나는 전반적으로 동의한다. 그러나 정작 내가 심리적으로 어려움을 겪었던 것은 두 번째 게임과 그 이후 믿기 힘든 사건이 벌어지고 난 뒤였다.

인간만이 빠지는 함정

두 번째 게임을 앞두고서 나는 자신감이 충천해 있었다. 필라델피아 매치까지 포함해서 딥블루를 연속으로 세 번이나 이긴 셈이었고, 나의 경쟁자가 적어도 유령 같은 존재는 아니라는 생각에 안도감이 들었다. 딥블루 2는 강력했지만 완벽하지 못했다. 특히 오프닝에서 컴퓨터 특유의 실수를 수차례 드러냈다(물론 잘 만회하기는 했지만). 나는 그러한 약점을 전술적으로 활용했다. 포지션 평가에서 내가 월등히 앞서 있다는 사실은 첫 게임의 결과가 입증해주었다.

두 번째 게임은 내가 흑을 잡았다는 점에서 중요한 시합이었다. 우리 팀은 기회가 왔을 때 과감하게 공격하는 딥블루의 성향을 확인했고, 그래서 소극적인 방어 전략은 위험한 선택이 될 것으로 보았다. 첫 번째 게임에서 백을 잡았을 때, 나는 게임 속도를 수월하게 조절할 수 있었다. 그러나 흑을 잡게 될 두 번째 게임에서는 딥블루의 오프닝북에 포함된 것이라고 해도 일반적인 형태의 오프닝을 선택하는 쪽이 더 안전할 것으로 보였다. 특히 딥블루가 계획 수립에서 어려움을 겪는 클로즈드 오프닝이 더 유리할 것이었다. 하지만 항상 그렇듯 이러한 전략의 단점은 내 스타일과 어울리지 않는다는 것이다. 그 전략은 딥블루에 맞선 것이면서 동시에 나 자신에 맞선 것이기도 했다.

지금 돌이켜보더라도 그게 올바른 전략이었다고 딱 잘라 말하기는 어렵다. 만약 내가 딥블루의 게임 데이터를 보고 그 능력을 사전에 확인할 수 있었더라면, 다른 그랜드마스터를 상대하듯 편안한 마음으로 일반적인 형태의 오프닝을 준비했을 것이다. 그러나 전략적인 준비를 전혀 할 수 없었기에, 오프닝 노블티까지 추가하는 위험을 무릅쓰기보다 탄력적인 포지션을 지키는 게 더 중요하다고 생각했다. 또한 체스판 밖에서 에너지를 절약하는 것이 내겐 무엇보다 중요한 숙제였다. 컴퓨터와의 대결에는 엄청난 에너지가 소모된다. 일반적으로 고민하지 않아도 될 변수까지 고려해야 하고, 모든 계산을 이중 점검해야 하기 때문이다. 일반적인 토너먼트나 매치를 치를 때, 나는 유리와 함께 밤늦게까지 게임 준비를 했다. 그러나 절대 지치지 않는 컴퓨터와의 대결에서 체력적인 무리는 치명적인 실수가 될 수 있었다.

두 번째 게임에서 한 가지 분명한 사실은 내가 선택한 오프닝이 양측 모두에 최악이었다는 것이다. 나는 스페니시 게임이라는 오프닝을 선택했다. 스페니시 게임은 유럽의 초기 체스 문헌에서 이 오프닝을 분석했던 16세기 스페인의 성직자 이름을 따서 루이 로페스Ruy Lopez라고도 부른다. 스페인식 고문Spanish Torture이라는 별명도 있다. 그 이유는 게임이 시작되고 얼마 지나지 않아 분명하게 드러났다. 나는 컴퓨터에 특화된 체스를 두기 싫었다. 또한 딥블루가 오프닝북을 통해 펼치는 놀라운 수를 피하기 위해 일반적으로 사용하는 날카로운 시실리안도 원치 않았다. 반면 루이 로페스는 조용하고 교묘한 형태의 오프닝으로 전략적으로 대단히 복잡하다. 그리고 체스 문헌의 방대한 창고 속에서 깊이 있게 분석된 오프닝이다. 대부분의 게임이 끝나는 30수를 넘어서까지 다양한 라인을 분석하고 있다.

루이 로페스는 백을 잡았을 때 종종 선택했지만, 흑에서 선호한 오프닝은 아니었다. 특히 카르포프, 쇼트, 아난드와 세계 챔피언십 매치를 치를 때 주로 사용한 무기였다. 딥블루에게 미들게임 데이터베이스를 그냥 넘겨주게 될 것이라는 생각에 기분이 썩 좋지는 않았지만, 그래도 우리 팀은 시도할 만한 가치가 있다고 결정했다. 첫 게임에서 딥블루는 포지션 측면에서 달라진 모습을 보여주지 못했다. 그래서 클로즈드 포지션을 유지하면서 딥블루가 실력을 발휘하지 못하도록 막는 것이 중요했다. 그러다가 상황이 유리해지면 공세로 전환할 생각이었다. 아니면 무승부 전략으로 매치 스코어를 그대로 유지할 작정이었다.

인간이든 컴퓨터든 상대가 오프닝북을 따라가고 있다는 확신이 들 때, 종종 섣부른 반응을 보이곤 한다. 오프닝 라인을 정확하게 기억하고 있고 자신이 좋아하는 변화수라는 확신이 있는데, 왜 시간을 낭비한단 말인가?

나는 이 문제에 대해 솔직하게 말하고 싶다. 체스 기사들은 때로 끈기 있게 살피고 이중으로 점검함으로써 자신이 혹시 덫을 향해 걸어 들어가는 것은 아닌지, 그리고 교묘한 치환 작전에 속고 있는 것은 아닌지 확인하려 한다. 체스란 누군가 자신의 소매를 잡아당기는 상태에서 그리는 그림이라는 말이 있다. 그러한 느낌은 양측 모두에 해당한다. 체스 기사는 모든 포지션이 두 사람의 합작품이라는 사실을 명심해야 한다. 자신이 오프닝 전개에 만족했다면, 상대도 만족했을 가능성이 높다. 그렇기 때문에 더욱 주의를 기울여야 한다.

오프닝에서 시간을 충분히 가져야 하는 또 하나의 이유는 심리적인 것이다. 사람들은 대부분 준비한 오프닝을 빠른 속도로 전개하려 한다. 그리고 이를 통해 상대를 심리적으로 압박하려 한다. 특히 상대가 매번 깊이 고민해야 한다면 효과는 더 클 것이다. 복잡한 포지션에서 오랜 고민 끝에 선택했는데 상대가 즉각 대응한다면, 누구든 심리적으로 위축되기 마련이다. 또한 상대가 해당 포지션을 자신보다 더 잘 이해하고 있다는 생각에 두려운 마음이 든다. 특히 오늘날에는 상대가 강력한 엔진의 도움으로 해당 포지션을 연습했다는 인상을 받게 된다. 다시 말해 인간을 상대하면서도 기계와 상대하고 있다는 느낌이 든다. 아이러니하면서도 필연적인 사실은 컴퓨터가 인간의 지식으로부터 탄생한 오프닝북을 활용하는 동안, 점점 더 많은 그랜드마스터들이 컴퓨터를 활용하여 오프닝을 준비하고 있다는 것이다.

또한 자신이 오프닝북을 따라가고 있다는 사실을 상대에게 알리고 싶지 않을 때도 있다. 혹은 특정 오프닝 라인을 따라 멋진 노블티를 준비했을 때도 있다. 그런 경우 지나치게 서둘러 오프닝을 전개한다면 상대의 의심을 자극할 수 있다. 그럴 때 이따금 고민하는 모습을 보여줌으로써 지금 둔 수가 치밀하게 준비된 변화수는 아니라는 안도감을 상대에게 전할 수 있다. 하지만 나는 그런 속임수를 쓸 만큼 참을성 있는 사람이 아니다. 오히려 내가 철저하게 준비했다는 사실을 상대에게 적극적으로 알리는 편이다. 이와 관련하여 피셔는 한 인터뷰에서 이렇게 밝혔다. "저는 심리학을 믿지 않습니다. 다만 훌륭한 수를 믿을 뿐입니다!"

어쨌든 심리적인 전술을 통해 자신의 준비 상황과 관련하여 상대 컴퓨터의 인간 코치에게 혼란을 줄 수 있다. 하지만 정작 컴퓨터는 이러한 심리 전술에 말려들지 않는다. 심리 전술에 영향을 받지 않는 딥블루가 그러한 속임수를 교묘한 방식으로 활용했다는 사실을 무려 12년이 지나서 알았을 때, 나는 정말로 큰 충격을 받았다.

미구엘 일레스카스를 비롯한 여러 사람들의 인터뷰를 살펴보고 나서, 나는 딥블루 프로젝트에 참여했던 모든 전문가들이 IBM의 승인 없이 비밀을 공개하지 않겠다는 조항에 서명했다는 사실을 알게 되었다. 가장 대표적인 사례로 C. J. 탄의 발언을 들 수 있다. 그는 딥블루가 기념비적인 성공을 거둔 비결에 대해 함구할 것을 요구한 IBM의 지침과 관련하여, 매치를 앞두고서 "이제 과학 실험은 끝났다"라고 언급했다.[3] IBM은 비공개 조항을 기술 분야와 무관한 자문들에게까지 확대 적용했다. 이는 상식적으로 이해하기 힘든 부분이다. IBM은 딥블루 프로젝트에 참여했던 그랜드마스터들을 지속적으로 고용하여 또 다른 체스 컴퓨터 프로젝트를 추진할 계획도 없었다. 그렇다면 도대체 왜 IBM은 프로젝트 팀원들이 언론과 접촉하지 못하도록 막았던 것일까? 그것도 10년이라는 세월 동안?

두 번째 게임과 관련해서 우리는 자연스럽게 스페인에 관한 이야기를 시작할 수 있다. 2009년 스페인의 그랜드마스터 일레스카스는 오랜 침묵을 깨고 체스 잡지인 《뉴인체스》와 인터뷰를 했다. 거기서 그는 딥블루 프로젝트에 대해, 그리고 두 번째 매치에서 벌어진 다양한 사건에 대해 이야기했다.[4] 나는 그 인터뷰 기사를 슬쩍 훑어보기만 해도 IBM이 왜 팀원들에게 그토록 철저하게 비밀 엄수를 요구했는지 이해할 수 있었다.

강력한 그랜드마스터이자 트레이너인 일레스카스는 예민하면서도 여유가 있는 인물이었다. 그는 지금 스페인에서 유명 체스 아카데미를 운영하면서 잡지도 발행하고 있다. 우연인지 모르겠지만, 일레스카스는 내가 우승을 놓쳤던 2000년에 세계 챔피언십 매치에서 블라디미르 크람니크에 이어 2위를 차지했다. 평생 동안 내가 패했던 모든 시합에서 일레스카스라는 이름을 발견할 수 있다. 그렇다고 해서 내가 그에게 특별히 나쁜 감정을 품고 있는 것은 아니다. 뭐 조금은 그럴지도 모르지만.

일레스카스의 인터뷰에서 흥미로운 대목은 다음에 다시 한 번 다루어볼 것이다. 여기서는 두 번째 게임에서 딥블루가 보여준 오프닝 플레이에 관한 언급만 살펴보자. 일레스카스는 이렇게 말했다. "우리는 딥블루에게 체스 오프닝에 관한 많은 데이터를 입력했습니다. 동시에 딥블루가 통계와 데이터베이스를 기반으로 스스로 선택하도록 상당한 자유를 허용했습니다. 실제로 두 번째 게임의 루이 로페스에서 a4와 같은 수는 딥블루의 아이디어였죠. 그건 아주 놀라운 수였습니다. 카스파로프는 아마도 컴퓨터가 그런 수를 둘 수 있다는 사실에 깜짝 놀랐을 겁니다. 딥블루는 10분 정도 고민한 끝에 a4를 선택했습니다. 무슨 일이 벌어졌을까요? 카스파로프는 많은 고민을 했을 겁니다. 당시에는 대단히 생소한 접근방식이었고, 딥블루가 이론대로 움직이는지, 아니면 스스로 생각해서 판단을 내리는지 혼란스러웠을 겁니다."

흥미롭게도 나는 그 사실을 매치가 끝난 뒤에야 알게 되었다. 컴퓨터가 정말로 그랜드마스터만큼 강하다면, 거대한 데이터베이스 속에서 특정 오프닝을 스스로 선택하도록 허용해도 좋을 것이다. 그러나 일레스카스의 다음 이야기는 그야말로 충격이었다. "우리는 가리를 속이기 위해 함정을 놓아두었습니다. 딥블루가 어떤 때에는 즉각 반응을 하고, 다른 때에는 느리게 반응하도록 설정해두었죠. 특정 포지션에서 우리의 예상대로 가리가 좋은 수를 둘 때, 곧바로 대응하도록 했습니다. 딥블루의 움직임을 예측 불가능하게 만들어 카스파로프에게 심리적 압박을 가하고자 했던 것이죠. 그건 중요한 목표였습니다."

놀라운 일이다! IBM은 나를 속이기 위해 의도적으로 반응 시간을 조정했던 것이다. 딥블루는 짧은 생애를 마감하기까지 나 말고 다른 상대와는 대결하지 않았기 때문에, IBM의 속임수는 오로지 나를 노린 것이었다. 그러한 속임수는 일방통행이다. 즉 딥블루는 절대 그런 속임수에 영향을 받지 않는다. 또한 루이 로페스가 말한, 상대가 태양을 마주 보게 앉도록 하는 계략도 딥블루에게는 아무런 쓸모가 없었다. 체스든 전쟁이든 마찬가지겠지만, 나는 일레스카스의 인터뷰를 보면서 승리가 IBM의 유일한 목표였다는 사실을 다시 한 번 깨달았다.

컴퓨터답지 않은 플레이

두 번째 게임은 역사상 가장 철저하게 분석된 체스 게임으로 남았다. 그렇기 때문에 군이 여기서 또 한 번 자세하게 설명하여 여러분을 괴롭힐 이유는 없을 것이다. 다만 두 번째 게임이 어떻게 그러한 유명세를 치르게 되었는지 살펴보도록 하자. 루이 로페스의 전형적인 라인으로 20수에 도달했을 때, 딥블루 역시 나처럼 만족했을 것이다.

정확하게 말해서 내 포지션이 썩 마음에 들지는 않았지만, 어쨌든 전략적인 차원에서 추구했던 클로즈드 포지션이었다. 내 기물들은 폰의 방어막 뒤에 갇혀 있었다. 이는 루이 로페스 오프닝에서 일반적으로 흑에게 주어지는 불이익이다. 백은 좀 더 넓은 공간을 확보하고 있었다. 이 말은 자유롭게 기물을 움직이면서 약점을 보완할 수 있다는 뜻이다. 하지만 나는 그처럼 미묘한 수를 펼칠 만한 기술과 끈기가 딥블루에게 없을 것으로 확신했다.

먼저 실수한 쪽은 나였다. 사실 그 실수는 알면서도 저지른 것이다. 클로즈드 포지션을 최대한 유지하기 위해, 나는 퀸사이드queenside[퀸이 있는 체스판의 절반. 반대쪽은 킹사이드—옮긴이] 폰 구조를 부분적으로 봉쇄했다. 그러나 이로 인해 백의 전략에 맞서 싸우기 위한 이동 범위가 줄어들고 말았다. 상대가 그랜드마스터라면, 그 수는 나쁜 선택이다. 하지만 나는 첫 번째 게임에서 딥블루의 평가 기능이 그러한 약점을 이용할 만큼 개선되지는 않았다는 사실을 확인했다. 그러나 딥블루는 두 번째 게임에서 완전히 다른 모습을 보여주었다. 딥블루는 후방에서 노련하게 움직이면서 치명적인 한 방을 준비하고 있었다. 첫 번째 게임처럼 의미 없이 이리저리 방황하는 모습은 찾아볼 수 없었다. 정작 그랬던 것은 딥블루가 아닌 나였다. 스페인식 고문이 시작되었고, 나는 고통을 끝까지 참아야 했다.

다음으로 딥블루는 f-폰[f파일에 있는 폰—옮긴이]을 두 칸 전진하여 킹사이드 라인을 전개함으로써 해설자들을 깜짝 놀라게 했다. 그 수는 인간의 머리에서 나온 듯 보였다. 마치 게임에서 우위를 점하고 있을 때 또 다른 전선을 만들라는 원칙을 따르는 것처럼 보였다. 물론 딥블루는 그런 일반적인 원칙을 따르지 않는다. 이를 위해서는 먼저 그러한 원칙을 더 작은 평가 가치로 분해하고 컴퓨터에게 학습시키는 작업이 선행되어야 하는데 이는 쉽지 않은 과정이기 때문이다. 반면 기물의 이동성은 컴퓨터가 분명하게 이해하도록 프로그래밍할 수 있는 요소다. 그런데 그 포지션에서 딥블루가 시도한 두 번째 공격은 전략적인 아이디어처럼 보였다. 컴퓨터에게 기대하기 힘든 수였다. 해설자들 역시 크게 놀랐을 것이다.

컴퓨터에 비해 인간은 계획에 더 집중한다. 반면 딥블루는 모든 포지션을 새롭게 인식하고, 이전에 두었던 수에 집착하지 않는다. 그래서 종종 우리 인간을 놀라게 한다. 그런 상황에서 그랜드마스터도 종종 희생양이 된다. 그들은 이렇게 생각했다. "앞에서 A를 했으니 이제는 B를 하자." 그러나 컴퓨터는 이전에 A를 선택했다는 사실에 개의치 않는다. 다만 지금 이 순간 무엇이 가장 바람직한 선택인지에 집중한다. 물론 이러한 접근방식은 때로 약점으로 작용하기도 하고, 그래서 특히 게임 초반에 오프닝북이 필요하다. 그럼에도 전반적으로 컴퓨터는 바로 이 같은 기억상실증 때문에 탁월한 분석을 할 수 있고, 인간에게 위협적인 상대가 될 수 있는 것이다.

오래전부터 체스 세상에는 이런 농담이 있었다. 어떤 사람이 공원을 산책하다가 인간과 개가 체스를 두는 장면을 목격한다. 그는 외친다. "놀랍군요!" 그러자 체스를 두고 있던 사람이 이렇게 말한다. "뭐가 놀라워요? 제가 3 대 1로 이기고 있다니까요!"

이 책을 쓰기 위해 동료들과 함께 딥블루와의 매치를 상세히 분석할 때, 문득 그 농담이 떠올랐다. 세월이 선사한 객관적인 안목과 딥블루보다 더 강력해진 첨단 체스 엔진이 합쳐지면서, 우리는 그 과정에서 흥미로운 발견을 했다. 그것은 거의 모든 언론 기사와 책이 딥블루의 f-폰을 비롯한 여러 다양한 수에 대해 천편일률적인 논평을 들려주었다는 사실이다. 나는 가슴이 아팠다. 많은 사람들이 딥블루의 놀라운 수가 객관적으로 강력한 수였다고 오해하고 있었다. 우리는 그전의 컴퓨터들이 보여주지 못한 특이한 수를 딥블루가 시도했다는 사실이 딥블루의 객관적인 실력에 대한 평가에 상당한 영향을 미쳤다는 것을 확인할 수 있었다.

예를 들어 그 매치를 다룬 많은 책들은 두 번째 게임의 26.f4를 한결같이 '위대한 수'로 평가했다. 하지만 우리가 분석한 결과 그 포지션에서는 최고의 수와 거리가 먼 것이었다. 그것보다 비숍을 후퇴시켜 a파일에 세 개의 기물을 두었더라면 더 지배적인 포지션을 차지할 수 있었을 것이다. 그리고 내게 반격의 기회를 허용하지 않았을 것이다. 오늘날 첨단 체스 엔진이라면 몇 초 만에 그런 결정을 내렸을 것이다. 그러나 많은 사람들은 딥블루를 체스를 둘 줄 아는 강아지처럼 놀라운 시선으로 바라보았고, 평범한 수도 지나치게 과대평가했다. 그러한 사실은 매치를 벌이는 동안 내내 신경이 쓰였다. 나는 딥블루의 실력을 지나치게 높게 평가했고, 그러다 보니 훌륭한 수보다 실수에 더 많이 집중할 수밖에 없었다.

딥블루에 대한 망상 속에서 나는 수동적으로 대응했다. 딥블루가 계속해서 게임을 이끌어가는 동안 나는 제대로 방어하지 못했다. 그리고 딥블루의 공격을 막을 수 있는 마지막 기회였던 32수를 놓치면서, 딥블루가 결정적인 수를 발견하지 못하길 바라는 신세가 되었다.

딥블루는 압박을 계속했고, 카르포프에 뒤지지 않는 끈기를 보여주었다. 내가 수세에 몰려 있던 동안, 딥블루는 뜻밖에도 35수에서 꽤 오랫동안 고민을 했다. 그전까지 딥블루는 신속하게 게임을 진행했다. 길어도 3~5분이었다. 그런데 이번에는 5분, 10분이 흘러도 반응이 없었다. 결국 딥블루가 최종 결정을 내리기까지 14분이 걸렸다. 그동안 나는 집중력을 잃어버리고 말았다. 혹시 고장 난 것이 아닌가 의심이 들었다. 아니면 프로그래머들의 말처럼 주요 변화수에 대한 평가가 아주 낮게 나왔을 때 나타난다는 '패닉 모드'로 접어든 것은 아닌지 궁금했다.

딥블루는 36수에서 퀸으로 폰 두 개를 공격했다. 딥블루가 내 폰을 잡을 경우, 중앙에서 필사적인 반격의 기회를 잡을 수 있겠다는 희망이 보였다. 다시 한 번 딥블루는 탐욕으로 무너질 것인가?

그러나 아쉽게도 딥블루는 또 한 번 컴퓨터이기를 거부했다. 폰을 잡는 대신 승리의 쐐기를 박듯 비숍을 움직였다. 나는 그토록 싫어했던 소극적인 포지션에서 벗어나지 못한 채 네 시간 가까이 고문을 당했다. 전세는 점점 더 불리해졌다. 절망감이 들었다. 딥블루가 퀸과 룩으로 a파일을 공격했을 때 제대로 대응하지도 못했다. 어떻게든 공격을 막아내야 했지만 탈출구를 찾을 수 없었다. 자포자기 심정으로 퀸으로 체크를 했을 때, 딥블루는 예상과 달리 구석이 아니라 중앙으로 빠져나갔다.

딥블루는 45수에서 룩으로 퀸을 공격했다. 결정적인 수였다. 퀸을 살리자면 어쩔 수 없이 비숍을 포기해야 했다. 나는 비숍을 희생해서 퀸으로 몇 번 더 체크를 시도했지만, 그건 필사적인 발악에 불과했다. 딥블루가 모든 단계에 능했다면, 가장 강력한 체크로 이어지는 일련의 수를 파악했을 것이다. 그러나 그때까지 놀라운 실력을 보였던 딥블루는 믿을 수 없게도 간단한 방법으로 킹을 안전하게 보호하지 않고, 대신에 무승부 수로 추격을 당하도록 내버려두었다.

두 번째 게임은 절망 그 자체였다. 나는 어서 빨리 경기장을 빠져나오고 싶었다. 마음은 이미 체스판을 떠나 있었다. 다만 첫 번째 게임에서 허송세월을 보낸 딥블루가 어떻게 두 번째 게임에서 우세한 포지션을 이끌어갈지 궁금할 따름이었다. 그때 내가 게임이 아닌 딴생각을 하고 있었다는 것은 인간의 전형적인 약점을 드러내는 것이었다. 게다가 이미 판세가 기울어버린 게임을 계속 바라보고 있어야 한다는 건 신체적으로도 고통스러운 일이었다. 이처럼 절망적인 상태에서 아무런 의미 없이 시간을 보내기보다 빨리 포기해서 조금이나마 남은 존엄과 다음 게임을 위한 에너지를 지키고 싶었다.

결국 나는 서둘러 기권을 선언했고, 가능한 한 빨리 절망감을 분노의 에너지로 전환하기 위해 곧장 자리를 떴다. 청중과 해설자, 혹은 그 누구도 만날 기분이 아니었다. 딥블루 팀이 영광의 순간을 만끽하도록 남겨두고서 어머니와 함께 건물을 빠져나왔다.

나는 현장에 없었지만, 나중에 기사를 통해 관중들이 딥블루에게 뜨거운 환호를 보냈다는 사실을 확인할 수 있었다. 딥블루의 플레이를 종종 비판했던 세이라완은 두 번째 게임에 대해 이렇게 말했다. "딥블루가 있어 뿌듯합니다." 그리고 애슐리는 "멋진 게임"이라 평가하면서, 밸보와 더불어 컴퓨터답지 않게 내 포지션을 죽음으로 몰고 간 딥블루의 '아나콘다' 전술을 칭찬했다. 한 관객은 이번 게임이 컴퓨터가 지금껏 보여준 최고의 게임이었다고 평했다. 적어도 카스파로프를 상대로 펼친 최고의 경기였다는 것은 부정하기 힘든 사실이다.

한껏 자신감이 높아진 딥블루 연구팀은 지난 14개월 동안의 노력이 마침내 보상을 받았다며 소감을 밝혔다. 쉬펑슝은 이렇게 말했다. "올해 딥블루는 체스와 그 미묘한 특성에 대해 많은 것을 이해했습니다. 그리고 그것을 게임을 통해 입증했습니다." 벤저민이 마이크를 이어받았다. "어떤 그랜드마스터와 견주어도 뒤지지 않을 게임을 펼쳤다는 점에서 만족합니다." 레비가 나서 첫 번째 게임에서 "몇몇 의심스러운 수"를 두었던 딥블루가 어떻게 두 번째 게임에서 "그야말로 천재적인" 플레이를 보일 수 있었는지 물었을 때 C. J. 탄은 기자들을 향해 이렇게 외쳤다. "딥블루에게 칵테일을!" 그러자 장내에서 박수갈채가 쏟아졌다. 승리의 커튼콜은 그렇게 끝났다.

게임을 포기하다

나는 그리 술을 잘 마시는 편이 아니다. 그날 저녁 두 번째 게임을 복기하고 나서도 차를 마셨다. 하지만 내게 필요한 것은 독한 술이었다. 자신의 패배를 다시 살펴보는 일은 언제나 힘들다. 다음 게임을 위해 정신을 차려야 할 순간에는 더욱 어렵다. 토너먼트의 경우 같은 상대를 같은 색의 말로 대적할 일은 없다. 그래서 게임이 끝나고 곧바로 복기 작업을 할 필요는 없다. 반면 매치에서는 같은 상대를 계속 만나게 된다. 그렇기 때문에 모든 게임 속에서 도움이 될 만한 정보를 즉각 발견해내야 한다. 특히 딥블루와의 매치에서는 모든 게임이 내가 상대를 파악할 수 있는 유일한 기회였기에 더욱 중요했다.

어떤 패배는 유독 더 가슴이 아팠다. 두 번째 게임은 내가 경험한 최악의 패배였다. 모든 것이 혼란스러웠다. 딥블루의 실력이 어떻게 그처럼 갑작스럽게 향상되었는지, 왜 나는 원래 스타일을 버리고 컴퓨터에 특화된 전략을 선택했는지, 그리고 어리석게도 실전 게임을 통해 딥블루의 실체를 파악할 수 있을 것이라 낙관했는지 알 수 없었다. 이러한 의문은 두 번째 게임에 대한 분석을 마치고 나서도 풀리지 않았다. 첫 번째 게임에서 애매한 수를 두고, 기물을 잡는 데만 열중하고, 전형적인 컴퓨터 플레이를 보였던 딥블루가 어떻게 기물을 잡을 절호의 기회를 과감하게 포기했던 것일까? 우리의 체스 엔진도 놀랍도록 끈기 있는 딥블루의 움직임을 예상하지 못했다.

나는 나에 대한 정신분석을 시도한 사람들을 비판한 바 있다. 그들이 똑같은 실수를 반복하도록 하지 않기 위해 여기서 그때의 심정을 솔직하게 털어놓고자 한다. 나는 많은 선수들이 패배의 악몽에서 벗어나기 위해 다양한 심리적 방어기제를 활용한다는 사실을 알고 있다. 그러나 그러한 방어기제에 대한 분석은 입자물리학의 접근방식과 유사한 측면이 있다. 다시 말해 들여다보면 들여다볼수록 그 실체는 더욱 모호해진다. 나는 세 번째 게임을 위해, 그리고 매치의 나머지 게임을 위해 최대한 빨리 자신감을 회복해야 했다. 그렇지 않으면 희망이 없었다. 나는 혼란스럽고 고통스러웠다. 그리고 모든 사람에게, 또한 나 자신에게 분풀이를 하고 있었다.

그날 밤 나는 패배에서 벗어나는 것이 불가능하다는 사실을 알지 못했다. 다음 날 우리 팀 멤버인 유리와 프레데리크, 마이클, 오언과 함께 5번가로 점심을 먹으러 가는 길이었다. 그때 유리가 내게 다가와 가족이 세상을 떠난 것처럼 슬픈 표정으로 러시아말로 이렇게 말했다. "어제 게임의 마지막 포지션은 무승부였어요. 무한반복 체크였어요. 퀸을 e3으로 옮기면 끝나는 거였죠."

나는 걸음을 멈추고 머리를 감싸쥔 채 그대로 얼어붙었다. 그러고는 팀원들을 바라보았다. 그들 모두 그 사실을 알고 있었다. 그 이야기를 언제, 어떻게 꺼내야 할지 망설이고 있었던 것이다. 그 순간 내가 받을 충격을 짐작했기에 그들은 나와 눈도 마주치지 못했다. 전 세계가 지켜보는 가운데 나는 최악의 게임을 펼쳤다. 거기서 끝나지 않고 내 생애 처음으로 무승부 포지션에서 패배를 선언했던 것이다. 믿을 수 없었다. 나는 매치가 끝날 때까지 그 충격에서 헤어나오지 못했다. 무승부였다니?!

미국의 정신과 의사 퀴블러로스Kübler-Ross는 죽음을 앞둔 환자들이 경험하게 되는 슬픔을 다섯 단계로 나누었다. 처음에는 부정한다. 이어 분노, 타협, 절망, 수용의 수순을 거친다. 그날 점심시간에 나는 부정의 단계에 있었다. 나는 벽을 쳐다보며 당시 상황을 머릿속으로 굴려보았다. 그리고 가엾은 팀원들에게 질문을 퍼부었다. "딥블루가 어떻게 그 간단한 수를 놓쳤지? 딥블루는 최고였어. Be4는 신의 한 수였지. 그런데 그렇게 간단한 무한반복 체크를 허용했다고?"

퀴블러로스의 다섯 단계를 20년의 세월에 걸쳐 경험했던 나의 심리를 단 한 번만 분석해보자. 나는 스스로에게 물었다. "어떻게 내가 그 간단한 수를 못 볼 수가 있지?" 세계 챔피언에게, 그리고 세계 정상의 자리에 있는 사람에게 모든 패배는 자초한 것으로 볼 수 있다. 이런 생각은 내 상대들에게는 공평하지 않다. 그들은 나에게서 얻은 승리를 자신의 체스 경력에서 최고봉으로 여긴다. 하지만 믿기 힘든 폭로를 접하고 나서, 나는 누구에게도 공평하고픈 마음이 들지 않았다.

그 발견은 전 세계 모두를 연결하는 인터넷 덕분에 가능했다. 내가 두 번째 게임을 포기하기도 전에, 그 게임을 지켜보고 있던 수백만 명의 체스 인구는 이미 분석 작업을 시작했고, 각자의 결과를 공유했다. 그리고 강력한 체스 엔진으로 무장한 개인 평론가들은 내가 기권을 선언하는 대신에 최고의 수를 찾아냈더라면 마지막 포지션에서 딥블루가 절대 이길 수 없었다는 것을 입증했다. 우리 팀원들은 내게 그 소식을 전하기 전에 그 믿기 힘든 이야기를 직접 시험해보았다. 나는 퀸의 침투를 의미 없는 수로 보았지만, 사실 그 수는 나를 살릴 선택이었다. 그러면 백킹은 퀸의 체크에서 도망칠 수 없고, 결국 세 번 반복 무승부 규정에 따라 비김으로 끝나게 되어 있었다. 딥블루는 마지막 몇 수에서 큰 실수를 저질렀고, 내가 필사적으로 기회를 모색했더라면 그 빛나는 승리를 무효로 만들 수 있었다.

나는 충격에 휩싸였다. 똑같은 게임을 두 번이나 패한 듯한 느낌이 들었다. 무승부 포지션에서 게임을 포기하다니. 믿을 수 없었다! 상대가 인간이었다면, 똑같은 포지션에서 그렇게 쉽게 포기하지는 않았을 것이다. 나는 딥블루의 플레이에 놀랐고 게임을 이끌어가는 방식에 위축되었다. 그렇게 쉽사리 게임을 포기한 나 자신에게 화가 났다. 컴퓨터라면 절대 그런 실수는 저지르지 않았을 것이다.

그랜드마스터와 대적할 때, 나는 기본적으로 내가 보는 것을 상대도 보고, 내가 확신이 없는 것에 상대도 확신이 없을 것이라고 생각한다. 하지만 1초에 2억 가지 포지션을 검색할 수 있고, 세계 챔피언을 상대로 게임을 이끌어가는 컴퓨터에 대해서는 그럴 수 없다. 일반적인 방식으로 생각할 수 없고, 특정 포지션이 컴퓨터의 실수로 인한 것이라고 짐작할 수 없다. 예를 들어 체크메이트의 위험이 뻔히 보일 때에도 내 계산에 잘못이 있었다고 생각하고 그냥 넘어가게 된다. 왜냐하면 강력한 컴퓨터가 그런 기회를 보지 못했을 리 없기 때문이다. 이는 컴퓨터와의 대결에서 내가 얻은 소중한 경험적 원칙이다. 반대로 컴퓨터가 너무 쉽게 허점을 드러내는 것처럼 보인다고 해도, 절대 이를 이용해 이길 수는 없을 것이다. 그러한 점에서 나는 필요 없는 에너지 낭비를 줄일 수 있다. 하지만 이번 경우는 내 체스 경력에서 최악의 실수로 이어지고 말았다.

매치에서 벌어질 수 있는 최악의 상황은 패배가 단지 한 번의 사건으로 끝나지 않는 경우다. 가슴 아픈 패배로 평정심을 잃을 때, 집중력이 흐트러지면서 연속으로 패하게 된다. 이러한 위험을 막기 위한 가장 일반적인 대응 방법은 다음 게임을 가능한 한 빨리 무승부로 끝내는 것이다. 그렇게 하면 요동치는 배를 일단 안정시킬 수 있다. 그러나 짧은 매치에서는 그런 방법도 의미가 없다. 백을 잡는 소중한 기회를 낭비할 여유가 없기 때문이다. 게다가 딥블루는 대등한 포지션에서 나의 무승부 제안을 받아들이지 않을 것이다. 어쨌든 딥블루는 결코 지치는 법이 없고, 지난 게임에서 치명적인 실수로 무승부 포지션을 허용했다는 소식을 들어도 놀라지 않을 것이기 때문이다.

그 이야기는 곧바로 언론의 헤드라인을 장식했고 순식간에 퍼져나갔다. 섣부른 포기에 대한 질문 공세를 받을 것이라는 생각에 걱정이 들었다. 대체 뭐라고 대답해야 할까? 기자들은 그 이야기를 계속해서 끄집어낼 것이며, 내가 나머지 게임에 집중하지 못하도록 방해할 것이다. 그렇게 생각하니 아직 네 게임이나 남았는데도 매치를 그만두고 싶었다. 나는 상대를 알지 못했다. 첫 번째 게임에서 허술하게 폰을 움직인 것이 딥블루였을까? 아니면 두 번째 게임에서 아나콘다처럼 내 목을 조였던 것이 딥블루였을까? 무한반복 체크로 무승부를 허용한 것은 단순한 버그나 오류였을까? 나는 계속 이런 질문을 던지며 점점 더 암울한 어둠 속으로 파고들었다. IBM은 수단과 방법을 가리지 않고 나를 이기려 했다. 그렇다면 혹시 딥블루의 성향이 갑자기 바뀐 게 외부의 조작 때문은 아니었을까?

나는 나 스스로에게 짜증이 났다. 오프닝을 어쩌면 그렇게 허술하게 전개했던 것일까? 팀원들의 조언에 문제가 있었던 것일까? 아니면 나의 판단착오였을까? 이제 무엇을 바꿔야 할까? 나는 어쩌자고 그렇게 일찍 게임을 포기했단 말인가?

의심과 혼란

나는 머릿속이 뒤죽박죽인 채로 세 번째 게임을 위해 자리에 앉았다. 그리고 새로운 수로 게임을 시작했다. 1.d3. 즉 퀸 앞의 폰을 한 칸 앞으로 밀어 올렸다. 일반적인 두 칸 전진과 달리 한 칸 전진은 컴퓨터에 특화된 극단적인 형태의 전술로, 딥블루를 빨리 오프닝북에서 끌어내어 게임을 주도하려는 목적이었다. 나는 이러한 접근방식으로 첫 번째 게임에서 효과를 보았다. 물론 더 이상 똑같은 딥블루를 상대하는 일은 없겠지만.

그날의 게임을 돌이켜보건대, 전날의 충격에서 벗어나지 못한 상태에서 그럭저럭 게임을 잘 풀어나갔다. 지금도 이해하기 힘든 이유로 퀸사이드를 확장할 수 있는 기회를 놓친 것 말고는 오프닝에서 특별한 문제를 발견하지 못했다. 20년이 흘러 세 번째부터 여섯 번째 게임까지 분석하다 보니, 마치 다른 누군가의 게임을 들여다보고 있다는 느낌이 든다. 일반적으로 나는 특정 포지션에서 생각했던 것들을 선명하게 기억한다. 그건 수십 년 전 게임도 마찬가지다. 하지만 이번 매치는 그렇지 않았다. 그때의 나는 내가 아니었고, 내 의식은 정상적으로 작동하지 못했던 것이다.

세 번째 게임에서는 딥블루도 인상적인 모습을 보여주지 못했다. 그럼에도 나는 게임을 제대로 풀어나가지 못했다. 딥블루가 실수하지 않고서는 균형이 무너지지 않을 것이라는 생각에, 나는 폰을 희생해서 흑의 비숍을 구석에 가둬두는 방법을 택했다. 그러나 룩을 흑의 포지션 깊숙이 침투시키는 대신 퀸의 교환을 선택한 것은 최고의 수와는 거리가 멀었다. 이후 분석에서 확인했던 것처럼, 그 수는 게임을 풀어나가기 위한 것이 아니라 다만 나의 스타일을 지키기 위한 선택이었다. 그만큼 나는 잔뜩 겁을 먹은 채 게임에 임하고 있었다.

나는 기회를 봐서 공세로 전환하기 위해 딥블루를 방어 포지션으로 몰아가고자 했다. 그러나 딥블루는 기민한 움직임으로 교묘하게 빠져나갔다. 언뜻 보기에는 내 기물들이 체스판을 장악하고 있었지만, 승리의 쐐기를 박을 만한 확실한 수를 찾지 못했다. 결국 딥블루가 폰을 희생하면서 별 소득 없이 엔드게임으로 넘어갔다. 그리고 몇수 만에 우리는 무승부에 합의했다. 게임은 끝났다. 하지만 더 힘든 싸움이 나를 기다리고 있었다.

매치가 끝나고 기자회견에서 두 번째 게임에서 딥블루가 보여준 강력한 플레이, 그리고 나의 섣부른 포기에 대한 질문 공세가 이어질 것이었다. 그 시간은 1년처럼 길게 느껴질 터였다. 하지만 매치 후반부를 멋지게 이끌어가려면 더 이상 방어적인 모습을 보일 수는 없었다. 나는 공격이야말로 최선의 방어라고 믿는 사람이었다. 그것은 체스는 물론, 정치와 기자회견에도 그대로 적용되는 원칙이었다.

밋밋한 세 번째 게임이 불꽃 튀는 두 번째 게임과 과연 상대가 될 것인가? 챔피언의 허술한 오프닝, 컴퓨터의 환상적인 포지션 플레이, 과감한 공격, 어처구니없는 실수, 그리고 체스 세상을 충격에 빠뜨렸던 폭로. 당시 평론가들은 하루 종일 같은 이야기만 떠들어댔다. 프레데리크가 내게 충격적인 소식을 전했다는 이야기는 그들이 좋아할 만한 기삿거리였다. 게다가 프레데리크는 이야기를 만들어내는 재능을 발휘하여, 내일 아침 택시 기사에게 듣게 내버려두는 것보다 차라리 직접 전해주는 게 낫겠다고 판단했다는 자세한 설명까지 덧붙여 주었다.

해설자 중 유일한 그랜드마스터인 세이라완은 나의 어려움을 이해했고, 두 번재 게임에서 겪은 고통, 그리고 그에 따른 세 번째 게임의 중압감을 관중에게 고스란히 전하고자 노력했다. 그는 말했다. "패배를 확신했기에 포기한 겁니다. 인간은 절망합니다. (……) 특히 체스기사는 자존심이 무척 강합니다. 그들은 예술가입니다. 그리고 자신의 작품을 진지하게 바라봅니다. 훌륭한 게임은 그들의 체스 인생에 중요한 의미가 있습니다. 무승부 게임을 포기했다는 건 상상조차 할 수 없는 일이죠. 자책은 스스로를 정신적으로 고문하는 일입니다. 과연 가리가 수렁에서 벗어날 수 있을까요?"

내가 최고의 수를 발견했다면, 포지션을 제대로 이해하지 못한 딥블루는 게임을 이기지 못했을 것이다. 쉬펑슝은 마지막 포지션을 분석한 결과 게임이 무승부로 끝났어야 했다는 사실을 깨달았다. 몇 년이 흘러 분석 기술이 더욱 발전하면서, 그 이야기는 또 한 번 반전을 맞이했다. 오늘날 강력한 엔진들은 백의 승리를 말하고 있다. 여러분이 직접 확인해보고 싶다면, 체스 프로그램에서 마지막 포지션을 만들어놓고 게임이 어떻게 흘러가는지 지켜보기만 하면 된다. 스마트폰용 무료 앱도 더 많은 폰이 살아 있는 백에 더 높은 점수를 준다.

잠시 딥블루의 마지막 수인 45.Ra6 직전의 포지션을 살펴보자. 오늘날 첨단 엔진들은 퀸을 맞교환하는 것이 백에 불리한 선택이라고 판단한다. 놀랍게도 딥블루의 마지막 두 수는 치명적인 실수였다. 그럼에도 나는 기권을 선택하는 최악의 실수를 저지르고 말았다.

세 번째 게임에 앞서, 나는 무승부를 허용한 치명적인 실수로 밝혀진 마지막 수를 포함하여, 두 번째 게임에서 납득하기 어려운 딥블루의 수에 대한 자료를 요청했다. 그러나 탄은 거절했다. 딥블루의 전략이 노출될 위험이 있다는 이유에서였다. 나는 이해가 가지 않았다. 결국 우리는 공식적인 검토를 위해 로그 파일을 영구적으로 보관하고 있을 것으로 기대했던 심사위원회에 해당 자료를 요청해야만 했다. 몇 번의 협상 끝에 탄은 지난번 필라델피아 매치와 마찬가지로 심사위원회에서 중립 기술감독관을 맡고 있는 켄 톰슨에게 자료를 넘겨주겠다는 의사를 밝혔다. 그러나 이후 반복된 요청에도 불구하고 탄은 자료를 넘기지 않았다. 게임 자료에 관한 소문은 그렇게 시작된 것이다.

두려운 마음으로 기자회견장에 들어서면서 결과에 상관없이 내 생각을 있는 그대로 말하기로 다짐했다. 내 차례가 되었을 때, 나는 불편하고 혼란스러운 감정을 그대로 드러냈다. 남은 게임을 풀어나가기 위해서는 어떻게든 혼란스러운 상황을 뚫고 나가야 했고, 가슴속에 남아 있는 분노를 모두 떨쳐버려야 했다. 매치가 끝나고 오랫동안 당시 상황을 설명하고자 했던 사람들이 도달한 결론은 내가 억지스러운 음모론을 들먹이며 패배를 어떻게든 변명하려는 비참한 패자였다는 것이다.

이러한 주장에 대해, 나는 내게도 어느 정도 책임이 있음을 인정한 바 있다. 그리고 음모론에 관해서는 당시 기자회견장 상황을 묘사한 기사들을 살펴보면 진실을 이해할 수 있을 것이다. 더 중요한 문제는 내가 의심과 혼란을 느끼고 있었다는 것이다. 나는 게임이 어떻게 흘러갔는지 알 수 없었다. 어떻게 딥블루가 그렇게 훌륭한 플레이를 보여줬는지, 동시에 어떻게 그렇게 어처구니없는 실수를 마지막에 저질렀는지 이해하지 못했다. 그래서 그렇게 말했고, 딥블루 연구팀에게 설명해달라고 요청했다. 로그 파일을 공개해서 의문점을 풀어달라고 했다. 하지만 그들은 내 요청에 응하지 않았다. 왜 그랬던 걸까?

기자회견장에서 내가 수차례 당혹감을 드러내자 모리스 애슐리는 혹시 두 번째 게임에서 '인간의 개입'이 있었을 것이라 의심하는지 물었다. 나는 이렇게 대답했다. "1986년 잉글랜드 전에서 마라도나가 넣었던 골이 생각납니다. 그는 골을 넣은 것은 신의 손이라고 했죠!"

미국인들은 축구를 잘 모르기 때문에 내 농담을 이해하지 못할 것이라 생각했지만, 관중들은 크게 웃었다. 아르헨티나의 축구 영웅 디에고 마라도나는 1986년 멕시코 월드컵 8강 경기에서 골을 넣었다. 지금은 영상을 통해 확실하게 알 수 있지만, 경기 당시에는 근처에 있던 선수들을 제외하고는 마라도나가 왼손을 사용해 골을 넣었다는 사실을 아무도 알지 못했다. 심판도 보지 못했다. 아르헨티나가 2 대 1로 승리를 거두고 난 뒤 마라도나에게 물었을 때, 그는 "내 머리와 신의 손이 만들어냈다"라는 애매모호한 답변으로 넘어갔다.[5] 마찬가지로 딥블루 연구팀이 명백한 증거를 제시하기까지, 나는 신의 손이 체스판에 작용했을 것이라고밖에 달리 생각할 수 없었다.

벤저민과 나는 기자회견장에서 우리가 자료를 요청했던 중요한 순간에 딥블루가 무엇을 보고, 그리고 보지 못했는지를 놓고 약간의 논쟁을 벌였다. 탄은 "매치가 끝나면 연구실에 함께 모여" 두 번째 게임의 마지막 포지션을 분석해보자는 밸보의 제안을 받아들임으로써 분위기를 진정시키고자 했다. 그는 이렇게 말했다. "매치가 끝난 뒤 가리를 연구실로 초대해서 과학 실험을 이어갈 것입니다."

나는 어떻게든 평정심을 되찾고자 했다. 그러나 화해의 손짓은 오히려 아드레날린을 한 번 더 솟구치게 할 뿐이었다. 탄은 이미《뉴욕타임스》에 "과학 실험은 끝났다"고 밝히지 않았던가? 정말로 과학이 중요하다면, 왜 파일을 공개해서 의혹을 해소하지 않는단 말인가? 나는 과학 실험의 순수성을 중요하게 생각한다면, 대결이 동등한 조건에서 이루어져야 할 것이라고 답했다. 캠벨은 매치가 끝난 뒤 모든 게 공개될 것이라며 이렇게 강조했다. "그는 우리가 어떻게 성과를 만들어냈는지 알지 못합니다. 매치가 끝나고 모든 것을 설명해줄 것입니다."

10

DEEP THINKING

평정심을 앗아간 것

◆

그날 밤 나는 플라자 호텔 엘리베이터 안에서

배우 찰스 브론슨을 우연히 만났다.

짧은 인사를 나눈 뒤 브론슨은 이렇게 말했다.

"운이 없었어요!"

나는 대답했다.

"그랬죠. 다음번엔 잘할 수 있을 겁니다."

그러자 브론슨은 고개를 저으며 이렇게 말했다.

"그들은 두 번 다시 기회를 주지 않을 겁니다."

그의 말은 옳았다.

◆

이제 나는 혈압에 신경 써야 하는 50
대가 되었다. 그러니 가슴 아픈 장면을 뒤로하고, 나머지 게임들, 그
리고 세 번째 게임 후에 아이들의 다과회 같은 분위기로 열렸던 마무
리 기자회견에 대해 살펴보고자 한다.

 체스 세상에는 세계 챔피언십 매치에서도 반칙과 부정행위에 대한
항의와 고발이 이어졌던 추한 역사가 남아 있다. 그중 유명한 일화는
일반 독자를 위한 체스 관련 서적에 자세하게 소개되어 있다. 그러한
소동은 세월이 흘러도 우습다. 1972년 스파스키를 상대로 한 매치에
서 피셔는 경기장 내 카메라에 대해 항의했고, 급기야 두 번째 게임
을 포기하기까지 했다. 결국 세 번째 게임은 조그마한 방에서 치러졌
다. 카르포프와 코르치노이는 종종 감정적인 갈등을 빚었다. 1978년
필리핀에서 열린 세계 챔피언십에서 카르포프는 주크하르라는 심리
학자(일부는 최면술사라고 주장하는)를 팀원으로 대동했다. 주크하르는 관
중석에 앉아 코르치노이를 계속해서 노려보았다. 이에 대해 코르치
노이는 매 게임마다 항의했다. 이후 코르치노이 역시 인도계 명상가
들을 초청하여 카르포프와 주크하르를 노려보도록 했다. 다시 카르

포프는 코르치노이의 의자가 수상하다고 항의했고, 결국 의자를 분해해서 엑스레이를 찍는 소동까지 벌어졌다. 심지어 코르치노이의 짙은 안경과 카르포프의 요거트에 대한 조사도 있었다.

2006년 블라디미르 크람니크와 베셀린 토팔로프Veselin Topalov 간의 세계 챔피언십 매치에서는 화장실 문제가 불거졌다. 토팔로프 측에서 크람니크가 지나치게 화장실을 자주 간다고 항의했고, 주최 측은 이를 받아들여 크람니크의 전용 화장실을 폐쇄했다. 이후 크람니크는 언론이 화장실 게이트toiletgate라고 잽싸게 이름 붙인 스캔들에 대한 저항의 표시로 다섯 번째 게임을 포기했다(어쨌든 최종 승자는 크람니크였다).

어쩌면 당연하게도 나와 나의 최고 라이벌 카르포프 역시 이러한 문제로부터 자유롭지 못했다. 1986년에 열린 재대결에서 카르포프는 나의 오프닝 전술에 놀라운 직관으로 응수했다. 카르포프는 나의 노블티를 강력한 수로 맞받아쳤다. 예상하기 힘든 수에 대해서도 완벽하게 준비된 모습을 보였다. 나는 우리 팀 내부에서 누군가가 오프닝 전략을 카르포프에게 몰래 알려주지 않고서는 이러한 우연이 반복적으로 일어날 수 없다고 결론 내렸다. 세 게임을 잇달아 내주고 난 뒤, 나는 두 명의 팀원을 내보냈다. 나중에 카르포프의 한 측근은 카르포프가 다음 게임에서 "반드시 있을 것으로 확신했던" 변화수를 분석하느라 밤늦게까지 자지 않았다는 이야기를 기사를 통해 들려주었다. 하지만 다음 날 나는 백을 잡았던 이전 두 게임과는 완전히 다른 오프닝을 시도했다. 결과는 나의 승리였다. 예감이 적중했던 것이다.

결론적으로 말해서 최고 수준의 체스 세상에서도 기만이 끊이질 않는다. 이에 대해 일부 그랜드마스터는 지나치게 편집증적인 반응을 보이기도 했고, 교묘한 속임수와 체스판 외부의 계략은 고도의 심리전 양상을 띠었다. 아니면 이 모든 문제와 관련하여 합의안을 마련할 수도 있다.

인간의 개입

다음으로 기자회견장에서 애슐리가 언급했던 '인간의 개입'이라는 다소 위험한 표현에 대해 생각해보자. 내가 만들어낸 말이 아니었음에도, 나는 20년 동안이나 그 표현에 담긴 미묘한 의미에 대해 고민했다. 그건 결코 간단한 문제가 아니었다. 딥블루와의 재대결에서 우리는 인간의 개입을 어느 정도 허용하기로 합의했다.

예를 들어 딥블루 연구팀이 버그를 수정하거나 고장 시에 재부팅을 하고, 또한 게임이 끝나고 데이터베이스와 평가 기능을 업데이트할 수 있도록 했다. 실제로 그들은 그렇게 했다. 하지만 매치 이후 이러한 규정은 컴퓨터에게 부당한 이익을 주는 것으로 판정 났고, 인간의 개입 범위를 엄격하게 규제하는 방향으로 나아갔다.

이번 재대결에서 시스템을 수동으로 재부팅하는 사고가 두 차례 이상 있었다. 딥블루 팀의 설명에 따르면, 세 번째와 네 번째 게임에서 그러한 사고가 있었다. 물론 그런 일이 벌어진다고 해도 딥블루가 게임을 진행하는 데에는 아무런 지장이 없다. 하지만 네 번째 게임의 긴박한 엔드게임에서 쉬펑슝에게 계속해서 진행 상황을 물어봐야 하는 것은 내게 결코 유리한 상황이 아니었다. 나중에 여러 체스 프로그래머들이 지적했던 것처럼, 시스템 재부팅은 재현 가능성의 차원에서 모든 것을 바꿔버린다. 다시 말해 특정 포지션을 유지하기 위해 활용했던 메모리 테이블이 몽땅 사라지기 때문에 컴퓨터가 동일한 수를 두도록 만들 방법이 없다.

시스템 관리자가 특별한 조치를 취하는 경우를 제외하고, 인간의 개입이라고 하면 사람들은 대부분 볼프강 폰 켐펠렌Wolfgang von Kempelen 의 체스 인형 투르크처럼 카르포프 같은 최고의 그랜드마스터를 어딘가에 숨겨놓은 장면을 떠올린다. 하지만 첨단 백업 및 원격제어 기술로 인해 더 이상 체구가 작은 그랜드마스터를 커다란 검은 상자 안에 숨겨놓을 필요가 없게 되었다. 이제 그러한 아이디어는 우스꽝스러운 상상이 되어버렸다. 까다로운 포지션에서 딥블루 팀이 시간을 벌기 위해서는 모종의 사고를 일으켜 컴퓨터를 재부팅해야 하는 상황을 만드는 것만으로도 충분하다. 프리츠를 상대로 한 게임에서 딥블루 시스템이 갑자기 멈추는 바람에 재부팅을 해야 했던 1995년 홍콩 토너먼트 상황을 떠올려보자. 안타깝게도 딥블루는 재가동 직후에 더 나쁜 수를 두고 말았다. 하지만 더 좋은 수를 둘 가능성도 얼마든지 있다. 특히 고의로 문제를 일으켜 추가적인 시간을 확보하도록 프로그래밍된 경우라면 말이다.

2016년 9월 15일에 나는 옥스퍼드에서 주최한 소셜 로보틱스와 인공지능 컨퍼런스에 연설자로 참석했다. 거기서 나는 노엘 샤키Noel Sharkey를 만났다. 인공지능과 기계학습 분야의 세계 최고 권위자인 셰필드 대학의 샤키는 최근 윤리적 기준과 로봇의 사회적 영향을 주제로 한 다양한 프로젝트에 참여하고 있었다. 또한 영국의 유명한 TV

프로그램인 〈로봇워스Robot Wars〉의 해설자와 주심으로 널리 알려져 있었다. 그가 연설을 하기 전, 우리는 함께 점심을 먹으면서 짧은 대화를 나누었다. 나는 기계학습과 로봇 윤리학을 주제로 한 유엔의 논의에 대해 듣고 싶었다. 그러나 샤키가 궁금해한 것은 딥블루였다!

샤키는 내게 이렇게 말했다. "오랫동안 신경이 쓰이더군요. 당신을 이긴 인공지능 시스템의 잠재력에 대해 열광했었죠. 저는 대결이 공정하게 치러지길 기대했지만 그렇지 못했어요. 시스템 고장? 아니면 그들이 설치해놓은 네트워크 시스템? 그런 것들을 어떻게 확인하셨는지요? 그들은 기물을 옮길 때마다 소프트웨어와 하드웨어를 충분히 조작할 수 있었습니다. IBM이 속임수를 썼다고 단정할 순 없지만, 그렇다고 해서 속임수를 쓰지 않았다고 장담할 수도 없습니다. 그럴 가능성은 분명히 있었어요. 물론 그래선 안 되죠! 제가 심판이었다면, 모든 전선을 벗겨내고 딥블루 옆에다가 패러데이 상자Faraday cage[도체로 만든 밀폐 상자, 혹은 전도성 물질로 이루어진 그물망으로 외부 정전기장을 차단하는 장치—옮긴이]를 설치하고서는 이렇게 말했을 겁니다. '자, 이제 마음껏 게임을 펼치세요.' 그런 요구를 받아들이지 않았다면 당장 게임을 중단했을 겁니다!" 노엘 샤키가 딥블루 네트워크 케이블을 찢는 상상을 하자 그가 우리 팀에 있었다면 좋았겠다는 생각이 들었다.

마지막으로, 당시 IBM이 승리를 위해 부정한 방법을 동원했을 것이라고 의심한 사람은 거의 없었다. 하지만 이제 그러한 생각은 시대에 뒤떨어진 말처럼 들린다. 그로부터 4년 뒤 미국의 거물 에너지 기업의 부정을 드러낸 엔론 스캔들이 비즈니스 세상을 강타했다. 그것은 비즈니스 세상의 워터게이트 스캔들이자, 2007~2008년의 금융위기를 암시했던 중대한 사건이다. 물론 체스 게임의 속임수를 금융 붕괴와 비교하려는 것은 아니다. 다만 엔론 스캔들이 터지고 나서 어느 누구도 이런 말을 할 수 없게 되었다. "IBM 같은 미국의 대기업이 그처럼 비윤리적인 일을 할 리 없잖아요?" 의혹의 시선은 특히 재대결 이후 IBM 주가가 크게 올랐다는 사실이 알려지고 나서 더욱 커졌다.

이제 우리는 미구엘 일레스카스의 솔직한 발언 덕분에 IBM이 어떻게든 승리를 차지하기 위해 윤리적 기준을 최대한 낮추었다는 사실을 알게 되었다. 일레스카스는 2009년 《뉴인체스》와의 인터뷰에서 놀라운 이야기를 털어놓았다. "우리는 매일 아침 엔지니어, 그리고 커뮤니케이션 담당자와 회의를 했습니다. 그처럼 전문적인 업무 방식은 저로서는 처음 접해보는 것이었죠. 그들은 모든 세부사항을 꼼꼼히 따졌습니다. 제가 하려는 이야기는 아주 은밀한 내용입니다. 하나의 사건이라기보다 일화에 가깝겠군요. 저는 게임이 끝나고 카스파로프가 도코이언과 이야기를 나누는 것을 지켜보았습니다. 대화 내용이 궁금했거든요. 그때 이런 아이디어가 떠올랐습니다. 보안 요원을 러시아말을 할 줄 아는 사람으로 바꾸면 어떨까? 실제로 다음 날 보안 요원이 교체되었고, 우리는 게임 후에 그들이 무슨 이야기를 나누는지 알 수 있게 되었죠."

일레스카스의 말대로 그 사건 자체로는 그리 중요한 문제가 아니다. 그럼에도 그의 증언은 IBM이 승리를 위해 어떤 방법까지 동원했는지를 보여주는 폭탄 발언이었다. 내가 우리 팀원들과 나누는 대화를 엿듣기 위해 IBM이 휴게실에 러시아말을 하는 보안 요원까지 배치했을 것이라고는 상상조차 하지 못했다.

이제 그 모든 이야기의 끝에 내가 털어놓아야 할 고백이 남았다. 가장 중요한 문제에 대해, 그리고 나의 평정심을 깨뜨린 것에 대해 나는 잘못 생각했고, 그래서 딥블루 팀에게 사과를 해야만 한다. 두 번째 게임에서 딥블루는 놀라운 수로 나를 궁지로 몰아넣었고, 나의 사기를 완전히 꺾어버렸다. 그로부터 5년 뒤 인텔 서버에 기반을 둔 체스 프로그램이 등장해서 당시 딥블루가 보여주었던 최고의 수를 그대로 재현해 보였다. 한 발 더 나아가 좀 더 '인간적인' 모습까지 보여주었다. 나를 비롯하여 이를 지켜본 사람들은 모두 강한 인상을 받았다. 지금 내 노트북에 깔려 있는 체스 프로그램 역시 두 번째 게임의 '놀랍게도 인간적인' 수, 37.Be4를 10초도 안 되는 시간에 찾아낸다. 더 나아가 37.Be4가 우리가 생각했던 것만큼 그리 대단한 수는 아니며, 퀸을 움직이는 수와 거의 대등한 것으로 평가를 내리고 있다. 그때 내가 자포자기하지 않고 끝까지 최고의 수를 모색했더라면, 그 결과를 떠나 두 번째 게임은 딥블루에게도 더욱 인상적인 순간으로 남았을 것이다.

또한 이러한 이야기는 재대결 전에 내가 딥블루의 게임을 전혀 확인할 수 없었다는 것이 실제로 심각한 문제였다는 사실을 말해준다. 예를 들어 두 번째 게임에서 지극히 인간적인 수였던 Be4, 혹은 다섯 번째 게임에서 h5 폰을 밀어올린 수를 내가 그전에 보았더라면, 나는 전혀 다른 방식으로 대응했을 것이다. 재대결에서 딥블루의 정체를 철저하게 감춘 것은 신의 한 수였지만, 그 결정을 내린 것은 선수들(나와 딥블루)이 아니라 IBM이었다.

이제 나는 딥블루가 당시 매치에서 대단히 훌륭한 수와 함께 잘못된 판단도 내렸다는 사실을 알고 있다. 두 번째 게임에서 딥블루가 무한반복 체크를 인식하지 못했던 것도 그러한 관점에서 이해할 수 있다.

물론 딥블루의 놀라운 검색 능력을 고려할 때 여전히 의문이 가시지 않는 것도 사실이다. 어쨌든 내가 재대결 전에 딥블루의 그러한 측면을 알았더라면, 이야기는 아주 다른 방향으로 흘러갔을 것이다. 하지만 두 번째 게임을 섣불리 포기하면서 혼란과 모멸감을 느꼈을 때, 딥블루를 이기는 것은 이미 내게 불가능한 일이 되고 말았다.

후회는 되지만, 그렇다고 해서 그때 충격과 혼란에서 헤어나오지 못한 것이 오로지 나의 잘못만은 아니다. 1997년 딥블루의 기량은 나의 이해를 넘어선 것이었다. 그리고 IBM은 매치 동안 입장을 바꾸지 않았다. 어쩌면 IBM이 아무것도 숨기지 않았던 것인지 모른다. 하지만 애매모호한 태도를 고수하면서 나의 의심을 증폭시키는 것도 그들의 의도적인 전략이었다. IBM은 두 번째 게임 자료를 공개해달라는 우리의 요구를 묵살했다. 그들이 자료를 제출해서 켄 톰슨이 아무런 문제가 없다고 결론을 내렸더라면, 나는 우리가 보지 못하는 곳에서 무슨 일이 벌어지고 있는 것은 아닌지 하는 의심을 떨쳐버릴 수 있었을 것이다.

네 번째 게임을 앞두고 내 에이전트 오언 윌리엄스는 두 번째 게임 자료를 제출하지 않을 경우 톰슨이 심사위원회에 불참할 뜻을 주최 측에 밝혔다. IBM은 이를 톰슨이 참석하지 않는다면 나도 모습을 드러내지 않을 것이라는 경고로 받아들였고, 언론을 통해 그날 게임이 취소될 수도 있다고 언급했다. 게임이 시작되기 30분 전, 우리는 뉴본에게서 자료가 심사위원회에 제출되었다는 메시지를 받았다. 하지만 우리가 35층에 도착했을 때, 톰슨은 37.Be4에 관한 자료만 받았을 뿐이라고 말했다. 그 외에 다른 수에 관한 자료가 없다면, 그것만으로는 아무 쓸모가 없었다.

IBM의 은밀하면서도 모순된 태도는 다양한 방식으로 드러났다. 다섯 번째 게임이 끝나고 《뉴욕타임스》는 이렇게 보도했다. "이번 매치에서 웹사이트를 통해 카스파로프의 소식을 전하기 위해 IBM이 고용한 제프 키슬로프 기자는 카스파로프 지지자들이 딥블루에게 했던 부정적인 언급을 기사에 소개한 이후로 취재 권한을 박탈당했다. 또한 IBM은 딥블루의 오프닝 준비를 위해 그랜드마스터 존 페도로비치John Fedorovich와 닉 드퍼미언Nick DeFirmian을 고용했지만, 기자회견장에서 추가적인 도움에 관한 질문을 받았을 때조차 딥블루 팀의 어느 누구도 그들의 존재를 언급하지 않았다. 이후 드퍼미언은 자신과 페도로비치의 참여를 인정했지만, IBM의 기밀유지 조항에 서명했기 때문에 자세한 언급은 피했다.[1]

이 모든 일에 대해서 어머니는 내게 이렇게 말씀하셨다. "1984년 세계 챔피언십 매치가 생각나는구나. 그때 넌 카르포프는 물론 소련의 관료주의와도 싸워야 했지. 그리고 13년이 흘러서는 슈퍼컴퓨터는 물론 심리전을 펼치는 자본주의 시스템과 싸우고 있구나." ('자본주의'라는 말은 마르크스 시대의 낡은 표현처럼 들릴 수 있다. 그러나 첫 번째 매치가 끝나고 나서 IBM의 주가가 크게 올랐다는 사실을 떠올려보자!)

테이블베이스

그래도 게임은 계속되어야 했다. 나는 네 번째 게임을 위해 자리에 앉았다. 그리고 인간과 기계의 입장이 바뀌었던 두 번째 게임의 패턴을 다시는 반복하지 않겠다고 다짐했다. 두 번째 게임에서 딥블루가 강력한 플레이로 지배적인 포지션을 구축하는 동안, 나는 이리저리 방어적인 태세만 취했다. 이윽고 우위를 굳히기 위해 공격을 감행했을 때, 딥블루는 전술적인 실수를 저질렀고, 내가 이를 즉각적으로 이용했더라면 충격적인 무승부로 게임을 끝낼 수 있었다(당시 모두가 그렇게 생각했다). 사실 그것은 인간과 기계의 대결에서 반복적으로 나타나던 한 가지 패턴이었다. 다만 다른 점은 컴퓨터와 인간의 역할이 바뀌었다는 것이다. 네 번째 게임과 다섯 번째 게임에서 나는 뒤바뀐 역할을 다시 돌려놓아야 했다.

네 번째 게임에서 나는 탄력적인 방어 시스템으로 돌아섰고, 초반에 탄탄한 포지션을 구축할 수 있었다. 이번에도 딥블루는 특유의 약점을 드러냈다. 인간처럼 수를 연결해서 보지 못하고 킹사이드 폰을 전진시키다가 갑자기 그건 까맣게 잊은 듯 다른 쪽에 집중했다. 물론 이 같은 극단적인 접근방식에도 장점이 있다. 하지만 체스 세상에서 흔히들 허술한 계획이라도 아예 계획이 없는 것보다 낫다고 말하는 데에는 다 그만한 이유가 있다. 우리는 계획을 세우고 실패하는 과정에서 교훈을 얻는다. 그러나 정치든 비즈니스든 체스든 중요한 결정의 순간마다 목표 없이 움직인다면, 우리는 아무것도 배울 수 없다. 기껏해야 임기응변에 익숙해질 뿐이다.

네 번째 게임에서 딥블루는 강하게 밀어붙였고, 포지션에서 약점을 노출했다. 나는 20수에서 강한 폰을 희생하여 포지션의 활동성을 강화함으로써 전세를 뒤집었다. 딥블루는 다시 한 번 이해하지 못할 수로 대응했다. 해설자들은 "어설프고", "무의미한" 수라고 평가했다. 그랜드마스터 로버트 번은 이렇게 물었다. "훌륭한 플레이를 이어나가다가 왜 갑자기 저런 수를 두었을까요?"

그 수는 아마도 해설자들의 눈에 어리석은 선택으로 보였을 것이다. 하지만 나는 그랜드마스터의 눈에는 허술하게 보일지라도, 딥블루는 그 수를 활용할 방안을 갖고 있다고 생각했다. 비록 인간처럼 목표 지향적인 전략을 추구하지 않는다고 하더라도, 딥블루가 그 수를, 그리고 그 수로부터 비롯된 포지션을 최고의 선택이라고 판단했다면, 충분히 이해할 수 있다. 우리는 생소한 수를 통해 그랜드마스터들의 서로 다른 스타일을 확인할 수 있다. 가령 뛰어난 방어 기술로 유명한 전 세계 챔피언 티그란 페트로시안Tigran Petrosian의 수는 나처럼 공격적인 성향의 기사에게는 큰 의미가 없어 보인다. 반면 내가 구사한 약한 수도 그 수와 그에 따른 결과를 정확하게 이해한 페트로시안이 구사했다면 강한 수가 될 수 있다. 물론 그때 딥블루의 수는 실제로 약하고 의미 없는 수였을지 모른다. 하지만 컴퓨터 특유의 비일관적인 태도가 게임에 실질적인 영향을 미쳤다는 점에서 충분히 강력한 수였다.

그러나 다시 한 번 실망스럽게도 네 번째 게임 역시 좌절로 이어지고 말았다. 비록 좋은 공격 기회를 놓치기는 했지만,[2] 그래도 나는 엔드게임까지 확고한 우세를 지켰다. 그러나 딥블루는 내가 전혀 예상하지 못한 다양한 무승부 책략을 꿰뚫고 있었다. 네 번째 게임에서 30수 이후를 살펴보면, 그러한 포지션에서 이기지 못했다는 사실이, 그리고 더 놀랍게도 그 포지션이 객관적으로 우세한 것이 아닐 수 있다는 사실이 지금도 잘 이해가 가질 않는다. 양측에 두 개의 룩과 나이트 하나가 있고, 폰들이 흩어져 있는 포지션은 모든 측면에서 내게 유리했다. 내 기물의 활동성은 높은 반면, 딥블루의 폰들은 모두 고립된 상태였다. 나의 킹 또한 엔드게임에 유리한 자리를 차지하고 있었다. 이런 포지션이라면 강력한 그랜드마스터를 상대해서도 다섯 번 중 네 번은 거뜬히 이길 것이라는 생각이 들었다.

상황이 불리했던 딥블루가 느닷없이 무승부 수를 두면서 네 번째 게임은 마치 나를 조롱하듯 끝이 났다. 기물이 줄어들면서 피로가 몰려왔고 계산이 힘들어졌다. 승리가 눈앞에 있다는 확신은 나의 착각이었다. 나는 물론이거니와 현장의 해설자들, 그리고 나중에 분석가들 역시 충격을 받았다. 전문가들은 분석을 거쳐 딥블루가 빠져나가게 허용했던 나의 실수를 찾아냈다. 내 플레이가 완벽했다고 말할 수는 없지만, 게임은 순식간에 내가 절대 이길 수 없는 상황으로 바뀌고 말았다. 강력한 선수라면 당시 흑의 포지션이 확고한 우세를 점하고 있다는 사실을 분명히 알 수 있었다. 그럼에도 강력한 체스 엔진의 도움을 받은 그랜드마스터들조차 그 포지션에서 승리로 이어지는 수를 보여주지 못했다. 또 한 번의 힘들고 지친 하루가 그렇게 흘러가고 있었다.

게임이 끝난 뒤 나는 프레데리크에게 딥블루가 어떤 비밀 병기를 사용해서 마법처럼 무승부에 도달했던 것은 아닌지 물었다. 이후 분석 과정에서 딥블루가 테이블베이스tablebase[엔드게임 결과를 정리한 데이터베이스—옮긴이]를 활용했다는 소문이 들렸다. 정말로 그랬다면, 나는 켄 톰슨에게 따져 물어야 했다. 톰슨은 1977년 세계 컴퓨터 체스 챔피언십에서 새로운 발명품을 선보인 바 있다. 그것은 다름 아닌 킹과 퀸을 가지고 킹과 룩을 상대하는(약자로 KQKR로 표기한다) 엔드게임에서 완벽한 플레이를 담은 데이터베이스였다. 톰슨의 데이터베이스는 체스 엔진과는 달랐다. 거기에는 어떠한 사고 과정도 들어 있지 않았다.

톰슨의 발명품은 흔히 역행분석retrograde analysis이라고 부르는 것으로, 간단하게 말해서 게임의 흐름을 거꾸로 돌리는 방식이다. 체크메이트에서 시작해서 기물의 균형을 이루는 모든 포지션으로 거슬러 올라간다. 이러한 방식으로 모든 포지션에서 최적의 수를 보여줄 수 있다. 예를 들어 KQKR에서 퀸을 가진 쪽은 이를 바탕으로 가장 빨리 체크메이트를 할 수 있는 일련의 수를 확인할 수 있다. 반대로 룩을 가진 쪽은 체크메이트를 최대한 오래 지연시키는 최적의 수를 발견할 수 있다. 톰슨의 데이터베이스는 신과 같은 것이 아니라, 그 자체로 신이었다. 정확하게 말해서 체스의 여신 카이사였다!

톰슨의 발명품은 컴퓨터 체스에 혁신적인 기여를 했다. 그전까지만 하더라도 컴퓨터는 섬세한 엔드게임에서 약점을 드러냈다. 인간 기사라면 폰 엔드게임에서 동일 사이드에 두 개의 폰과 한 개의 폰이 대치하고 있을 때, 패스드폰passed pawn[상대 폰이 앞을 가로막지 않는 파일에 있는 폰—옮긴이]을 퀸으로 승격promotion[폰이 상대 진영의 마지막 랭크에 도달했을 때 킹을 제외한 모든 피스로 변신할 수 있다—옮긴이] 수 있다는 사실을 즉각 알아챌 것이다. 이를 위해서는 실제로 15~20수가 필요하다. 그러나 최종 결과를 파악하기 위해 일련의 수 모두를 계산할 필요는 없다. 반면 컴퓨터는 포지션을 이해하기 위해 폰의 승격에 이르는 모든 수를 계산해야 한다. 그러나 그 계산은 강력한 체스 엔진에게도 버거울 때가 많다.

이런 상황은 테이블베이스가 등장하면서 바뀌기 시작했다. 이제 컴퓨터는 모든 경우의 수를 계산하지 않고서도 테이블베이스를 활용하여 자신이 이기고 있는지, 지고 있는지, 혹은 무승부인지 파악할 수 있게 되었다. 마치 투시력을 갖게 된 것과 같다. 물론 모든 게임이 엔드게임으로 이어지는 것은 아니라는 점에서 효용성은 제한적이지만, 그럼에도 테이블베이스의 규모가 점점 더 커지고 더 많은 기물과 폰을 포함하면서 컴퓨터 간의 대결에서 강력한 신무기로 자리 잡았다.

또한 톰슨의 엔드게임 데이터베이스는 컴퓨터 체스가 인간의 체스에 영향을 미친 최초의 혁신이었다. 그는 KQKR을 시작으로 자신의 테이블베이스를 가지고 그랜드마스터들에게 도전 과제를 내주었다. 그는 킹과 퀸을 가지고 킹과 룩을 이겨보라고 주문했다. 일반적으로 강력한 기사는 퀸으로 쉽게 룩을 제압할 수 있다. 엔드게임을 다룬 책들 역시 이를 일반적인 알고리즘으로 소개한다. 그러나 놀랍게도 톰슨의 테이블베이스는 그게 실제로 얼마나 힘든 일인지 보여주었고, 그랜드마스터들조차 이해하기 힘든 수를 가지고 과제를 수행했다.

미국 챔피언십 대회에서 여섯 번이나 우승을 차지한 월터 브라우니Walter Browne는 50수(체스 게임의 '50수 규칙'은 폰의 움직임이나 기물의 포획 없이 50수가 진행될 경우 무승부로 인정한다) 만에 테이블베이스를 이겨보겠노라고 장담했지만 지고 말았다. 브라우니는 충격을 받았다. 도박사이기도 했던 그는 몇 주 동안 연구한 끝에 다시 도전했다. 그리고 정확하게 50수 만에 체크메이트에 성공함으로써 상금을 되찾았다. 그러나 톰슨의 테이블베이스에 따를 때, 그 포지션에서 완벽한 플레이로 정확하게 31수 만에 승리를 거둘 수 있었다. 인간이 완벽한 체스를 두지 않는다는 사실이 컴퓨터에 의해 역사상 처음으로 드러나게 되었다.

그러나 하나의 기물만 추가해도 데이터베이스 규모가 엄청나게 커지기 때문에, 당시에 테이블베이스를 체스 엔진에 적용하기란 현실적으로 불가능한 일이었다. 네 개의 기물로 이루어진 엔드게임 포지션의 경우, 30메가바이트의 저장 용량이 필요하다. 하나가 늘어 기물이 다섯 개가 되면 용량은 7.1기가바이트가 된다. 여섯 개가 되면 1.2테라바이트로 기하급수적으로 커진다. 세월이 흘러 데이터 생성 및 압축을 위한 신기술이 등장하고 하드디스크의 용량이 지속적으로 커지면서, 테이블베이스는 점차 보편적으로 활용되기 시작했다.

오프닝에서 탐색 크리가 순식간에 자라나 유형 A 접근 방식이 현실적으로 적용하기 힘들었던 것처럼, 엔드게임에서도 테이블베이스의 규모가 지나치게 방대하여 활용이 까다로웠다. 32개의 기물로 이루어진 포지션에서 테이블베이스 생성은 이론적으로 충분히 가능하지만, 얼마나 거대한 저장 공간이 필요할지 상상조차 하기 힘들다. 일곱 개 기물을 기반으로 한 테이블베이스는 2005년 데이터 생성과 저장을 위해 충분히 강력한 컴퓨터 시스템이 등장하면서 점차 모습을 보이기 시작했다. 이제 수개월에 걸쳐 생성되고 저장된 140테라바이트 규모에 달하는 일곱 개 기물 기반의 테이블베이스가 완성되었다. 온라인으로 접근이 가능한 그 테이블베이스는 러시아 연구원 자카로프Zakharov와 마크니체프Makhnichev가 모스크바 주립대학에서 슈퍼컴퓨터 로모노소프를 가지고 만든 것이다.

두 사람은 체스의 복잡성에 관한 흥미로운 사실을 보여주면서, 동시에 수백 년에 걸친 체스 분석과 연구 성과에 도전했다. 예를 들어 일곱 개의 기물로 구성된 엔드게임 포지션 중 가장 많은 수로 이어지게 되는 조합은 KQNKRNB(킹, 퀸, 나이트 vs. 킹, 룩, 나이트, 비숍)이다. 이러한 조합의 포지션에서 체크메이트에 이르기까지 정확하게 545회의 완벽한 수가 필요하다. 두 사람은 또한 널리 알려지고 사용되는 포지션들에 대해서도 새롭게 평가해야 한다는 사실을 보여주었다. 가령 한 세기에 걸쳐 사람들은 특정 포지션에서 두 개의 비숍으로는 좋은 위치를 선점한 하나의 나이트를 상대로 이길 수 없다고 믿었다. 그러나 두 사람의 테이블베이스는 그 믿음이 잘못되었다는 사실을 말해준다.

체스 퀴즈는 오랜 세월에 걸쳐 이어져 내려왔다. 퀴즈를 내는 사람은 기발한 형태로 기물을 배치해놓고 독자들에게 풀어보라고 한다. "백을 가지고 승리를 거둘 것", 혹은 "백을 움직여 세 번 만에 체크메이트를 할 것"과 같은 조건을 제시한다. 우리는 이러한 체스 퀴즈를 여전히 신문에서 찾아볼 수 있다(물론 신문이 아직까지 체스 칼럼을 연재하고 있다면. 그리고 여러분이 아직까지 신문을 보고 있다면). 그중 많은 것들이 대단히 어려워 보인다. 그러나 그들이 내놓은 답은 종종 놀라운 위트와 아름다움을 선사한다. 반면 데이터베이스는 퀴즈에 별 관심이 없고, 답안의 많은 조합들을 반박했다.

체스 기사는 일반적인 포지션에서 데이터베이스의 플레이 방식으로부터 분석에 도움을 얻을 수 있다. 하지만 이런 경우는 매우 드물다. 그들에게 정말로 중요한 것은 유용한 패턴이나 "룩은 패스드폰 뒤에 두어야 한다", 혹은 "퀸의 공격을 방어할 때 룩을 킹 근처에 두어라"와 같은 경험적인 지식이다. 때문에 인간 체스 기사들은 일반적으로 테이블베이스로부터 엔드게임에 대한 분석에 도움을 얻기 어렵다. 나 역시 특정 포지션에서 테이블베이스가 보여주는 수들 중 99퍼센트는 이해하지 못한다. 나는 6~7개 기물로 이루어진 엔딩을 살펴본 적이 있다. 그러한 포지션을 끝내기 위해서는 200수 이상이 필요하지만, 150수까지 아무런 일이 일어나지 않은 것처럼 보일 때도 종종 있었다. 거기서 나는 어떤 패턴도 발견해낼 수 없었다. 체크메이트까지 40~50수 접근했을 때라야만 간신히 이해할 수 있었다.

완벽한 엔드게임 데이터베이스와 대결하는 것은 그랜드마스터들이 준비한 거대한 오프닝 데이터베이스와 대결하는 것과는 완전히 다른 이야기다. 이후 테이블베이스가 방대해지고 보편화되면서 인간과 기계 간의 매치는 경기장의 균형을 조율하는 단계를 밟았다. 예를 들어 2003년에 내가 딥주니어와 매치를 벌이게 되었을 때, 새로운 규정이 추가되었다. "기계의 엔드게임 데이터베이스에 포함된 포지션에 도달했을 때, 그리고 그 포지션으로부터 정확한 플레이에 따른 결과가 무승부일 때, 게임은 즉각 끝나게 된다." 결론적으로 체스는 이제 경쟁이 아니라 혼자 하는 낯선 게임이 되어버렸다.

테이블베이스는 인간과 기계가 대결하는 방식에서, 그리고 인간과 기계가 결과를 얻어내는 방식에서 중대한 차이를 드러내는 분명한 사례다. 컴퓨터에게 엔드게임을 가르치려는 10년간의 도전은 새로운 발명품의 등장으로 헛된 노력이 되어버렸다. 사실 우리는 이러한 패턴을 지적인 기계가 관여하는 모든 곳에서 목격하고 있다. 만약 우리가 기계에게 인간의 사고방식을 가르칠 수 있다면 정말로 놀라운 일이 벌어질 것이다. 하지만 우리가 완전히 새로운 형태의 지능을 창조할 수 있는 상황에서 굳이 인간의 사고방식에 만족할 이유가 있을까?

네 번째 게임에서 딥블루의 믿기 어려운 방어 기술을 목격했을 때, 나는 이런 의문이 떠올랐다. 당시 룩 엔드게임은 여덟 개의 기물로 이루어져 있었고, 그 숫자는 테이블베이스로 정확한 판단을 내리기에 그때도 지금도 너무 많은 것이었다. 하지만 그때 딥블루가 검색 과정에서 테이블베이스에 접근했다면? 어떤 포지션이 이기고 지는지 미리 내다보고 있었다면? 이후 검색 과정에서 테이블베이스를 '검토'하는 작업은 체스 엔진의 표준 기능으로 자리 잡았지만, 당시 우리는 딥블루가 정말로 검토 작업을 하고 있었는지 확인할 수 없었다. 정말로 그랬다면 우리에겐 큰일이었다. 딥블루와의 대결에서 피해야 할 포지션의 범주에 일부 엔드게임까지 추가해야 할 것인가?

딥블루 팀이 나중에 발표한 논문에 따르면, 딥블루는 재대결에서 테이블베이스에 접근했고, 단순한 엔드게임 포지션에 도달했던 유일한 경우인 네 번째 게임의 검색 과정에서 테이블베이스를 실제로 활용했다고 한다. 여섯 개 기물로 이루어진 테이블베이스는 당시에는 매우 드문 것이었다. 그래서 나는 그들이 전문가에게 특별히 요청해서 "여섯 개 기물로 구성된 특별한 포지션"을 딥블루에 집어넣었다는 글을 읽고 깜짝 놀랐다.[3]

네 번째 게임에서 내가 43수를 두고 났을 때 딥블루는 또 한 번 고장을 일으켰다. 컴퓨터 사용자라면 고장이 무슨 의미인지 안다. 컴퓨터가 갑자기 작동을 멈추거나 화면에 죽음의 블루스크린이 뜬다. 그러면 저주와 함께 컴퓨터를 재부팅해야 할 시간이 온 것이다. 나 역시 강의를 하는 동안 노트북이나 프로젝터가 멈추는 경우를 종종 겪는다. 그럴 때면 컴퓨터가 나를 싫어해서 그런 것이라는 농담을 던진다!

하지만 컴퓨터 세계 챔피언십에서 수차례 우승을 차지한 딥주니어의 공동 개발자인 샤이 부신스키Shay Bushinsky와 이야기를 나누면서, 그동안 내가 얼마나 그 문제를 단순하게 생각했는지를 깨닫게 되었다. 부신스키는 복구 과정에서 무슨 일이든 일어날 수 있다고 설명했다. 특히 고장이 원인불명의 재앙이 아니라, "제어된 충돌"일 경우에는 더욱 그렇다. 실제로 프로그래머는 프로그램의 프로세스 전체 혹은 일부가 특정 조건에서 작동을 멈추도록 명령하는 코드를 종종 집어넣는다. 쉬펑슝의 책《비하인드 딥블루Behind Deep Blue》에 따르면, 딥블루 역시 그랬다. 쉬펑슝은 그 기능을 고장이 아닌 '자가 종료'라 불렀고, "병렬 검색의 효율성을 감시하고, 효율성이 크게 떨어질 때 프로그램을 자동적으로 종료하도록 하는 코드"라고 설명했다.

그의 언급은 충격적이었다. 집중력을 방해하는 고장(정확하게 말해서 집중력을 방해하는 '자가 종료')이 버그가 아니라 정상적인 기능의 결과물이라는 뜻이기 때문이다. 명령에 따른 결과처럼 완전한 고의는 아니라고 해도, 딥블루의 병렬 프로세싱 시스템의 속도가 크게 떨어졌을 때 시스템 일부가 "배관을 말끔히 청소"하도록 설계된 것이다. 물론 이 기능으로 딥블루의 플레이가 크게 향상되었다고 말할 수는 없다. 또한 딥블루 팀이 규정을 지킨 것이라면 부정행위라고 비난할 수도 없다. 하지만 딥블루의 이러한 기능은 나를 짜증나게 하는 것을 떠나서, 게임의 재현을 원천적으로 불가능하게 만들어버렸다.

샤이 역시 그 점을 가장 심각한 문제로 꼽았다. 2016년 5월 텔아비브의 한 무더운 저녁에 그의 집 근처에서 함께 저녁을 먹었는데, 그가 이렇게 말했다. "일단 고장이 나면 시스템 전체가 일종의 복제품이 되어버립니다. 그게 진짜인지 확신할 수 없기 때문이죠." 그때 나는 두 번의 강의 일정 때문에 텔아비브에 머물고 있었다. 그중 하나는 교육을 주제로 한 것이었고, 다른 하나는 인간과 기계의 관계를 주제로 한 것이었다. 그동안 나는 운 좋게도 컴퓨터 체스의 세계적인 권위자이자 내 오랜 동료인 샤이로부터 자세한 설명을 들을 수 있었다. "기물을 옮기는 시점도 해시 테이블hash table도 바뀝니다. 그 밖에 또 뭐가 바뀔지 누가 알겠습니까? 누구도 '컴퓨터가 그 수를 선택한 정확한 이유는 이것이다'라고 자신 있게 말할 수 없습니다. 물론 실험이나 친선 게임이라면 큰 문제는 아닙니다. 하지만 수백만 달러의 상금이 걸린 세계 챔피언십이라면 절대 간과할 수 없는 문제입니다."

네 번째 고장은 딥블루 차례에서 일어났다. 다행스럽게도 그 포지션에서 딥블루의 선택은 한 가지밖에 없었다. 나는 룩으로 체크를 했고, 딥블루의 대응은 정해져 있었다. 그래서 이번에는 재부팅으로 딥블루가 도움을 받거나 피해를 입을 일은 없었다.

　IBM의 CEO 루 거스너는 네 번째 게임의 현장을 직접 찾았다. 나는 그가 그들의 스타 컴퓨터가 또 한 번 고장을 일으켰다는 보고를 받았는지 궁금했다. 만약 언론이 딥블루의 잦은 고장과 자가 종료 기능을 문제 삼기 시작한다면, 딥블루의 홍보 효과는 치명적인 타격을 입을 것이었다. 그날 거스너는 딥블루 팀원들을 불러 격려했고, 기자들에게는 이번 대회가 "세계 최고의 체스 기사와 가리 카스파로프 간의 대결"임을 강조했다. 그러나 당시 매치 스코어가 동점이었고, 딥블루의 유일한 승리조차 내가 섣불리 포기했던 무승부 포지션이라는 점을 감안한다면, 그 말은 사실과 거리가 먼 모욕적인 언사였다.

　네 번째 게임이 끝나고 극심한 피로감이 몰려들었다. 하지만 매치의 마지막 두 게임을 준비할 시간은 이틀밖에 주어지지 않았다. 나는 백을 잡게 될 다섯 번째 게임에서 압승을 거두어 거스너가 자신의 말을 취소하도록 만들고 싶었다.

　곧장 방으로 들어가서 열 시간 내리 자고픈 마음이 굴뚝같았다. 하지만 저녁에 팀원과 동료들을 위한 특별 만찬이 예정되어 있었다. 그리고 첫 번째 휴식일인 다음 날 나는 팀원들과 함께 흑을 잡게 될 여섯 번째 게임에 대비한 준비를 가볍게 마쳤다. 두 번째 휴식일인 금요일에는 다섯 번째 게임을 위한 준비에 돌입했다. 우리는 첫 번째와 세 번째 게임에서 효과를 확인했던 컴퓨터에 특화된 전략을 그대로 사용하기로 결정했다. 즉 레티 오프닝을 펼칠 계획이었다. 다른 한편으로, 다섯 번째와 여섯 번째 게임 자료를 게임이 끝난 즉시 봉인해서 심사위원회로 송부하여 안전하게 보관해달라고 주최 측에 요청했다.

다섯 번째 게임에서 컴퓨터에 특화된, 그리고 내 스타일과는 반대되는 전략은 요동치는 형세로 전개되었다. 몇몇 수를 놓쳤지만 그래도 내가 원하는 포지션을 구축할 수 있었다. 아직 백으로서 결정적인 우위를 점하지는 못했지만, 앞으로 많은 수가 남아 있었다. 그런데 놀랍게도 딥블루는 열한 번째 수에서 h-폰을 두 칸 전진시켰다. 해설자들은 딥블루가 또 한 번 전형적인 컴퓨터 스타일을 보여주었다고 평가했다. 내 생각은 달랐다. 그 수는 분명 킹사이드에 대한 위협이었고, 컴퓨터 특유의 움직임이라기보다 대단히 공격적인 인간 기사의 스타일이었다. 물론 게임 초반이라 흑으로서는 다양한 선택이 가능했다. 그래도 체스판 구석에서 보여준 이례적인 확장은 딥블루의 능력에 대한 나의 판단을 어지럽게 만들었다. 딥블루가 ..h5[..는 기보법에서 흑의 응수임을 나타낸다—옮긴이]를 두고 난 뒤, 나는 혹시 관리자의 실수는 아닌지 캠벨을 슬쩍 쳐다보았다.

..h5는 그리 놀라운 수는 아니었고, 나는 나이트를 e4로 옮겨 이득을 취했다. 내가 선택한 것은 소극적인 대응 방식이었다. 하지만 이해하기 힘든 딥블루의 선택은 다시 한 번 강력한 수보다 더 효과적인 것으로 드러났다. 우선 내게 심리적인 영향을 미쳤다. 그 순간 나는 딥블루의 생각을 읽을 수 없었고, 어떻게 대응해야 할지 확신이 없었다. 집중력마저 흔들리기 시작했다. 게다가 체스판 외부의 문제가 딥블루의 이상한 행마와 합쳐지면서, 점점 상상력이 이성을 압도하기 시작했다.

내가 우세를 잡기 위한 수를 모색하는 동안 포지션이 열렸다. 지금 돌이켜보아도 여전히 충격적이게도 나는 또 한 번 기회를 흘려보냈다. 당시 나는 체스 기사로서 정상을 달리고 있었고, 이 글을 쓰고 있는 지금은 프로 세상에서 은퇴한 지 이미 10년이 지났다. 물론 몇몇 수는 내게 온전히 불리한 것은 아니었고, 지금 분석을 해보아도 이 사실을 알 수 있다. 내 플레이가 대단히 허술했음에도 포지션이 불리하게 전개되지 않은 것은 그나마 다행이었다.

몇 번 기물을 교환하고 나서 대등한 포지션이 갖추어졌다. 승리를 향한 여정은 양측 모두에게 불투명했다. 내겐 다행스럽게도 딥블루가 갑자기 퀸을 움직였고, 나는 퀸을 맞교환하는 선택을 했다. 위협적인 퀸이 모두 체스판에서 사라지자 흑의 구조적 약점이 뚜렷이 드러났다. 그 순간 나는 필라델피아 매치의 마지막 두 게임에서처럼 분명한 목표를 발견할 수 있었다.

게임 흐름은 예상대로 이어졌다. 기물 교환이 계속되면서 나는 유리한 포지션을 구축할 수 있었다. 네 번째 게임처럼 이번 엔드게임에서도 누구를 만나도 이길 수 있다는 확신이 들었다. 그러나 딥블루는 또 한 번 단호한 방어 태세를 취했고, 놀라운 전술적인 수를 계속 이어나갔다. 딥블루는 폰과 킹으로 내 킹을 공격했고, 결국 나는 폰을 한 칸만 더 전진하면 퀸으로 승격할 수 있는 상황에서 무승부를 받아들여야 했다. 사실 나는 해설자들보다 훨씬 더 앞서 무승부를 예감했다. 그들은 마지막 순간까지도 나의 확실한 승리를 예상했다. 두 번째 게임과 마찬가지로 극도의 허탈감이 밀려들었다. 다 이긴 승리를 놓쳐버렸다.[4] 무엇보다 허술한 내 플레이에 짜증이 났다.

대회장을 떠나기에 앞서, 나는 딥블루 측에 로그 파일을 심판이나 심사위원회에 곧바로 넘겨주도록 요청했다. 게임이 끝난 관중석에는 화면을 지켜보며 혼란에 빠진 사람들로 가득했다. 게임 직후 심사위원회에 파일을 제출하겠다는 확답을 탄으로부터 들은 뒤, 우리는 아래층으로 내려가 관중들과 함께 이번 게임에 대해 이야기를 나누었다. 그러고 나서 자료를 확인하기 위해 다시 위층으로 올라갔지만 거기에는 아무도 없었다. 마이클과 어머니가 기다리는 동안에 나는 호텔로 돌아와서 이리저리 연락을 취했다. 결국 캐럴 자레키Carol Jarecki 심판이 자료를 넘겨받았다는 사실을 확인했다(딥블루의 완전한 게임 자료는 매치가 끝나고 몇 년 동안 공개되지 않았다. 나중에 IBM은 재대결 매치를 소개하는 웹사이트에 조용히 자료를 올렸다).

관중석으로 들어섰을 때 사람들은 내게 박수를 보냈다. 물론 듣기는 좋았지만 그들의 응원으로부터 힘을 얻지는 못했다. 눈앞이 캄캄했다. 여러 번 좋은 기회가 있었음에도 결정적인 공격을 하지 못했고, 결국 딥블루는 또 한 번 놀라운 기지를 발휘하여 위기에서 벗어났다. 믿을 수 없었다. 나중에 첨단 체스 엔진의 분석을 통해 확인했던 것처럼 딥블루의 평가는 정확했다. 내가 두 번의 좋은 기회를 흘려보내는 동안 딥블루 역시 한 번의 큰 실수를 했다. 그런데도 나는 그 실수를 활용하지 못했다. 결국 다 이긴 엔드게임을 놓쳤다는 사실이 밝혀졌지만, 그런다고 기분이 나아질 리 없었다.

이번 기자회견에서도 나는 어떤 느낌을 받았는지, 그리고 딥블루가 보여준 몇몇 수에 얼마나 놀랐는지 솔직하게 털어놓았다. 특히 이렇게 말했을 때 해설자들은 큰 웃음을 터뜨렸다. ".h5에서 깜짝 놀랐습니다. 이번 매치에서 저는 컴퓨터가 때로 인간처럼 생각한다는 사실을 발견하게 됩니다. 실제로 ..h5는 기막힌 수였고, 깊이 있게 포지션을 들여다본 딥블루의 능력을 칭찬할 수밖에 없군요. 비교할 수 없는 과학적 성과라고 생각합니다."

이후 내가 딥블루와 연구팀의 성과를 충분히 높게 평가하지 않았다는 지적이 제기되었을 때, 그리고 ..h5가 그리 놀라운 수는 아니라는 사실이 드러났을 때, 나는 다시 한 번 내 입장을 명확히 밝히고 싶었다. 그러나 다음 날 매치가 완전히 끝났을 때, 나는 더 이상 듣기 좋은 말을 할 기분이 아니었다.

내가 딥블루를 두려워한다는 일레스카스의 언급에 관한 질문을 받았을 때에도 나는 솔직하게 대답했다. "제가 두려워한다는 사실을 인정하기가 두렵군요! 하지만 그 두려움의 이유를 알지 못할 정도로 두려움에 떨고 있는 것은 아닙니다. 딥블루는 분명히 세상에 존재하는 모든 프로그램 그 이상입니다." 마지막으로 애슐리는 내게 흑을 잡게 될 여섯 번째 게임에서 승리를 예상하는지 물었다. 나는 답했다. "최선을 다하겠습니다."

마지막 승부

여섯 번째 게임 역시 많은 기록이 등장했다. 하지만 내게 기분 좋은 것은 하나도 없었다. 이번 매치는 나의 체스 인생에서 가장 짧은 패배로 남았다. 그리고 세계 챔피언십에서 기계가 승리를 거둔 최초의 매치로 남았다. 시범 경기를 포함하여 기계가 인간을 꺾은 사례는 모두 역사적 기록으로 남는다. 하지만 내가 신경 쓴 부분은 역사적 기록에서 내 이름이 들어갈 위치가 아니었다. 다만 나는 패했고, 패배를 끔찍이 싫어한다는 사실뿐이었다.

여섯 번째 게임을 둘러싼 이야기는 역사적인 순간에 어울리는 형태로 널리 퍼져나갔다. 다양한 해석을 자극했던 게임의 여러 순간과 더불어, 여섯 번째 게임은 그 자체로 하나의 전설이 되었다. 게임에 관한 소문은 마치 예언자의 옷 조각처럼 신도들 사이에서 전해져 내려갔다.

나는 평생을 체스와 함께 했다. 여섯 번째 게임 또한 그 자체로 가치 있게 평가받고, 동시에 많은 관심을 받기를 바랐다. 멋지게 질 수 있다면, 나는 패배도 용납할 수 있다. 그러나 역사적 사건으로 남게 될 여섯 번째 게임은 체스에 관한 한 편의 지저분한 농담으로 끝나고 말았다.

여섯 번째 게임을 앞두고 매치 스코어는 2.5 대 2.5 동점이었다. 이제 나는 안전하게 플레이하면서 무승부를 노려야 할까? 아니면 모든 것을 걸고 흑으로 승리를 거머쥐어야 할까? 나는 휴식을 제대로 취하지 못한 데다 컴퓨터에 특화된 전략으로 게임을 치르느라 오랜 시간 싸움을 버텨낼 에너지가 거의 바닥난 상태였다. 나는 이미 흔들리고 있었다. 20년 동안 게임을 치르면서 나의 두뇌 상태를 잘 파악하고 있었다. 나는 아마도 컴퓨터를 상대로 긴장된 네다섯 시간을 감당하지 못할 것이었다. 그래도 포기할 수는 없었다. 당연한 말이지 않은가?

나는 마지막 게임에서 두 번째로 '진정한' 오프닝을 선택했다. 처음은 두 번째 게임에서 실패로 돌아갔던 루이 로페스였다. 이번에 내가 선택한 것은 카로칸이었다. 그것은 나의 강력한 라이벌 카르포프가 특히 좋아했던 견고한 오프닝이었다. 실제로 카르포프는 나를 상대로 카로칸을 여러 번 구사했다. 나 또한 어린 시절에 종종 시도했다. 하지만 날카로운 시실리안이 내 공격 스타일에 잘 어울린다는 사실을 일찍이 깨달은 이후에는 중요하게 생각하지 않았다. 딥블루는 내가 백을 잡았을 때 다양한 상황에서 보여주었던 메인 라인을 똑같이 따라갔다. 딥블루의 오프닝북 코치도 아마도 이러한 아이러니를 인식하고 있었을 것이다. 아니면 내게 좋은 것이 딥블루에게도 똑같이 좋을 것이라고 생각했을 것이다.

일곱 번째 수에서 나는 메인 라인을 따라가면서 비숍을 먼저 움직이는 일반적인 방법 대신 h-폰을 한 칸 전진했다. 그리고 딥블루가 희생을 감수하며 나이트로 내 포지션을 공격했을 때, 해설자들로부터 믿을 수 없다는 외침이 들려왔다. 다른 기물이 갇혀 있는 상황에서 백이 위협을 가했고, 내 킹이 위험에 노출되었다. 그때 나는 표정으로 이미 게임이 끝났음을 말하고 있었다. 나는 상대가 인간 그랜드마스터라도 별로 가망성이 없어 보이는 방어 움직임을 이어나갔다. 상대가 딥블루였기에 상황은 더욱 절망적이었다.

나는 게임의 흐름을 놓친 채로 열 수를 이어나갔다. 그날의 딥블루 관리자인 호언이 열 번째 수에서 다른 비숍을 잘못 집어들었을 때조차 알아채지 못했다. 열여덟 번째 수에서는 퀸을 내주어야 했고, 이후로 계속해서 치명적인 타격을 입었다. 결국 나는 포기했다. 한 시간도 채 걸리지 않았다. 그렇게 매치가 끝났다.

그때 내 심정이 어땠을지, 나아가 수많은 기자와 관중으로부터 질문 공세를 받는 나의 모습을 상상해보길 바란다. 그날 기자회견은 여섯 번째 게임의 연장전처럼 느껴졌다. 나는 충격을 받았고 완전히 녹초가 되어버렸다. 체스판에서, 그리고 체스판 바깥에서 일어난 모든 일들이 내겐 고통일 뿐이었다. 내게 마이크가 돌아왔을 때, 나는 마지막 게임이 끝났지만 관중들로부터 박수를 받을 자격이 없는 것 같다고 말했다. 그리고 다섯 번째 게임에서 엔드게임을 놓쳤을 때 이미 마음을 접었다는 사실을 털어놓았다. 나는 관중을 대할 면목이 없었다. 매치를 제대로 준비하지 못했고, 철저한 준비에 따라 플레이를 펼치지 못한 것이 가장 큰 실수였다. 딥블루에 대한 나의 전략이 효과가 없었음을 인정해야 했다.

나는 이해하기 힘든 딥블루의 기발한 수를 칭찬하고 관심을 표했다. 그리고 IBM 측에 딥블루를 일반 토너먼트 대회에 출전시키도록 요구했다. 그러면서 그때 "박살을 내겠다"고 장담했다. 또한 IBM이 후원자나 주최를 맞지 않고 선수로만 참여한다면, 어떤 조건이든 딥블루와 게임을 하겠노라고 말했다. 그리고 세계 챔피언십 타이틀을 걸고 다시 한 번 대결하고 싶다고 밝혔다.

나는 그때의 기억을 되살리기 위해 당시 기자회견장의 분위기를 묘사했던 기사들을 훑어보았다. 그날 내 발언은 이후에 언론이 보도했던 것처럼 그리 악의적이지 않았다. 다만 오랫동안 흥분 상태에 있다 보니 같은 말을 여러 번 반복하기는 했다. 물론 영광의 순간을 만끽하고 있는 딥블루 팀원들에게 그리 우호적인 태도를 보여주지는 못했다. 이 점은 분명히 내가 사과할 일이다.

그러나 기자회견장의 녹음 파일을 들어보았을 때, 언론이 왜 내가

"화기애애한 분위기에 찬물을 끼얹었었다"고 말했는지 그 이유를 알 것 같았다. 내 목소리에 피로와 좌절, 분노와 혼란이 그대로 묻어났다. 그렇다고 해서 내 마음을 솔직하게 드러낸 것을 후회하지는 않는다. 그게 바로 내 모습이기 때문이다. 그래도 하루 정도 휴식을 취하고 생각을 정리한 후에 말을 했더라면 더 좋았을 것이다. 분명한 사실은 내가 여섯 번째 게임에서 실수를 저질렀고, 기자회견장에서 다시 한 번 실수를 저질렀다는 것이다.

그렇다면 여섯 번째 게임에서 무슨 일이 있었던 걸까? 기자회견장에서 이 질문을 수차례 받았지만 제대로 대답하지 못했다. 다만 이런 식으로 말했다. "게임이라 부르기도 민망합니다." "굳이 설명하자면 게임을 하고픈 마음이 들지 않았던 거죠." "어떤 기물을 내주고 기권해야 할 때가 있습니다. 지금까지 수많은 게임에서 그런 일을 겪었습니다. 하지만 오늘 게임은 설명하기 힘들군요. 도무지 싸울 마음이 들지 않았습니다."

그 말은 모두 진심이었다. 하지만 일반적인 7..Bd6 대신에 왜 치명적인 7..h6을 선택했는지에 대한 설명은 아니었다. 그 수를 둘러싸고 많은 사람들이 다양한 분석을 내놓았다. 첫째, 혼란과 지루함에 지친 내가 엉겁결에 메인 라인에서 벗어나 다른 길로 나아갔다는 것이다. 특히 나의 동료와 지지자들이 이런 분석을 지지했고, 여러 언론과 책들도 여기에 가세했다. 둘째, 내가 딥블루를 함정으로 유인하려 했다는 것이다. 이 주장은 최근 컴퓨터 체스 잡지들이 내놓은 분석에 근거한 것으로, 내가 나이트를 희생함으로써 방어를 유지할 수 있었다고 설명한다. 셋째, 카로칸은 내가 신중하게 준비한 오프닝이 아니라,

마지막 순간에 즉흥적으로 선택한 것이라는 주장이다. 그래서 내가 딥블루의 일격을 즉각 알아차리지 못했다는 것이다.

솔직히 말해서 정신적으로 완전히 지쳤다는 설명보다 제대로 준비를 못해서 실수를 저질렀다는 설명이 더 가슴 아프게 다가왔다. 물론 나는 Nxe6을 알고 있었다. 또한 여섯 번째 게임에서 딥블루가 그 수를 둔다면 치명적인 한 방이 될 것이라는 사실도 짐작하고 있었다. 다만 딥블루가 그러한 선택을 하지 않으리라 예상했던 것이다.

컴퓨터는 무모한 공격을 하지 않는다. 기물 희생에 앞서 투자 수익률을 꼼꼼히 따진다. 그래서 나는 딥블루가 나이트를 희생하지 않고 뒤로 물릴 것이라고 확신했다. 그러면 내 포지션은 더욱 유리해진다. 나는 복잡한 전투를 수행할 기력이 없었고, 그래서 안정적인 균형 상태를 그대로 유지하고자 했다. 우리 팀은 게임 전에 몇 가지 체스 엔진으로 시험을 해보았고, 그 결과 모두 나이트를 후퇴시키는 수를 선택했다. 물론 나이트 희생은 백으로서 충분히 고려할 만한 선택이었지만, 체스 엔진들은 몇 수 앞서 지도를 받았을 때조차 구체적인 이득이 없는 기물 희생을 선호하지 않았고, 모두 나이트를 후퇴시키는 수를 높게 평가했다.

흑에게 불리한 포지션들을 살펴보는 동안, 나는 컴퓨터가 절대적으로 방어를 선택할 것이라는 사실을 깨달았다. 그게 핵심이었다. 컴퓨터는 기물에 집착하고, 그만큼 철저하게 지키려 한다. 나는 딥블루가 탁월한 방어 실력을 내 포지션에 그대로 적용할 것이며, 나이트 희생이 흑에게 유리하다는 판단으로 그 수를 두지 않을 것이라 예상했다. 그러나 내 예상은 보기 좋게 빗나가고 말았다. 그 이유는 10년이 지나도록 밝혀지지 않았다.

전반적으로 딥블루에 대한 나의 평가는 정확했다. 딥블루는 절대 나이트를 희생하지 않을 것이었다. 하지만 이번에는 그렇게 했다. 그 이유가 뭘까? 그건 체스 역사상, 아니 인류 역사상 가장 놀라운 우연이었다는 것이다. 그게 설명의 전부였다.

딥블루 코치 미구엘 일레스카스는 2009년 인터뷰에서 운명적인 여섯 번째 게임에 대해 이렇게 언급했다. "우리는 1.e4 a6이나 1.e4 b6과 같은 사소한 수까지 모두 검토했고, 필수적인 수를 딥블루에 최대한 많이 입력했습니다. 또한 그날 아침에 우리는 카로칸에서 나이트를 e6으로 이동하는 수를 추가했고, 실제로 그날 카스파로프는 그 수를 두었습니다. 우리는 가리가 h6을 움직일 경우에 데이터베이스를 참조하지 말고 e6을 움직이라고 입력했습니다. 고민하지 말고 그냥 그렇게 움직이라고 한 거죠. (……) 딥블루가 폰을 잡기 위해 기물을 희생하는 선택을 카스파로프는 좋아하지 않을 것이라 예상했습니다. 만일 우리가 딥블루에게 선택의 자유를 주었더라면, 절대 그 수를 두지 않았을 겁니다."

그 첫 단락을 읽으면서 내가 러시아어와 영어, 혹은 정체불명의 언어까지 동원해서 퍼부었던 저주의 말을 여기서 되풀이할 필요는 없을 것이다. 그런다고 뭐가 달라지겠는가? IBM이 우리의 대화를 엿듣기 위해 러시아어가 가능한 경호원을 고용했다고 폭로한 일레스카스가 게임 당일 아침에 딥블루의 데이터베이스에 메인 라인을 추가했다고 밝힌 것이다. 뉴욕의 플라자 호텔 방에서 내가 우리 팀원들하고만 논의했던 그 복잡한 변화수를?

나는 비록 네이트 실버는 아니지만, 내가 여태껏 한 번도 시도한 적이 없는 변화수를 딥블루 팀이 그날 아침 데이터베이스에 집어넣었다는 말보다 차라리 복권에 당첨되었다는 말이 더 그럴듯하게 들린다. 딥블루 연구팀은 카로칸에서 4..Nd7을 대비했을 뿐만 아니라(잠시 카로칸을 가지고 놀았던 열다섯 살 무렵에도 나는 4..Bf5 라인만을 두었다) 일레스카스의 표현대로 딥블루에게 '더 많은 자유'를 허용했음에도 8.Nxe6을 두도록 만들었던 것이다.

그때 단순한 우연이라는 해명을 받아들이지 않은 사람은 나 혼자였던가? 물론 나도 그들의 설명을 납득하기 위해 애를 썼다. 하지만 도저히 그럴 수 없었다. IBM 팀은 내가 했던 '신의 손' 발언으로 오랫동안 나를 비난했다. 그 비난은 어쩌면 정당한 것이었는지 모른다. 그렇다고 하더라도 나는 이해할 수 없었다. 그 부분적인 이유는 IBM이 설명을 거부했기 때문이다. 그건 아마도 이후 게임에 영향을 미치려는 심리전의 일환이었을 것이다. 미국의 소설가 토머스 핀천 Thomas Pynchon이 《중력의 무지개》에서 소개했던 편집증에 관한 격언 중세 번째는 이런 것이다. "잘못된 질문을 던지도록 만들 수 있다면, 대답에 대해서 걱정할 필요는 없다."[5]

딥블루의 속임수

내가 두 번째 게임에서 섣불리 게임을 포기하지 않았다면, 이 모든 논의는 아무런 의미가 없을 것이다. 경솔한 판단은 내 잘못이었고, 평정심을 완전히 잃어버리게 만든 치명적인 실수였다. 그 이후로 나는 수준 이하의 경기를 보였고, 지금 여기서 그 게임들을 살펴보는 것조차 힘든 일이 되어버렸다. 매치가 끝난 다음 날, 기력을 회복하고 침착함을 되찾은 나는 〈래리 킹 쇼〉에 출연해 이렇게 말했다. "IBM을 비난할 생각은 없습니다. 잘못은 제게 있으니까요." 그리고 그 자리에서 다시 한 번 딥블루와의 재대결을 요청했다. 첫 번째 매치는 이기고 두 번째는 졌으니, 내겐 또 한 번의 대결을 요구할 자격이 있었다. 이번에는 더 공정한 조건에서 대결을 하고 싶었다. 그리고 본연의 내 스타일대로, 다시 말해 컴퓨터를 이기기 위한 전략이 아니라 카스파로프 특유의 전략으로 딥블루를 이길 수 있는지 확인하고 싶었다.

물론 재대결은 끝내 성사되지 못했다. 딥블루는 더 이상 체스를 두지 않았다. IBM은 이미 그들이 원한 것을 얻었다. 엄청난 홍보 효과를 거두었고, 주가는 일주일 만에 114억 달러로 껑충 뛰었다. IBM의 말대로 딥블루 프로젝트에 2000만 달러를 투자했다면, 그야말로 경이적인 투자 수익률이다. 게다가 전체 투자 중 딥블루 개발에 들어간 비용은 일부일 것이다. 만약 세 번째 대결에서도 내가 진다면, 내가 입을 타격은 엄청날 것이다. 반면 이긴다고 하더라도 큰 소득은 없을 것이다. 에베레스트를 두 번째로 정복한 사람은 대개 기억하지 못하듯이.

그날 밤 나는 플라자 호텔 엘리베이터 안에서 배우 찰스 브론슨을 우연히 만났다. 짧은 인사를 나눈 뒤 브론슨은 이렇게 말했다. "운이 없었어요!" 나는 대답했다. "그랬죠. 다음번엔 잘할 수 있을 겁니다." 그러자 브론슨은 고개를 저으며 이렇게 말했다. "그들은 두 번 다시 기회를 주지 않을 겁니다." 그의 말은 옳았다.

내가 기자회견장에서 비열하게 나왔기 때문에 딥블루 프로젝트를 중단하겠다는 IBM의 주장은 앞뒤가 맞지 않는다. 물론 그게 세 번째 매치를 거부한 이유라면, 얼마든지 받아들일 수 있다. 하지만 왜 딥블루 프로젝트를 중단한단 말인가? 한 칼럼리스트는 이렇게 지적했다. "딥블루는 이제 피츠버그에서 교통정리 업무를 맡고 있다." IBM은 왜 딥블루를 토너먼트에 내보내거나, 게임 분석에 활용하지 않는 것일까? 왜 인터넷에서 수많은 체스 팬들의 도전을 받아들이도록 하지 않는가? 딥블루는 IBM이 내놓은 최고의 발명품이었다. 90년대를 주름잡았던 테니스 선수 피트 샘프라스보다 더 높은 인기를 누렸던 발명품을 왜 더 적극적으로 활용하지 않고 그냥 포기해버린 것일까? 딥블루의 실력에 대한 나의 '필사적인 의혹 제기'로 상처를 받았다면, 딥블루 팀은 더 적극적으로 그들의 입장을 피력해야 했을 것이다. 그들은 틀림없이 세 번째 매치에서 딥블루가 패한다면 승자의 지위를 잃어버릴 것이라고, 그리고 엄정한 조사와 비판을 받게 될 것이라고 우려했을 것이다. 그래서 피셔처럼 챔피언을 물리치고 곧바로 은퇴함으로써 전설적인 기계로 남게 한 것이다.

이에 대해 수많은 체스 팬들, 특히 컴퓨터 체스 단체들은 분노했다. 그들은 IBM의 중단 발표와 관련하여 과학에 대한, 그리고 앨런 튜링과 클로드 섀넌으로부터 시작된 숭고한 도전정신에 대한 범죄라고 불렀다. 프레데리크 프리델은 《뉴욕타임스》에서 딥블루의 승리를 달착륙에 비유했던 몬티 뉴본을 조롱하듯 이렇게 말했다. "카스파로프를 꺾은 딥블루의 승리는 인공지능 역사의 획기적인 이정표였다. 하지만 IBM의 중단 결정은 범죄다. 달에 착륙해서 아무것도 둘러보지 않고 지구로 그냥 돌아온 것이다."

2016년 12월 이 책이 발간되기 직전에 나의 공저자인 믹 그린가드는 딥블루 팀의 머리 캠벨, 조엘 벤저민과 이메일을 주고받았다. 두 사람은 친절하게도 이메일을 통해 많은 흥미진진한 이야기를 들려주었다. 체스 애호가였던 캠벨은 IBM 인공지능 연구소에서 일하고 있었다. 그 역시 세 번째 매치를 기대했으며, 딥블루의 성능을 개선하는 프로젝트에 이미 착수했었다고 밝혔다. 그리고 당시 언론 보도와 달리, 그들은 딥블루를 네트워크에 연결한 상태로 연구실에 설치해놓았다는 놀라운 이야기를 들려주었다. 그러고는 이렇게 말했다. "2001년에 마지막으로 전원을 차단할 때까지 온라인으로 연결되어 있었습니다. IBM은 딥블루의 절반을 스미스소니언 박물관에(2002), 나머지 절반은 컴퓨터역사박물관에(2005) 기증했습니다. (……) 딥블루는 지금도 훌륭한 슈퍼컴퓨터로 남아 있습니다. 우리가 완전한 시스템하에서 딥블루를 가동한 적은 별로 없었습니다."

더욱 안타까운 소식은 딥블루가 그 소식을 궁금해하는 많은 대중의 눈에서 사라졌다는 것이다. 캠벨은 믹에게 컴퓨터 체스를 경험했던 수십 년의 세월 동안(1970년대 말 학창 시절부터) 가장 즐거웠던 순간은 1997년의 재대결이 아니라, 그 시합을 준비하는 시간이었다고 털어놓았다. 그 이유는 재대결 동안 스트레스가 너무도 극심했기 때문이다. 그러한 스트레스가 나뿐만 아니라 딥블루의 플레이에도 영향을 미쳤더라면!

그랜드마스터인 벤저민은 "매치가 열리기 한 달 전"에 본인이 직접 운명적인 8.Nxe6을 딥블루의 오프닝북에 추가했다고 주장함으로써 일레스카스의 기억을 반박했다. 다시 말해 일레스카스가 인터뷰 기사에서 폭로한 '당일 아침'은 아무런 근거 없는 얘기라는 것이다. 2009년 일레스카스의 인터뷰 기사가 나오고 거기에 내가 의혹을 제기했을 때, 벤저민은 오랜 팀 동료의 주장을 공개적으로 반박하고 싶지 않아서 이의를 제기하지 않았던 것이라고 해명했다. 12년 후 기억과 20년 후 기억 사이의 상충은 매치 당시 딥블루 팀이 모든 로그 파일을 공개했어야만 했던 또 하나의 이유다. 특히 다시는 딥블루로 체스를 두지 않겠다는 중대한 결정을 내렸다면 말이다. IBM은 딥블루를 해체함으로써 유일한 증인을 제거한 셈이다.

그 후로 오랫동안 나는 체스를 두었다. 세상은 어쨌든 인간 체스 챔피언을 필요로 했다. 나는 딥블루에 복수할 기회가 영원히 사라져버렸다는 사실에 크게 실망했다. 다시는 딥블루와 게임을 벌일 수 없다는 생각은 언제나 내 마음속에 아쉬움으로 남아 있다. 딥블루 이야기는 거꾸로 된 애거사 크리스티의 추리소설로 남았다. 정황 증거도 충분하고, 동기도 명백하다. 그럼에도 범죄 행위가 정말로 있었는지는 분명하게 밝혀지지 않았다.

수많은 사람들이 내게 물었다. "딥블루가 정말 속임수를 썼을까요?" 그때마다 나는 이렇게 답한다. "잘 모르겠습니다." 그러나 20년간의 자기 성찰과 폭로, 그리고 연구 끝에 나는 이제 "아니요"라고 대답한다. 반면 IBM에 대해 말하자면, 그들은 승리를 얻기 위해 공정한 경쟁의 정신을 배반했다. 그리고 그 배반의 희생자는 과학이었다.

11

DEEP THINKING

이길 수 없다면 함께하라

◆

기계는 우리에게 올바른 대답을 제시하는 것은 물론,

우리의 접근방식이 얼마나 왜곡되었는지,

혹은 다양한 요인으로부터 얼마나 쉽게

영향을 받는지 말해준다.

우리는 인간 특유의 오류와 인지적 약점을 인식함으로써

그에 따른 문제를 완전히 해결할 수는 없다고 하더라도

해답에 한 걸음 다가설 수 있다.

◆

인류 챔피언이 딥블루에게 졌다는 허망함을 달래줄 한 가지 위안은, 인간이 딥블루를 개발했으므로 딥블루의 승리는 곧 인간의 승리라는 생각이다. 매치가 끝나고 가진 많은 인터뷰 자리에서 딥블루 팀의 승리를 축하하면서 나 역시 그렇게 말했다. 재대결 과정에서 벌어졌던 여러 가지 불미스러운 사건에도 불구하고, 나는 지금도 중대한 실험에서 큰 역할을 맡았다고 믿는다. 물론 실험이 끝났다는 사실을 꽤 오랫동안 인정하지 않았지만 말이다.

우리 모두가 승자라는 말은 솔직히 내게 위안이 되지 못했다. 그래도 나는 항상 낙관주의 편에 서 있었다. 내 평생 가장 가슴 아픈 경험에 대해 똑같은 질문을 수없이 받으면서도 나는 낙관적인 확신을 지키기 위해 그렇게 대답했다. 그래도 한 가지 궁금증이 사라지지 않았다. 같은 행동을 하고 다른 결과를 기대하는 것을 바보같이 여기면서, 똑같은 질문을 하고 다른 대답을 기대하는 이유는 뭘까?

언제나 그렇듯 인류는 충격에서 빨리 벗어났다. 매치를 둘러싼 소동과 인류를 위한 잠재적 중요성에도 불구하고, 매치가 끝난 다음 날인 1997년 5월 12일은 똑같은 하루였다. 적어도 세계 체스 챔피언이나 딥블루 팀원, 혹은 세계 챔피언을 이길 최초의 컴퓨터를 개발하려는 프로그래머가 아닌 사람들에게는 그랬다. 패배한 나는 일상으로 돌아갔던 반면, 승리를 거둔 딥블루 팀원들은 스스로의 효용 가치가 사라졌음을 확인하게 되었다는 것은 참으로 아이러니가 아닐 수 없다.

딥블루의 유일한 목표가 나를 꺾는 것이었다는 사실은 컴퓨터 체스 분야, 그리고 이를 넘어 인공지능 분야의 전문가들이 오랫동안 제기해왔던 경고를 여실히 드러내는 것이었다. 이들 전문가는 딥블루의 승리에서 우리가 배울 수 있는 것은 거의 없으며, 2000년 즈음에 더 스마트하고 더 빨라진 컴퓨터가 등장하여 세계 챔피언을 이길 것이라고 주장했다. 그들의 경고는 냉소주의가 아니라 엄연한 사실이었다. 체스를 둘러싼 사회적 미신은 컴퓨터에 대한 대중의 무지와 마찬가지로 빠른 속도로 종적을 감추었다. 언론의 요란한 헤드라인은 접어두고서라도, 컴퓨터가 진화하고 그 활용 범위가 넓어지면서 체스에서 인간이 기계를 이길 수 있다는 생각, 반드시 그래야만 한다는 생각은 주류에서 멀어지게 되었다.

영국의 인공지능 및 신경망 분야를 개척한 이고르 알렉산더Igor Aleksander는 2000년에 출간한 자신의 책《마음을 구축하는 방법How to Build a Mind》에서 이렇게 설명했다. "1990년대 중반에 컴퓨터를 사용한 적이 있는 인구 규모는 1960년대와 비교해서 자릿수가 달랐다. 카스파로프를 꺾은 것은 프로그래머의 위대한 승리였지만, 인간이 일상생활에서 활용하는 지능과 비교할 수준은 아니다."

물론 강력한 체스 기계가 세상에 아무런 영향을 미치지 못했다는 뜻은 아니다. 다만 영향을 미친 범위가 체스 세상에 국한되었다는 의미다. 그래도 희망적인 소식은 체스 세상에서 벌어지는 일이 세상 전체를 위한 미리보기가 될 수 있다는 사실이다. 싫든 좋든 간에 인간과 기계의 관계가 급속하게 변화하는 상황에서 내가 사랑하는 체스와 함께 그 변화의 흐름의 선봉에 서 있었다는 사실을 세 가지 범주로 살펴보고자 한다. 이제 인간이 기계와 경쟁했던 10년의 세월이 지나고, 인간과 기계의 협력이 무대의 중심에 섰다. 간단하게 말하면 우리는 이길 수 없다면 함께 해야만 하는 시대로 접어들었다.

두뇌의 아웃소싱

우리는 '인간 더하기 기계'라는 개념을 인류의 선조가 무언가를 깨뜨리기 위해 돌멩이를 사용한 이후로 존재한 모든 기술의 활용에 적용할 수 있다. 인간이 다른 동물보다 우월한 존재가 될 수 있었던 것은 도구를 만들고 활용할 줄 아는 능력 때문이다.[1] 도구의 개발로 생존 가능성이 높아지면서, 더 뛰어난 도구를 만들고 사용할 줄 아는 인간이 진화의 과정에서 선택을 받았다. 물론 침팬지와 까마귀, 심지어 말벌 같은 동물도 도구를 활용한다. 그러나 특정한 과제에 맞는 도구를 선택하고, 새로운 도구를 상상하고 개발하는 능력은 차원이 다른 이야기다.

오늘날 인간이 하는 대부분의 일이 기술 활용과 관련 있다. 최근 수십 년 동안 기술의 활용 범위는 크게 확대되었다. 무거운 물건을 들어울리고, 연산 및 데이터를 분석하는 정신 활동에 이르기까지 자동화 기술은 인간의 동작을 모방하고, 나아가 능가하는 방향으로 꾸준히 발전하고 있다. 오늘날 기계가 기억과 같은 기본적인 인지 기능을 완벽하게 수행하게 되면서, 우리는 기계가 더 쉽게 처리할 수 있는 과제를 컴퓨터와 스마트폰에게 넘기고 있다. 스마트폰이 일상적인 디지털 장비가 되기 오래전부터, 기술이 두뇌의 기능을 대체하는 현상은 주요한 논의 과제였다.

기술 작가이자 저널리스트인 코리 닥터로Cory Doctorow는 2002년 보잉보잉Boing Boing이라고 하는 웹사이트 기사에서 자신의 블로그를 '외장 뇌'라고 불렀다.[2] 그는 외장 뇌 덕분에 "그동안 정보 분야에서 이루어진 연구 성과를 끌어모아 거대한 창고를 구축했을 뿐만 아니라, 성과의 규모를 확대하고 수준을 높일 수 있었다. 그 어느 때보다 더 많이 알고, 더 많이 발견하고, 더 많이 이해하게 되었다"라고 했다. 여러분이 블로그 활동을 하지 않더라도, 자신의 이메일이나 소셜미디어 게시 글에서 정보를 검색해본 적이 있다면 닥터로의 말에 공감할 것이다. 이메일이나 페이스북을 통해 과거에 자신이 쓴 글을 읽다 보면, 낡은 앨범을 뒤적이는 것보다 더 많은 추억을 되살릴 수 있다. 이러한 글들은 가족이나 친구들과 함께 쓴 다채로운 즉흥 일기장이다.

2007년《와이어드》에 게재된 '외장 뇌가 모든 것을 알고 있다Your Outboard Brain Knows All'라는 제목의 기사는 외장 뇌의 개념을 모바일 시대에 어울리게 확장했다. 당시는 아이폰이 출시된 지 몇 달밖에 안 된 시점이었기에, 칼럼리스트 클리브 톰슨Clive Thompson의 이야기는 잠재적으로 많은 영향력을 포함하고 있었다. 톰슨은 블랙베리와 지메일에 대해 쓰면서, 앞으로 다른 사람은 물론 자기 자신의 전화번호도 외울 필요가 없어질 것이라고 말했다. 휴대전화에 "500개의 전화번호를 저장할 수 있기 때문이다." 그러고는 다시 이렇게 말했다. "사이보그의 미래가 현실이 되었다. 우리는 아무것도 인식하지 못한 채 두 뇌의 다양한 주요 기능을 실리콘에 위탁하고 있다."[3]

이러한 아웃소싱 현상은 기술의 민주화를 보여주는 하나의 사례라는 점에서 그다지 혁명적인 발전이라고 말하기는 어렵다. 가령 경영자를 비롯한 다양한 분야의 고위직 인사들은 이미 예전부터 많은 인지 기능을 비서에게 맡겼다. 또한 연락처를 저장하고 일정을 관리하기 위해 다이어리나 수첩을 사용했고, 많은 이들이 지금도 사용하고 있다. 사람들은 이제 주머니에 쏙 들어가는 초소형 컴퓨터로 그러한 업무를 처리한다. 특히 스마트폰의 등장으로 그 기술은 더욱 강력하고 효율적으로 진화했다. 사람들은 그들의 스마트폰 속에 전화번호를 비롯하여 수많은 정보를 보관해두고 있다. 옛날에 전화번호부를 뒤지던 방식으로 식당을 찾는 사람은 없다. 이제 우리는 앱을 통해 맛집을 추천받고, 터치 몇 번으로 식당을 예약하거나 배달 음식을 주문한다.

대부분의 신기술과 마찬가지로 사람들은 아웃소싱의 잠재적 위험을 크게 걱정하지 않았다. 하지만 아이들이 그 신기술을 받아들이면서 다른 상황이 펼쳐졌다. 아이들은 부모가 상상하지 못한 방식으로 기술을 활용했다. 그들은 빠른 속도로 엄지를 놀려 다양한 은어를 입력하고 기이한 이모티콘을 보낸다. 이로 인해 아이들의 집중력은 짧아졌다. 심지어 자신의 전화번호조차 기억하지 못하는 경우도 있다. 친구들과 현실에서(내 딸은 이것을 'irl(in real life)'이라고 표현한다) 보내는 시간보다 소셜미디어 세상에서 더 많은 시간을 보낸다. 아이들은 꿈과 자유의지를 빼앗긴 채 서서히 좀비가 되어가고 있다!

《뉴욕타임스》 칼럼리스트 데이비드 브룩스David Brooks는 《와이어드》 기사에 화답하여, 자신이 외장 뇌에 넘겨준 것을 위트 있게 표현했다. "정보화 시대의 마술로 우리가 더 많은 것을 알게 되었다고 믿었다. 하지만 이제 우리는 아는 게 더 줄어들었다는 사실을 깨닫게 되었다." 그리고 이렇게 덧붙였다. "생각하는 일을 아웃소싱하게 되면서 개성을 잃어버리지 않을까 걱정스러운 마음이 들 것이다. 하지만 그럴 필요 없다. (……) 우리가 빼앗기는 것은 단지 자율성뿐이다."[4]

10년 후 사람들은 전화번호나 지도를 기억하지 않아도 된다는 사실에 아쉬워할까? 아마도 그럴 것이다. 하지만 그런 아쉬움은 손으로 만든 옷이나 안경에서 발견할 수 있는 흠집, 혹은 LP 음반의 잡음에 대한 그리움과 같다. 우리는 이러한 향수를 인간성 상실과 혼동해서는 안 된다. GPS 장비와 아마존 추천 서비스, 혹은 맞춤형 뉴스피드 때문에 우리는 자유의지를 잃어버리게 될 것인가? 물론 시골길을 헤매다 우연히 멋진 경치를 발견하거나, 책방을 구석구석 뒤지고, 혹은 신문을 훑어보는 기회가 사라지면서 인간의 여러 가지 능력은 조금 퇴화될 것이다. 그러나 우리가 그런 활동을 하지 못하도록 누군가 막는 것은 아니다. 실제로 욕구와 필요성을 더 쉽게 충족시킬 수 있을 때, 우리는 그러한 활동을 위한 더 많은 시간을 확보하게 된다.

우리는 자유의지를 잃어버리지 않았다. 오히려 무엇을 해야 좋을지 모르는 시간적 여유를 얻었다. 또한 놀라운 힘과 강력한 지혜를 얻었다. 그러나 이를 가지고 추구해야 할 목표를 발견하지 못하고 있다. 문명은 인간의 삶에서 우연과 비효율성을 제거하는 쪽으로 나아간다. 그렇다. 우리의 삶은 변화하고 있다. 그리고 변화의 속도는 많은 이를 불안하게 만든다. 하지만 그렇다고 해서 변화가 인류에 피해를 입히는 것은 아니다. 스마트폰과 함께 성장한 세대가《뉴욕타임스》에 칼럼을 쓰는 날이 오면, 기술에 대한 조롱과 놀람은 조만간 사라질 것이다.

두뇌의 아웃소싱에 따른 위험은 무엇일까? 인지 기능을 스마트폰에 위탁하면서, 우리는 두뇌의 어떤 부위를 사용하지 않게 되는 것일까? 톰슨은 이렇게 물었다. "네트워크에 연결되어 있을 때, 나는 천재다. 하지만 연결이 끊어지는 순간, 나는 정신적인 장애를 겪게 될 것인가? 디지털 메모리에 대한 지나친 의존으로 세상을 이해하는 여러 중요한 기능을 잃어버리게 될 것인가?"[5] 중요한 질문이다. 하지만 생소한 질문은 아니다. 적어도 우리가 더 높은 단계의 지혜를 추구한다면, 지식을 획득함으로써 당면과제를 처리하고 질문에 답하는 과정에 도움을 얻을 수 있다. 구글과 위키피디아의 도움으로 우리 모두는 분야를 막론하고 전문가가 될 수 있다. 그 효용은 강력하다. 그렇다고 해서 백과사전이나 전화번호부를 뒤질 때보다, 혹은 사서의 도움을 받을 때보다 더 멍청해지는 것은 아니다. 정보 기술은 더 많은 정보를 더 빨리 생성하고 처리하기 위한 진화된 도구일 뿐이다. 지적인 태만과 정보 검색에 대한 중독이 그러한 기술로부터 비롯된 위험은 아니다. 정말로 중요한 위험은 피상적인 지식에 만족한 채 창조를 위한 이해와 통찰력을 잃어버리는 것이다.

지식이 곧 실질적인 이해로, 혹은 지혜로 이어지는 것은 아니다. 지혜에 대한 논의는 소크라테스 시대로 거슬러 올라간다. 그리고 이를 시작으로 아리스토텔레스의 《니코마코스 윤리학Éthika Nikomacheia》과 데카르트의 《철학의 원리Principia Philosophiae》로 이어진다. 지혜란 무엇인가? 지식이 쌓이면 지혜가 되는가? 지혜란 자신의 무지함을 인식하는 겸손인가? 행복하게 살아가는 법을 아는 것인가? 기계를 이용하여 더 많은 지식을 얻고 저장할 수 있게 되었다는 사실은 그 자체로 절대 나쁜 일이 아니다. 문제는 그에 따른 인지적 기회비용이다. 체스와 함께 하는 동안 변화의 과정을 비교적 객관적으로 지켜보았던 나로서는 그러한 기회비용은 부정할 수 없는 문제지만, 우리가 그 존재를 인식하고 있다면 반드시 부정적인 것만은 아니라고 생각한다. 나는 모든 게 제로섬 게임에 불과하다는 식의 설명을 믿지 않는다. 그러한 주장을 펴는 사람은 인지적 차원에서 이익이 있다면 그에 상응하는 손해가 반드시 있기 마련이라고 말한다. 오늘날 사고 과정을 처리하는 방식에서 일어나고 있는 중대한 변화는 순수하게 긍정적인 쪽으로 흘러갈 수 있다. 또한 그러한 움직임이 실제로 나타나고 있다. 내가 말하는 정신적 소프트웨어 업그레이드에서 자기 인식은 중요한 구성 요소다.

앞서 개인용 컴퓨터, 혹은 주머니에 쏙 들어가는 그랜드마스터 등급의 컴퓨터가 개발되면서 전 세계적으로 강력한 체스 기사들이 더 많이 등장하고 있다는 사실에 대해 언급했다. 그러나 체스 컴퓨터의 발전이 프로 기사의 규모에만 영향을 미친 것은 아니다. 동시에 체스를 두는 방식에도 많은 영향을 미쳤다.

컴퓨터처럼 체스를 두는 아이들

여기서 내가 말하는 것은 컴퓨터나 인터넷으로 체스를 두는 방식을 의미하는 게 아니다. 슈퍼컴퓨터의 체스 엔진을 경험한 그랜드마스터들이 게임을 전개하는 방식의 변화에 대해 말하고 있다. 일반적으로 젊은 기사는 어린 시절의 스승과 비슷한 스타일로 체스를 둔다. 날카로운 오프닝과 과감한 공격을 구사하는 스승에게서 배운 경우, 자연스럽게 비슷한 스타일을 선호하게 된다. 테니스나 글쓰기에서도 마찬가지다.

그런데 어릴 적 스승이 컴퓨터라면? 컴퓨터는 스타일이나 패턴, 혹은 수백 년 동안 이어져 내려온 이론에 신경 쓰지 않는다. 다만 기물의 가치를 계산하고, 수많은 수를 분석하고, 또다시 계산할 뿐이다. 평가 기능 설정에 따라 체스 프로그램이 좀 더 공격적이거나 방어적일 수 있지만, 그래도 컴퓨터는 편견과 이론으로부터 자유롭다. 오늘날 체스 컴퓨터를 훈련과 분석 과정에 적극 활용하면서, 컴퓨터만큼이나 전통에서 자유로운 체스 기사 세대가 등장하고 있다.

과거에 좋은 수로 인정을 받았기 때문에, 혹은 인정을 받지 못했기 때문에 어떤 수가 좋은 수 혹은 나쁜 수가 되는 시대는 끝났다. 다만 실전에서 효과가 있으면 좋은 수이고, 없으면 나쁜 수일 뿐이다. 좋은 플레이를 펼치기 위해 직관과 기준, 논리는 여전히 중요한 요소로 남아 있지만, 오늘날 인간은 점점 더 컴퓨터와 비슷한 방식으로 체스를 둔다.

카스파로프 체스 재단이 추진하는 영스타 프로그램에 참여한 재능 있는 아이들의 연령대는 8~18세다. 이 아이들은 체스를 배울 때부터 강력한 체스 기계를 접했다. 그리고 당연하게도 1980년대 소련의 보트비닉 스쿨에서 성장한 아이들과는 전혀 다르다. 나는 말 그대로 '올드스쿨'에서 체스를 배운 사람이므로, 이러한 아이들이 게임에 접근하는 방식, 그리고 구조적이고 이론적인 사고방식의 결핍에 대해 어쩔 수 없이 비판적일 때가 많다. 그러나 동시에 나의 이러한 입장을 뒷받침해줄 객관적인 증거를 제시할 수 없으며, 이론을 배제한 학습 방식에는 고유한 장단점이 있다는 것도 잘 알고 있다. 게다가 어떤 수가 왜 좋은 수인지를 이론적으로 설명할 수 있다고 해서 반드시 실전에서 그 수를 활용할 수 있는 것은 아니다.

문제는 데이터베이스와 프로그램이 스승의 손을 떠나 오라클로 넘어갈 때 발생한다. 나는 학생들이 게임을 할 때면 어떤 수를 왜 두었는지 종종 물어본다. 게임 초반일 경우에 아이들은 대부분 이렇게 대답한다. "메인 라인이니까요." 데이터베이스 속에 들어 있는, 오랫동안 많은 그랜드마스터들이 두었던 수이기 때문에 두었다는 것이다. 혹은 그 수가 이론적인 수가 아니라, 체스 엔진의 도움으로 준비한 수일 때도 있다. 그럴 때도 대답은 비슷하다. "최고의 수니까요." 틀린 말은 아니다. 그러면 나는 다시 묻는다. 왜 그게 최고의 수지? 왜 많은 그랜드마스터들이 그 수를 두었을까? 왜 컴퓨터가 그 수를 추천했을까?

바로 여기서 문제가 등장한다. 그 이유는 무엇인가? 그건 분명히 좋은 수다. 그런데 그 이유가 무엇이냐는 말이다. 이 질문에 답하기 위해서는 더 많은 이해와 연구가 필요하다. 오프닝은 수십 년 혹은 수 세기에 걸쳐 발전했다. 어떤 오프닝의 열두 번째 수에서 비숍을 특정 칸으로 이동하는 것이 최고의 수라고 말할 수 있을 때까지 많은 이야기가 있었다. 다시 말해 그 수를 바로 지금 두어야 한다는 주장을 뒷받침하는, 도전과 실패로 이루어진 수많은 게임이 있었던 것이다.

그러나 아이들은 그 과정을 건너뛰어 곧바로 좋은 수를 두려고 한다. 과거의 게임에 대한 오랜 분석은 거들떠보지 않고 그냥 따라가려고 한다. 지금까지 주의 깊게 책을 읽었다면, 아이들의 이러한 접근 방식은 다름 아닌 컴퓨터가 그랜드마스터 게임과 이론의 데이터베이스인 오프닝북을 기반으로 플레이를 하는 방식과 똑같다는 사실을 이해할 것이다. 그러나 그런 방식으로 게임에 임하는 인간은 컴퓨터와 똑같은 약점을 갖게 된다. 오프닝북에 잘못이 있다면? 오프닝북을 맹목적으로 따르고 있는데, 상대가 그 라인에 따라 까다로운 노블티를 준비해놓았다면?

물론 그들의 접근방식에도 근거는 있다. 강력한 체스 기사와 컴퓨터가 오랜 세월에 걸쳐 두고 있는 수라면, 최고의 수일 가능성이 높다. 그러나 데이터베이스의 조언을 무조건적으로 받아들일 때, 인간은 컴퓨터와 달리 두 가지 문제에 직면하게 된다. 첫째, 외워둔 오프닝이 끝났을 때 두뇌를 사용해야 한다. 오프닝을 통해 도달한 포지션이 자신에게 유리하다고 해도, 진정한 이해가 없다면 앞으로 무엇을 해야 할지 알지 못한다. 마치 호수 한가운데에서 수영을 할 줄 모르는 사람이 보트에서 뛰어내리는 것과도 같다.

게다가 열심히 외운 메인 라인에서 완전히 벗어난 엉뚱한 수를 상대 선수가 둔다면? 그래도 컴퓨터는 당황하지 않을 것이다. 데이터베이스에서 최고의 수를 골라낼 것이기 때문이다. 만약 그러한 수를 찾을 수 없다면, 스스로 계산하기 시작할 것이다. 하지만 여러분에게 전반적인 포지션에 대한 충분한 이해가 없다면, 상대의 수가 데이터베이스 속에서 찾을 수 있는 최고의 수가 아니라고 하더라도 심각한 상황에 봉착할 위험이 있다. 그렇기 때문에 체스 엔진에 기계적으로 의존할 것이 아니라 스스로 두뇌를 활용하여 사고하는 노력이 중요한 것이다. 컴퓨터는 자신이 최고라고 판단한 수를 말해준다. 하지만 상대가 어떻게 대응할지, 아니면 상대가 가장 싫어하는 수는 무엇인지를 말해주지는 않는다. 따라서 기계의 판단을 맹목적으로 받아들인다면, 우리 자신의 이해력은 점점 퇴화할 것이다. 나는 학생들에게 체스 컴퓨터의 용도는 준비와 분석 작업을 위한 것이 아니라, 자신의 준비와 분석 작업을 검증하기 위한 것이라고 강조한다. 최고의 수가 무엇인지 아는 것만으로는 충분하지 않다. 그 수가 왜 최고의 수인지 알아야 한다.

모방자인가 혁신가인가

데이터베이스에 의존할 때 직면하게 되는 두 번째 문제는 디지털 도구의 활용 방법에 따라 인간과 기계가 협력함으로써 창조적인 힘을 발휘할 수 있다는 심오한 주제에 관한 것이다. 데이터베이스는 오프닝 라인뿐만이 아니라 게임 전체에 걸친 다양한 수로 이루어져 있다. 양측 모두 게임 전체에 걸쳐 메인 라인을 따라가는 경우는 드물다. 두 사람 모두 특정 라인을 따라가고 있다는 사실을 알고 있다고 해도, 누군가는 자신의 이익을 위해 기존 라인에서 벗어날 것이다. 예를 들어 두 선수가 흑이 패한 게임을 그대로 따라가고 있다면, 흑을 잡은 선수는 어딘가에서 라인을 벗어날 궁리를 할 것이다. 바로 여기서 질문이 나온다. 그렇다면 어디서 벗어나야 하는가? 흑이 치명적인 실수를 한 지점에서? 그 지점은 아마도 좋은 출발점이 될 것이다. 그리고 효과적으로 벗어난다면 좋은 결과로 이어질 것이다.

그러나 혁신을 추구한다면, 데이터베이스가 끝나는 지점보다 더 일찍 시작해야 한다. 모두가 최고라고 인정하는 수는 이미 엄청나게 많이 등장했기 때문에, 기존의 수로 이루어진 탐색 트리를 깊이 들여다볼 필요가 있다. 나는 이러한 노력으로 해마다 많은 상대를 궁지로 몰아넣었다. 그들은 내가 유명한 오프닝 라인을 완전히 뒤바꿔버린다는 사실을 알고 있다. 게다가 나는 유행에 뒤떨어진 오프닝이나 변화수를 새로운 형태로 되살려내기도 한다. 이러한 노력은 게임 성적에도 도움을 줄뿐더러, 체스 밖 세상에서도 내가 창조적인 사람이라는 자부심을 갖게 한다.

물론 젊은 기사들이 거인의 어깨에 기대어 쉬거나 그들의 오프닝을 따라 하고, 그들에게 (혹은 그들의 컴퓨터에게) 의존함으로써 실수를 줄일 수 있다면 그건 분명 좋은 일이다. 마찬가지로 전자제품 기업은 대형 브랜드를 따라 하는 과정에서 가격을 낮추거나 기능을 추가함으로써, 혹은 그 둘 다를 통해 경쟁한다. 이러한 기업은 아무것도 새로운 것을 창조하지 않으며, 근본적인 혁신을 추구하지 않는다. 그들은 모방자다. 누가 더 빨리, 더 잘 따라 하는지를 놓고 다른 모방자와 경쟁한다. 그러나 값싼 노동력과 효율적인 제조 공정을 기반으로 하는 대규모 시장이 열릴 때, 스스로 혁신하는 법을 알지 못하는 기업은 시장에서 즉각 퇴출될 것이다.

체스와 비즈니스, 일반적인 혁신 또한 마찬가지다. 탐색 트리를 더 일찍 들여다볼수록, 혁신의 가능성은 더 높아지고 더 많은 성취를 일구어낼 수 있다. 반면 모두가 기계에 의존하여 자신이 얼마나 대단한 모방자인지를 보여주기에 급급하다면, 우리 사회는 창조적 혁신 단계로 나아가지 못한다. 우리가 살아가는 세상에는 다양한 형태의 혁신이 존재한다. 어떤 이들은 애플이 내놓은 획기적인 신제품에 담긴 핵심 기술 대부분은 그들이 자체 개발한 것이 아니라는 이유로 애플에게는 혁신의 뿌리가 없다고 말한다. 그리고 뛰어난 디자인 감각과 더 뛰어난 마케팅 감각으로 무장한 모방자에 불과하다고 애플을 폄하한다. 하지만 모든 위대한 가수가 직접 작곡을 하는 것은 아니다. 애플의 주주와 소비자들은 특별한 디자인과 브랜드가 제품 가치를 높인다고 믿는다. 물론 모두가 모방하기만 한다면, 모방의 원천이 되는 영감은 사라질 것이다. 장기적으로 제품의 점진적인 다각화가 이루어질 때, 비로소 시장의 수요를 자극할 수 있을 것이다.

기업가이자 벤처 자본가인 맥스 레브친Max Levchin은 실리콘밸리와 신생 IT 기업에 대해 언급하면서, 혁신을 정확한 표현으로 설명했다. 나는 그의 표현이 무척 마음에 든다. 몇 년 전 출판과 관련해서 나와 함께 일하는 동안, 레브친은 '주변부 혁신innovating at the margins'이라는 말을 썼다. 최근 많은 기업이 그들의 핵심 비즈니스 영역에서 실질적인 위험을 감수하려 들지 않고, 사소한 효율성 개선 방안에만 집중하고 있다는 뜻이다. 1998년 페이팔을 공동 설립한 후로 레브친은 온라인 결제와 대체 통화에 많은 관심을 기울였다. 그리고 이러한 서비스와 관련하여 대형 은행들은 기업의 핵심 도전 과제를 외면한 채, 오로지 2~3퍼센트의 금융 수수료를 쥐어짜내기 위해 노력하고 있다고 지적했다. 물론 이러한 시도는 편리함과 효율성을 높이지만, 진정한 혁신은 아니다.

변화의 잠재력은 우리의 예상보다 훨씬 더 거대하다는 것을 생각하면 매우 안타까운 현실이다. 기계의 능력이 점점 더 발전하면서 우리는 더 큰 꿈을 꾸고, 더 철저하게 준비할 수 있게 되었다. 그러나 우리는 선택을 해야 한다. 기술 발전은 다양한 비즈니스 분야에서 진입 장벽을 낮추고 있고, 이러한 흐름은 새로운 실험과 투자를 촉진한다. 또한 강력한 모형을 기반으로 그 어느 때보다 변화의 영향력을 정확하게 예측할 수 있게 되면서 위험도 그만큼 줄어들었다.

다시 한 번 초파리 실험의 관점으로 체스 컴퓨터를 바라보자. 많은 그랜드마스터들이 체스 컴퓨터와 데이터베이스를 활용하여 더 과감하고 실험적인 오프닝 변화수를 보여주기 시작했다. 동시에 더 많은 체스 전문가들은 강력한 기계의 등장으로 프로 체스가 심각한 피해를 입을 것으로 우려했다. 그들은 그랜드마스터가 이제는 체스 컴퓨터의 지시대로 기물을 옮기는 꼭두각시가 되어버릴 것이라고 주장했다. 엄밀하게 말해서 혁신가 밑에 언제나 모방가 집단이 존재했던 것처럼 체스 세상에서 최고 수준을 제외하고 이러한 문제점이 나타나고 있다. 그러나 정상급 수준에서는 몇몇 예외를 제외하면 반대 현상이 벌어지고 있다.

오늘날 많은 그랜드마스터들이 집에서 체스 엔진을 활용하여 준비 작업을 하고, 이를 통해 토너먼트 대회에서 더욱 날카로운 변화수를 적극적으로 선보이고 있다. 철저한 준비를 바탕으로 상대를 제압하려는 의지가 역전의 기회를 노리려는 생각을 앞서고 있다. 인간의 기억은 완벽하지 않다. 상대 역시 철저하게 준비했을 수도 있고, 혹은 집에서는 생각지도 못한 수가 실전에서 갑자기 떠오를 수 있다. 어느 경우든 흥미진진한 다양한 변화수와 게임의 가능성이 여전히 남아 있다.

반면 예외도 있다. 엘리트 기사들을 중심으로 나타나고 있는 반컴퓨터 운동이 그렇다. 이러한 움직임은 매우 포지셔널하고 전략적인, 그래서 컴퓨터가 매설해놓은 지뢰에 취약하지 않은 오프닝 변화수의 등장과 관련 있다. 대표적인 사례로 루이 로페스의 베를린 디펜스Berlin Defense를 꼽을 수 있다. 실제로 2000년 세계 챔피언십 매치에서 크람니크가 나를 상대로 이를 구사해서 꽤 효과를 보았다. 베를린 디펜스에서는 게임 초반에 퀸을 움직인다. 일반적으로 백이 약간의 우세를 차지하지만, 포지션 전반에서 오늘날 강력한 체스 엔진조차 힘들어할 정도로 대단히 복잡한 플레이가 이어진다. 어떤 체스 기사는 체스 엔진의 도움으로 자신의 플레이를 더욱 창조적인 방향으로 이끌어가는 반면, 다른 기사는 상대가 활용하는 강력한 엔진에 대한 두려움 때문에 더 보수적인 방향으로 나아가고 있다. 체스 세상에서도 러다이트 운동이 일어나고 있는 셈이다.

내가 개인적으로 그러한 포지션을 지루하게 느끼기 때문에 프로 기사들의 반컴퓨터 움직임을 부정적으로 바라보는 것은 아니다. 크람니크는 현명하게도 바로 그러한 이유로 그 움직임에 동참했다. 이처럼 복잡한 포지션에서는 종종 박빙의 승부가 펼쳐지고, 결국 더 많은 무승부로 이어진다. 체스판에서 벌어지는 역동적인 장면에 열광하고, 뚜렷하게 승패가 갈리는 게임을 선호하는 팬들은 이러한 흐름에 실망감을 드러낸다.[6]

어린 그랜드마스터들

데이터베이스를 통해 수백만 개의 게임 정보에 쉽게 접근할 수 있게 되면서, 최고 수준의 기사들의 연령대가 전반적으로 낮아지고 있다. 예전보다 더 많은 젊은 기사들이 엘리트 등급에 합류했다. 바비 피셔는 열네 살에 미국 챔피언십에서 우승을 차지하여 정상급 선수로 등극했고, 그 기록은 수십 년 동안 깨지지 않았다. 피셔는 이듬해인 1958년에 그랜드마스터 칭호를 공식적으로 얻었다. 사실 그의 플레이는 그 이전에 이미 그랜드마스터 등급에 도달해 있었다. 1991년에 헝가리의 유디트 폴가르가 불과 몇 개월 차이로 신기록을 수립할 때까지, 피셔의 기록은 33년 동안이나 유지되었다. 폴가르의 기록은 그로부터 얼마 지나지 않은 1994년에 깨졌다. 그 이후로 신기록의 수문이 개방되었다. 오늘날 서른 명이 넘는 젊은 기사들이 피셔의 기록을 앞질렀다.

2002년 이후 신기록 보유자는 우크라이나 출신의 세르게이 카르자킨Sergey Karjakin이다. 그는 현재 러시아에서 활동하고 있다. 카르자킨은 불과 12세 7개월의 나이에 그랜드마스터로 인정받았다. 많은 면에서 피셔와는 달랐지만, 2016년 11월 세계 챔피언십 결승에 오르면서 천재다운 면모를 드러냈다. 안타깝게도 챔피언인 마그누스 카를센에게는 무릎을 꿇고 말았다. 카를센 또한 1990년생이다(그는 13세 4개월의 나이로 '역사상 가장 젊은 그랜드마스터' 3위에 이름을 올렸다).

뚜렷한 상관관계를 확인하기 위해 기록 갱신의 시점을 살펴볼 필요가 있다. 기록은 1958년을 시작으로 1991년, 1994년, 그리고 이후로 봇물 터지듯 1997년, 1999년, 2000년에 잇달아 깨졌다. 다음 10년 동안에도 스무 차례 넘게 갱신이 이루어졌고, 이들 모두 피셔보다 훨씬 어린 나이에 그랜드마스터가 되었다. 이러한 흐름의 시작은 공교롭게도 강력한 체스 엔진과 온라인 플레이를 기반으로 하는 전문적인 훈련 소프트웨어의 확산과 때를 같이 한다.

젊은 그랜드마스터의 등장에는 몇 가지 주변적인 요인도 작용했다. 예를 들어 가능한 한 일찍 그랜드마스터 칭호를 얻는 것이 하나의 유행이 되었고, 또한 그 기간에 걸쳐 레이팅 평가 기준이 완화되면서 2500대 고지에 도달하기가 훨씬 수월해졌다. 물론 여전히 쉬운 일은 절대 아니다. 10대 그랜드마스터는 과거에 시대의 천재를 의미했지만, 지금은 그리 어렵지 않게 찾아볼 수 있다. 피셔는 열다섯 살에 그랜드마스터 칭호를 받았을 뿐만 아니라, 세계 챔피언십 토너먼트 출전권을 따내면서 가장 강력한 여덟 명의 기사에 이름을 올렸다. 오늘날 젊은 기사들이 그랜드마스터 칭호를 얻을 수 있는 기회는 더 많아졌고, 취득 과정의 속도도 훨씬 빨라졌다.

그랜드마스터 타이틀을 얻기가 얼마나 힘든지를 보여주는 일화가 있다. 야서 세이라완에게 들은 월터 브라우니에 관한 에피소드다. 2015년에 세상을 떠난 브라우니는 1990년대에 FIDE 회의가 열릴 때마다 타이틀을 수십 명에게 수여하는 바람에 그랜드마스터가 너무 흔해졌다고 불만을 토로했다. 그는 이렇게 말했다. "1970년에 내가 타이틀을 받았을 때 그랜드마스터는 두 사람밖에 없었습니다. 다른 한 사람은 카르포프였죠. 심지어 그들은 카르포프에 대해서도 확신이 없었습니다!"

그랜드마스터에게 요구되는 수천 가지 핵심 패턴과 오프닝을 익히기 위해서는 오랜 시간이 필요하다. 말콤 글래드웰은 이렇게 말했다. "전문가의 경지에 오르기 위해서는 1만 시간의 노력이 필요하다." 나는 앞에서도 이 말을 소개했다. 하지만 오늘날 기술 발전으로 훈련의 효율성이 높아지면서 그 시간이 크게 단축되고 있다. 오늘날 10대, 혹은 그보다 더 어린 아이들은 디지털 호스를 데이터베이스에 꽂음으로써, 그리고 모든 것을 스펀지처럼 빨아들이는 말랑말랑한 두뇌를 최대한 활용함으로써 그 흐름을 가속화하고 있다. 이제는 1만 시간 대신에 1만 가지 패턴, 혹은 5만 가지 포지션이 필요하다고 말하는 것이 더 적당할 듯하다.

2009년 한 해 동안 나는 카를센과 함께 연구를 했다. 그 무렵 카를센은 체스의 올림포스에 오르기 위해 안간힘을 쓰고 있었다. 누가 뭐래도 그는 시대의 천재였다. 실제로 카를센은 열여덟 살에 세계 4위를 차지하는 기염을 토했다. 나는 특히 카를센이 컴퓨터 엔진을 활용하는 방식에 주목했다. 그는 많은 젊은 학생들과 달리 기계 분석의 오묘한 완벽성에 현혹되지 않았다. 카를센은 자신의 능력을 믿었고, 기계를 구세주가 아닌 하나의 도구로 보았다. 그리고 엔진으로부터 답을 구하기보다 문제 해결 능력을 높여주는 보조 기구로 활용했다. 또한 매우 까다로운 문제를 만나도 곧장 마우스로 손을 뻗는 일은 없었다.

기억이 가물가물할 때 곧장 스마트폰을 집어드는 순간을 떠올려보자. 그때 여러분은 잠시라도 혼자 힘으로 기억을 떠올릴 수 있을지 고민하는가? 물론 여러분은 세계 챔피언이 아닐 것이며, 찾는 정보가 영화 제목이나 친구의 이메일 주소처럼 사소한 것일지 모른다. 그럼에도 때로 이 같은 인지 근력 훈련은 매우 중요하다. 지식을 습득하고 기억하는 기능은 우리가 두뇌 설계 방식에 따라 창조적으로 활용할 때 비로소 가치를 발한다. 그 과정에서 우리는 사소한 정보들을 조합하고, 종종 우리가 의식하지 못하는 상태에서 이를 통찰력과 아이디어로 전환한다. 여러분은 아마도 이제 서점에 들러 책장 사이를 오랫동안 돌아다니지 않아도 될 것이다. 그렇더라도 우리의 마음이 항상 영감을 찾아 활발하게 돌아다니도록 만드는 노력이 필요하다.

내일의 교육

체스 세상에서 재능 있는 젊은이들이 활동하고 있는 지역을 살펴보는 것 또한 흥미로운 일이다. 과거에 체스 세상의 중심은 단연코 소련이었다. 다음으로 인도, 노르웨이, 중국, 페루, 베트남을 주요 국가로 꼽을 수 있다. 우리는 또한 미국 안에서도 지역적 다양성을 확인할 수 있다. 예전에 미국 체스는 대부분 뉴욕에 집중되어 있었다. 그러나 내가 카스파로프 체스 재단을 설립하여 다양한 지역에서 젊은 기사들을 양성하면서 캘리포니아, 위스콘신, 유타, 플로리다, 앨라배마, 텍사스 역시 체스의 중심지로 떠오르고 있다. 특히 지난 20년 동안 인터넷과 휴대전화가 확산되면서, 태어난 지역과 상관없이 비즈니스나 과학 등 자신이 원하는 분야를 선택할 수 있게 된 과정에서 기술이 어떤 역할을 했는지에 관한 논의가 활발하게 일어나고 있다. 그리고 여기서 다시 한 번 체스가 실험 대상으로 주목받고 있다. 인재는 세계 도처에 널려 있다. 우리 사회가 필요로 하는 것은 그러한 인재를 발견하기 위한 효과적인 도구다.

체스는 문화와 지역, 기술, 경제를 구분하는 장벽에 뚫린 구멍을 통해서 여가 활동으로 널리 확산되었다. 그리고 인공지능에서 온라인 게임, 문제 해결, 교육의 게임화에 이르기까지 다양한 방면에서 주요한 모델로 활약하고 있다. 우리는 어린 그랜드마스터의 등장과 그들의 교육 방식을 전통적인 교육 문화를 대체하기 위한 하나의 모범 사례로 바라볼 수 있다. 아이들은 기존의 교육 방식이 기대하는 것보다 더 많이, 더 빨리 배우고 익힌다. 아이들은 이미 스스로 그렇게 하고 있다. 그들은 부모 세대보다 훨씬 복잡하고 다채로운 환경에서 놀고 배우고 있다.

1960년대 내가 자랐던 바쿠 지역이 오늘날 아이들이 누리는 것처럼 다양한 즐길 거리로 가득했다면, 과연 내가 세계 챔피언이 될 수 있었을까 생각해보곤 한다. 나 역시 다른 부모들처럼 아이들의 집중력을 방해하는 것들을 부정적인 시선으로 바라본다. 하지만 아이들은 바로 그러한 것들로 가득한 세상에서 살고 있다. 그렇다면 우리는 아이들을 그러한 세상으로부터 차단하려고 헛되이 애쓰기보다 그들이 세상에 더 잘 적응할 수 있도록 도와주어야 할 것이다. 오늘날 아이들은 관계 맺기와 창조의 경험을 통해 성장하고, 그 과정에서 기술로부터 많은 도움을 얻는다. 이러한 특성을 가장 효과적으로 살려주는 학교가 아이들을 좀 더 성공적인 삶으로 이끌어줄 것이다.

오늘날 학교의 모습은 100년 전과 크게 다르지 않다. 사실 말도 안 되는 소리다. 주머니 속 디지털 장비를 가지고 순식간에 인류의 모든 지식에 접근할 수 있는, 그리고 교사나 부모보다 훨씬 빠른 속도로 그러한 일을 해내는 아이들에게 어떻게 교사와 교과서가 유일한 정보 원천이 될 수 있단 말인가? 너무도 빨리 변하는 세상에서, 이제 우리 사회는 아이들에게 필요한 모든 지식을 가르칠 수 없다. 그러므로 아이들에게 스스로 익힐 수 있는 방법과 도구를 제공해야 한다. 즉 창조적으로 문제를 해결하고, 온라인과 오프라인에서 활발하게 협력하고, 실시간으로 조사하고, 디지털 도구를 스스로 개선하고 개발하는 능력을 갖추도록 도와야 한다.

미국과 서유럽을 비롯하여 몇몇 아시아 강국이 기술 수준과 활용 범위에서 우위를 점하고 있지만, 교육 분야에서 빠른 성장의 잠재력을 보여주고 있는 쪽은 개발도상국들이다. 개발도상국은 점점 의미가 퇴색하고 있는 선진국의 교육 방식을 답습할 의무가 없다. 실제로 가난한 나라에서 살아가는 많은 이들이 개인용 컴퓨터와 전통적인 금융 서비스 단계를 뛰어넘어 스마트폰과 가상화폐 단계로 곧장 건너가고 있다. 마찬가지로 이들은 새로운 역동적인 교육 패러다임을 더 빨리 받아들일 수 있다. 변화의 발목을 잡는 전통적인 교육 시스템 자체가 존재하지 않기 때문이다.

우리 사회는 첨단기술에 쉽게 접근하는 통로를 마련함으로써 아이들에게 많은 도움을 줄 수 있다. 가령 아이들은 교실에 모여서 태블릿 PC를 가지고 몇 번의 터치만으로 디지털 교과서와 강의 목록을 구성할 수 있다. 나는 체스 강의를 하면서 그러한 장면을 직접 목격했기 때문에 충분히 가능하다고 믿는다. 아이들은 필요에 따라 새로운 과목을 선택할 수 있으며, 정해진 수업 시간이 아니라 매일 24시간 언제든 전 세계 강사들의 강의를 마음껏 들을 수 있다.

선진국은 마치 부유한 가문이 투자에 접근하듯 교육에 접근한다. 부자는 현재 상태에 만족한다. 순항하는 배를 왜 흔든단 말인가? 지난 몇 년 동안 나는 파리와 예루살렘, 뉴욕 등 다양한 지역에서 열린 교육을 주제로 하는 컨퍼런스에 참석해 연설을 했다. 교육이야말로 보수적인 입장을 끝까지 고수하는 집단이다. 교육 행정가와 관료는 물론, 교사와 학부모 역시 마찬가지다. 아이들을 제외한 모두가 그렇다. 그들은 중대한 위험을 무릅쓰기에는 교육이 너무나 중요한 것이라고 말한다. 하지만 나는 교육이 너무도 중요하기 때문에 중대한 위험을 무릅써야 한다고 말한다. 우리는 어떤 방법이 효과가 있을지 실험해야 한다. 그리고 실험이야말로 유일한 해법이라는 사실을 깨달아야 한다. 아이들은 적응력이 뛰어나다. 그들은 이미 스스로 잘 헤쳐나가고 있다. 겁을 먹은 것은 어른들이다.

인간의 보편적인 약점

1995년 뉴욕에서 비스와나탄 아난드와 대결했던 챔피언십 매치는 컴퓨터 엔진을 도입한 최초의 대회였다. 나는 팀원들과 함께 매치를 준비하면서 프리츠 4를 분석하고 점검하기 위한 계산기 정도로 활용할 수 있을 것이라 생각했다. 우리는 전략적인 측면에서 컴퓨터를 신뢰하지 않았지만, 복잡한 전술적 포지션에서 실수를 예방하고 시간을 절약할 수 있도록 도움을 줄 것으로 기대했다.

매치가 시작되고 여덟 번째 게임까지 무승부가 이어졌다. 사람들은 내가 초반부터 비쉬Vishy[아난드의 별명—옮긴이]를 압도할 것으로 예상했지만 지루한 무승부 게임이 계속해서 이어졌다. 전문가들은 내가 감을 잃은 것은 아닌지 궁금해했다. 사실 나 역시 은근히 걱정이 되었다. 아난드는 준비가 잘되어 있었고, 나는 내 플레이에 확신이 없었다. 허술한 플레이가 이어지면서 이미 지나간 수를 아쉬워했고, 이는 또다시 허술한 플레이로 이어질 뿐이었다. 결국 나는 체스판이 아니라 우리 팀이 머무르고 있던 로어맨해튼의 아파트에서 해결책을 모색했다. 나는 아난드가 선호하는 킹 앞의 폰을 활용한 방어를 뚫기 위해 기물을 희생하는 놀라운 수, 즉 오픈 루이 로페스를 제안했다. 그리고 기물을 희생하고 나서 이어지는 매우 복잡한 전술을 완전히 파악하기 위해 주말 내내 팀원들과 함께 연구했다. 그 과정에서 성능이 보잘것없던 프리츠 4로부터 꽤 많은 도움을 받았다.

문제는 다음 게임에서 백이 아닌 흑을 잡아야 한다는 사실이었다. 나는 환상적인 오픈 루이 로페스를 어서 빨리 보여주고 싶은 마음에 정작 다음 게임에 대한 집중력을 잃고 말았다. 아난드에게, 그리고 전 세계 체스 팬에게 이처럼 멋진 아이디어를 보여주기 전에 또 한 번의 게임을 해야만 한다는 사실이 짜증났다. 결국 다음 게임에서 완패를 당하고 나서야 말 앞에 마차를 매지 말라는, 그리고 닭의 수를 미리 헤아리지 말라는 오랜 속담이 떠올랐다. 나는 아난드의 플레이에서 벗어나지 못했다. 그는 강력한 플레이를 보여주었고, 승리를 거둘 자격이 있었다. 그러나 나는 집중력을 잃으면서 스스로 무너지고 말았다. 결국 내일 게임에서 다시 집중력을 회복하고 새로운 아이디어의 위력을 보여주어야겠다고 다짐하며 돌아서야 했다. 그때 매치는 이미 중반으로 접어들고 있었다.

마침내 그날이 밝았고, 나는 에너지로 가득 차 있었다. 혹시 아난드가 내 얼굴에서 뭔가를 읽어내지 않을까 걱정스러울 정도였다. 게다가 그가 여섯 번째 게임에서 갑자기 오픈 루이 로페스가 아닌 다른 오프닝을 선택한다면, 나는 자칫 흔들릴 수도 있었다. 나는 무척 긴장했고, 심판이 실수로 시계를 체스판 위에 떨어뜨렸을 때 깜짝 놀라 한동안 양손으로 얼굴을 감싸쥐고 있었다.

아난드는 다행스럽게도 내 예상대로 오프닝을 시작했고, 우리 둘은 14수까지 똑같은 행마를 이어나갔다. 아난드가 똑같은 오프닝을 선택한 것은 어떤 측면에서 당연한 일이었다. 어쨌든 그 오프닝은 그에게 유리한 방향으로 전개되었다. 그러니 굳이 모험을 할 필요가 있겠는가? 이제 해법을 찾아내는 일은 전적으로 내게 달렸다. 아난드는 내가 강력한 노블티 없이 똑같은 라인을 그대로 따라갈 것이라고 예상했을까? 그는 오프닝 준비에 대한 강한 자신감을 드러냈고, 매치 전반까지 유리하게 게임을 이끌어갔다. 하지만 게임의 향방은 누구도 예측하기 어려웠다.

여섯 번째 게임의 14수에서 나는 비숍으로 변화수를 시도했다. 사실 이 전술은 이전에 다른 기사들도 도전했지만 완성하지 못했다. 몇 년 전 전술적 플레이로 유명한 세계 챔피언 미하일 탈도 이 전술을 선보였지만, 이후에 백이 게임을 주도할 수 있는 라인을 충분히 보여주지 못했다는 이유로 많은 기사들이 받아들이지 않았다. 분석가들 또한 화려하지만 현실성이 떨어지는 아이디어로 평가했다. 하지만 나는 중요한 게임에서 기존의 평가를 완전히 뒤집을 만한 놀라운 변수를 여러 번 발견했다. 나는 나이트를 중앙으로 옮기지 않고, 대신 탈이 추천한 논리적인 행마법에 따라 측면으로 옮겼다. 그렇게 하면 내 폰을 방어하면서 동시에 흑의 룩을 공격할 수 있다. 게다가 흑킹을 공격하기 위해 내 기물들의 길을 열어줄 수 있다.

지난 사흘 동안 내 머릿속을 가득 채우고 있던 아이디어를 쏟아내고 나서, 나는 긴장된 에너지를 더 이상 주체하지 못하고 머리를 식히기 위해 자리에서 일어섰다. 그리고 경기장 문을 세게 닫고 걸어 나왔다. 이를 두고 심리전을 노린 무례한 행동이라고 지적하는 사람도 있었다. 그러나 나는 다만 말이 아니라 기물의 움직임으로 내 생각을 드러낸 것이 기뻤을 따름이다. 나의 노블티는 룩을 희생해서 킹을 공격하는 것이었다. 준비 과정에서도 그 수에 대한 팀원들의 이의 제기는 없었다. 놀랍게도 아난드는 그 후로 45분 동안 고민에 잠겼다 (체스 역사상 가장 빠른 기사라는 점에서 특히 예외적인 모습이었다).

아난드가 덫에서 빠져나올 궁리를 하는 동안에 나는 다음 수를 신중하게 준비했다. 그는 다양한 공격을 필사적으로 방어했고, 나는 매치에서 처음으로 앞서 나가기 위해, 혹은 적어도 무승부라도 유지하기 위해 치밀하게 플레이했다. 앞으로 열 번의 게임이 더 남았지만, 상황은 내게 유리하게 돌아가고 있었다. 다음 게임에서도 나는 태어나서 처음으로 시실리안의 드래곤 베리에이션을 시도했다. 나는 여섯 번째 게임을 이겼고, 다음 세 게임 중 두 게임도 따내면서 아난드와의 격차를 벌렸다.

그 매치를 다룬 다양한 기사와 책을 살펴보고, 이를 딥블루와의 매치와 비교해보는 것도 흥미로운 일이 될 것이다. 많은 저널리스트와 분석가들은 물론, 우리 팀과 아난드 팀 역시 전반적으로 심리에 초점을 맞춘 설명을 내놓았다. 그중에서도 미국의 그랜드마스터인 패트릭 울프Patrick Wolff의 논평을 살펴보자. 매치 동안 아난드 팀에서 일했던 울프는 이렇게 썼다. "아홉 번째 게임까지만 하더라도 우리는 자신이 있었다. 그러나 열 번째 게임이 끝나고 좌절에 빠지고 말았다. 매치에서 자신감은 대단히 중요하다. 결국 매치란 한 사람의 절대적인 체스 실력(그런 게 있다면)에 대한 평가가 아니라, 실제로 게임을 풀어나가는 능력을 평가하는 자리다. 그렇기 때문에 자신의 감정 상태를 관찰하고 통제하는 능력이야말로 승패를 결정짓는 중요한 요인이다."[7]

여덟 게임 연속으로 무승부를 기록하고 한 번의 승리를 거둔 뒤, 아난드는 다음 다섯 게임 중 네 게임을 내주었다. 그래도 아직 여섯 게임이 더 남아 있었다. 물론 열 번째 게임이 끝나고 아난드의 실력이 갑자기 떨어졌거나, 혹은 내 실력이 갑자기 향상된 것은 아니었다.

다만 내가 나 자신과 팀원들의 판단을 믿고 놀라운 오프닝을 펼쳐나 갔던 반면, 아난드는 힘든 시간을 보내며 자신의 실력을 제대로 발휘하지 못했다. 아난드는 나의 강력한 노블티에 놀라 한 게임을 잃었고, 그다음 게임에서 잇달아 예상치 못한 방어에 직면하면서 평정심을 잃고 치명적인 실수를 저지르고 말았다. 어떤 점에서 내가 매치를 준비하는 과정에서 강력한 노블티를 발견하지 못한 것은 행운이었다. 아난드가 운명적인 열 번째 게임이 아니라 두 번째 게임에서 그 노블티를 만났다면, 충분한 회복 시간을 가졌을 것이다.

이 이야기는 단지 아난드의 약점이 아니라 인간의 보편적인 약점에 관한 것이다. 나 역시 그로부터 18개월 뒤에 있었던 딥블루와의 재대결에서 똑같은 어려움을 겪었다. 단지 어려움을 인식한다고 해서 위험을 피할 수 있는 것은 아니다. 감정은 다양한 형태로 이성을 지배하며, 대부분의 경우에 우리는 그 이유를 설명하지 못한다. 어떤 사람들은 궁지에 몰렸을 때 더 훌륭한 플레이를 보이기도 한다. 그들은 호랑이처럼 몸을 숨겼다가 갑작스럽게 덤빈다. 빅토르 코르치노이가 바로 그런 스타일이다. 그는 거센 공격에 직면해서도 종종 폰을 잡는 여유를 부렸다. 어릴 적 레닌그라드 공방전에서 살아남았던 그는 체스판에서 두려움을 모른다. 실제로 엘리트 등급의 그랜드마스터들 중에서도 그와 같은 강인한 정신력을 발견하기 힘들다. 실수는 절대 홀로 일어나지 않는다.

우리의 삶도 마찬가지다. 다양한 연구 결과는 우울감이나 자신감 결여가 굼뜨고 방어적이고 수준 낮은 의사결정으로 이어진다는 사실을 보여준다.[8] 비관주의는 의사결정 과정에서 심리학자들이 말하는

"결과 예측에서 드러나는 잠재적 실망감에 대한 분명한 예측되는 결과에 따른 잠재적 실망감 인식"을 촉발한다.[9] 이러한 인식은 다시 우유부단한 태도, 혹은 중요한 의사결정을 회피하거나 연기하려는 성향으로 나타난다. 이러한 어려움을 겪는 사람들이 일반적인 의사결정 기술을 활용할 때, 성과는 향상된다. 그러나 비관주의가 논리적인 의사결정 과정에 습관적으로 개입할 때, 문제는 처음부터 드러나게 될 것이다.

직관은 경험과 자신감의 산물이다. 이러한 개념을 수식으로 표현하자면 '직관=경험×자신감' 정도가 되겠다. 직관은 깊이 이해하고 받아들인 지식을 바탕으로 즉각적으로 행동하는 능력을 말한다. 여기서 비관주의는 경험을 행동으로 전환하는 자신감을 떨어뜨림으로써 직관의 힘을 가로막는다.[10]

감정은 우리를 비이성적으로, 비일관적으로 행동하게 하는 중요한 요인이다. 한편 경제학은 인간이 '합리적 행위자'라는 가정에서 출발한다. 경제학에서 인간은 언제나 최고의 이익을 추구하는 방향으로 의사결정을 내린다. 이러한 이유로 경제학은 '음울한 과학dismal science'이라는 별명으로 불린다. 또한 경제학자가 경제에 미치는 영향이, 기상예보관이 기상에 미치는 영향과 별반 다르지 않다는 냉소적인 이야기도 있다. 인간은 개인적으로, 그리고 집단적으로 합리적인 존재와는 거리가 멀다.

직관의 취약점을 보여주는 간단하고 유명한 사례로 '몬테카를로의 오류Monte Carlo fallacy'라는 것이 있다. 흔히 '도박사의 오류gambler's fallacy'라고도 불린다. 동전을 스무 번 던졌을 때 스무 번 모두 앞면이 나왔다면, 다음번에 다시 앞면이 나올 확률은 얼마일까? 여러분은 아마도 스물한 번째에도 연속으로 앞면이 나올 확률은 매우 낮다고 생각할 것이다. 그리고 이른바 통계적 회귀statistical regression가 자신에게 유리한 쪽으로 나타날 것이라 기대하면서 직관적으로 뒷면에 돈을 걸 것이다. 하지만 그건 잘못된 접근방식이다. 그리고 라스베이거스와 마카오의 도박 왕국이 엄청난 전기요금을 걱정할 필요가 없는 이유이기도 하다. 그전에 앞면이 연속으로 나온 횟수와 상관없이 다음번에 앞면이 나올 확률은 50퍼센트다. 스물한 번째에 앞면이 나올 확률은 뒷면이 나올 확률과 똑같다.

몬테카를로 오류라는 용어가 생소하게 들린다고 해도, 우리는 그 개념을 쉽게 이해할 수 있다. 동전의 앞면과 뒷면이 나올 확률이 50 대 50이며, 다음번 사건은 이전 사건에 영향을 받지 않는다는 사실을 쉽게 이해할 수 있다. 그럼에도 불구하고 인간의 본능은 대단히 강력해서, 우리는 이전 사건이 다음 사건에 영향을 미칠 것이라고 생각한다. 그 명칭은 모나코 몬테카를로에 있는 카지노에서 벌어진 사건으로부터 비롯되었다. 그 카지노의 룰렛 게임에서 볼이 스물여섯 번 연속으로 검은 칸에 들어가는 일이 벌어졌다. 이는 확률이 매우 낮은 사건이었다. 그러나 조금만 생각해본다면, 그 사건은 6710만 8863가지에 달하는 다른 경우의 수보다 특별히 희귀한 것은 아니다. 다만 패턴에 집착하는 인간에게는 특별한 일이었다. 그리고 그때 붉은 칸에 돈을 걸었던 도박사들은 수백만 프랑을 잃었다.

카드나 주사위의 행운이 인간의 의사결정에 강력한 영향을 미치는 게임을 통해, 우리는 컴퓨터의 경쟁력을 짐작할 수 있다. 기계는 무작위 상황에서 억지로 패턴을 찾아내려 하지 않는다. 혹은 패턴을 인식하도록 프로그래밍되어 있다고 하더라도, 인간의 마음이 움직이는 방식대로 작동하지 않는다.

대니얼 카너먼Daniel Kahneman, 아모스 트버스키Amos Tversky, 댄 애리얼리 Dan Ariely 같은 학자들이 내놓은 흥미로운 연구 결과는 인간이 논리적 사고에 매우 취약한 존재임을 보여준다. 나는 인간의 놀라운 정신력과 직관의 힘을 믿으며, 그 힘을 개발할 수 있다고 낙관한다. 하지만 카너먼의《생각에 관한 생각》, 애리얼리의《상식 밖의 경제학》을 읽고 나서 생각이 크게 바뀌었음을 부정할 수 없다. 이 책을 읽어본다면, 여러분 역시 인간의 생존 방식에 대해 다시 생각하게 될 것이다.

그랜드마스터들이 체스판에서 보여주는 것처럼, 우리는 믿음과 경험칙을 기준으로 주위의 복잡한 현실을 이해한다. 우리는 의사결정을 내릴 때마다 매번 무차별 대입법을 활용하여 모든 가능한 경우의 수를 고려하지는 않는다. 그것은 매우 비효율적이고 불필요한 일이다. 그 이유는 일반적으로 믿음과 경험칙을 통해 더 나은 결과를 얻을 수 있기 때문이다. 하지만 과학자가 믿음과 경험칙을 연구할 때, 혹은 광고회사나 정치인, 사기꾼이 이를 이용하고자 할 때, 그들은 인간의 사소한 약점에 주목한다. 우리는 바로 이 지점에서 기계의 도움을 받을 수 있다. 기계는 우리에게 올바른 답을 제시하는 것은 물론, 우리의 접근방식이 얼마나 왜곡되었는지, 혹은 다양한 요인으로부터 얼마나 쉽게 영향을 받는지 말해준다. 우리는 인간 특유의 오류와 인지적 약점을 인식함으로써 그에 따른 문제를 완전히 해결할 수는 없다고 하더라도 해답에 한 걸음 다가설 수 있다.

2015년에 옥스퍼드 대학을 연례행사차 방문했을 때, 나는 사이드 비즈니스 스쿨 학생들에게 의사결정에 관한 강연을 했다. 거기서 나는 인지심리학자들이 말하는 앵커링 효과anchoring effect[닻을 내리면 배가 밧줄의 범위 내에서만 움직일 수 있듯이 처음에 접한 숫자나 수준이 기준점으로 작용하여 이후의 판단을 왜곡하는 현상—옮긴이]에 관한 대니얼 카너먼의 가설을 검증하기 위해 한 가지 실험을 했다. 내가 속임수를 쓴다는 사실을 이미 알고 있는 MBA 학생들도 앵커링 효과를 드러낼 것인가?

나는 학생들을 5~6명씩 총 일곱 집단으로 나누고, 각 집단에 조금씩 변형된 여섯 가지 질문이 담긴 유인물을 나누어주었다. 앞의 세 가지 질문은 다음 질문을 조금씩 변형한 것이다.

간디가 죽었을 때 그의 나이는 25세보다 많았는가?
세계에서 가장 키 큰 나무는 18미터보다 높은가?
다마스쿠스의 평균 기온은 3도보다 높은가?

나머지 세 질문은 집단에 상관없이 모두 동일하다.

간디가 죽었을 때 그의 나이는 몇 살인가?
세상에서 가장 키 큰 나무의 높이는 얼마인가?
다마스쿠스의 연평균 기온은 몇 도인가?

나는 앞의 세 질문에서 숫자를 집단별로 25퍼센트씩 조정했다. 가령 두 번째 집단에게는 이렇게 물었다. "간디가 죽었을 때 그의 나이는 30세보다 많았는가?" "세계에서 가장 키 큰 나무는 21미터보다 높은가?" "다마스쿠스의 평균 기온은 8도보다 높은가?" 그리고 일곱 번째 집단에게는 각각 125세, 400미터, 48도로 물었다.

이 질문은 사람들이 정답은 모르지만 대략 짐작할 수 있는 것들이다. 우리는 간디의 사망 나이가 25세에서 125세 사이이고, 세상에서 제일 키 큰 나무 18미터 이상이라는 사실을 알고 있다. 중요한 것은 첫 세 질문이 아니다. 그 질문의 목적은 나머지 세 질문에 대한 학생들의 대답에 영향을 미치기 위한 것이다. 물론 설문지는 아무런 힌트 없이 질문만 제시했다. 게다가 나는 속임수가 있을 수 있으므로 객관적으로 생각하라고 학생들에게 당부하기까지 했다.

첫 번째 집단의 학생들이 내놓은 대답의 평균은 72세, 30미터, 11.4 도였다. 다섯 번째 집단은 78세, 112미터, 24도라고 대답했고, 일곱 번째 집단은 79세, 136미터, 31.2도라고 대답했다. 두 번의 예외를 제외하고 학생들이 제시한 대답의 평균은 집단에 따라 높아지는 형태를 보였다(한 집단에는 인도 출신이 세 명이나 있었는데, 그들 모두 간디가 78세에 죽었다고 정확히 알고 있었다. 나머지 두 질문의 정답은 115.7미터와 11.2도다). 특히 다마스쿠스의 기온은 11.4도, 18.1도, 21.3도, 21.8도, 24도, 30.7도, 31.2 도로 일관적인 증가를 보였다. 내가 학생들에게 질문 외에 어떤 다른 정보도 제공하지 않았음에도, 앞의 세 질문 속 숫자는 나머지 세 질문에 대한 학생들의 대답에 직접적인 영향을 미쳤다. 어떤 숫자는 너무 터무니없었음에도 말이다.

카너먼은 학생들 앞에서 원판을 돌려 무작위로 숫자를 구하고, 다음으로 특정한 값을 묻는 실험을 통해 앵커링 효과를 입증해 보였다.

여기서도 쉽게 추측할 수 있듯이 원판에 나온 숫자가 높을수록 학생들이 내놓은 값은 더 높았다. 카너먼이 학생들에게 원판의 숫자를 무시하라고 당부했음에도 그들이 내놓은 값의 평균은 그 숫자의 그늘에서 벗어나지 못했다. 우리의 뇌는 그만큼 스스로를 속이는 데 뛰어난 것이다.

인간은 일상생활과 마찬가지로 체스판에서도 똑같이 이 같은 비합리성과 인지 오류에 따른 어려움을 겪는다. 우리는 객관적인 분석으로 계획에 문제가 있다는 사실을 깨달았을 때에도 원래 계획을 좀처럼 포기하지 못한다. 그리고 계획이 부당하다는 사실을 입증하는 새로운 증거를 잘 인정하지 않는다. 이러한 확증편향confirmation bias 때문에 데이터가 들려주는 또 다른 이야기에도 불구하고 자신이 옳다고 믿는 것만 받아들인다. 우리는 스스로를 속임으로써 무작위 속에서 패턴을 발견하고, 존재하지 않는 상관관계를 억지로 찾아낸다.

체스 엔진은 분석 과정에서 매우 유용하다. 그러나 엔진에 집착한다면 스스로 컴퓨터의 노예가 되어버릴 것이다. 포켓 프리츠[프리츠의 네 번째 버전으로 PDA용 체스 프로그램─옮긴이]를 주머니 속에 넣고 다니지 않는 이상, 게임을 할 때마다 컴퓨터의 도움을 받을 수는 없다. 스마트폰 자체가 현실을 왜곡하지 않는다고 하더라도, 디지털 보조 장치에 대한 지나친 의존은 독립적인 정신 활동을 저해한다. 우리의 진정한 목표는 효과적이고 객관적인 도구를 활용하여 상황을 분석하고, 올바른 판단을 더 빨리 내리는 것이다.

평생 내가 체스판에서 한 일은 의사결정을 내리는 것이었다. 체스 게임은 상대적으로 경우의 수가 한정되어 있기 때문에, 각각의 의사결정을 분석하고 평가할 수 있다. 반면 우리의 삶은 그렇지 않다. 우리가 살아가면서 내리는 모든 의사결정은 체스의 경우처럼 객관적인 평가가 불가능하다. 그러나 우리의 현실은 변하고 있다. 기계의 도움으로 관련된 방대한 데이터를 처리함으로써 의사결정 과정에서 점차 많은 도움을 받고 있다. 이제 일반 사용자도 은행이나 금융 중개인과 마찬가지로 웹사이트나 앱서비스를 통해 온라인으로 자신의 금융 거래를 쉽게 추적할 수 있다. 교육의 목표를 수립하고 성과를 점검할 수 있다. 또한 손목에 차는 스마트 장비나 앱을 통해 섭취한 칼로리를 계산하고, 윗몸 일으키기 횟수를 측정하는 등 건강관리에도 도움을 받고 있다. 이와 관련하여 여러 연구 결과는 사람들이 일반적으로 자신의 운동량은 과대평가하면서 식사량은 과소평가한다는 사실을 말해준다. 그 이유는 뭘까? 그렇게 해야 자신에게 더 긍정적이 되고, 더 많은 음식을 죄책감 없이 먹을 수 있기 때문이다. 그러나 인간이 기계와 협력할 때, 어쩔 수 없이 스스로에게 더 솔직해질 수밖에 없다.

우리는 이러한 모든 도구를 앞서 언급했던 정신적 근력의 일부로 활용함으로써 자신의 믿음과 의사결정을 검증해볼 수 있다. 어떤 프로젝트나 목표를 달성하기까지 어느 정도의 시간이 걸릴 것으로 예상하는가? 프로젝트와 목표를 완수했다면, 실제 걸린 시간과 여러분의 예측을 비교해보자. 크게 어긋났다면 무엇이 잘못되었는지 생각해보자. 목표 설정과 체크리스트는 원칙적 사고와 전략적 계획의 핵심이다. 그럼에도 우리는 엄격한 업무 환경을 떠나서는 이러한 접근 방식을 잘 활용하지 않는다. 목표와 체크리스트는 매우 유용한 도구이며, 그 어떤 것보다 관리가 용이하다.

나는 종종 매우 충동적인 인물로 소개되곤 한다. 부인할 생각은 없다. 이러한 점은 체스 챔피언으로서 때로 치명적인 결함처럼 보인다. 사람들은 내게 어떻게 "먼저 행동하고 나중에 생각하는" 성향을 억제하고 최고의 게임을 위해 객관적인 냉철함을 유지하는지 묻는다. 그러면 나는 원칙적인 사고를 위한 보편적인 기술이나 방법은 없다고 항상 대답한다. 사람들은 저마다 다르다. 내게 도움이 된다고 다른 사람에게도 도움이 된다는 보장은 없다. 헌신적인 어머니와 훌륭한 스승은 내 인생의 축복이었다. 두 사람 모두 내가 충동적인 본성을 자제하고 원칙적인 사고에 집중하도록 했다. 나의 어머니 클라라와 스승 미하일 보트비닉은 충동을 억제한다고 해서 내 재능이 사라지지는 않을 것임을 확신했다.

또한 중요한 순간에 절대적으로 솔직해야 한다고 대답한다. 나는 체스 게임을 하는 동안만큼은 컴퓨터처럼 객관적으로 생각하고자 했다. 물론 완벽하지는 못했지만 꽤 성공적이었다고 장담한다. 데이터를 수집하고 객관적으로 평가하는 과정에 충실할 때, 우리는 더 정확한 예측을 내놓을 수 있다.

체스를 공부하는 학생이 컴퓨터의 도움으로 더욱 객관적이고 정확한 의사결정을 내릴 수 있는 것처럼, 우리는 점점 진화하는 기계의 도움으로 더 나은 판단을 내릴 수 있다. 이를 위해 우리는 의사결정의 일부를 맡기는 선에서 만족하지 말고, 자신의 판단을 객관적으로 관찰하고 분석해야 한다. 우리가 노력하지 않는 한, 세상의 어떤 데이터도 편견을 극복하는 데 도움을 주지 않는다. 더 이상의 핑계와

자기합리화를 멈춰야 한다. 이는 우리의 마음을 속여서 결국 우리가 원하는 것만 바라보도록 만들 뿐이다. 물론 데이터가 들려주는 이야기를 있는 그대로 받아들이기는 대단히 힘든 일이다. 우리는 기계가 아니기 때문이다.

모라벡의 역설은 인간에게 어려운 일은 기계에게 쉽고, 인간에게 쉬운 일은 기계에게 어렵다고 말한다. 체스 게임 속에서도 이를 확인할 수 있다. 나는 그 개념으로부터 한 가지 아이디어를 얻었다. 인간과 기계가 대결하는 것이 아니라, 협력해서 게임을 한다면? 그리고 1998년 스페인 레온에서 열린 매치에서 처음으로 그 아이디어가 실현되는 장면을 지켜보았다. 우리는 이러한 게임 방식을 어드밴스드 체스라고 불렀다. 어드밴스드 체스 대회에 참가한 선수는 게임을 하는 동안에 체스 소프트웨어를 사용할 수 있다. 이러한 대회 방식의 목적은 최고의 인간과 최고의 기계가 협력해서 역사적으로 가장 수준 높은 체스 게임을 펼치는 것이다.

1972년에 영국의 뛰어난 인공지능 과학자이자 게임 이론가인 도널드 미치가 《뉴사이언티스트》에서 기계 체스를 주제로 한 논문을 통해 그 개념을 제시했을 때만 하더라도, 나는 어드밴스드 체스의 가능성을 알아채지 못했다. 미치는 그 개념을 '협력 체스consultation chess'라는 용어로 설명했다. 그리고 체스 기사가 게임 도중에 무차별 대입법을 활용함으로써 얼마나 나은 기량을 보여주는지 확인하는 일은 흥미로운 작업이 될 것으로 기대했다. 그러나 1972년에는 체스 엔진의 수준이 높지 않았고, 미치를 비롯한 여러 과학자들이 오랫동안 그러한 아이디어를 제안했지만 실질적인 실험으로 이어지지 못했다.

나는 레온 매치의 특별한 게임 방식에 대비해 많은 준비를 했음에도, 불가리아의 베셀린 토팔로프와의 대결하며 여러 번 놀라고 말았다. 당시 토팔로프는 세계적인 체스 기사였다. 게임 도중에 체스 엔진을 활용할 수 있다는 것은 흥미진진하면서도 동시에 걱정스러운 부분이었다. 우선 수백만 가지 게임으로 이루어진 데이터베이스에 접근할 수 있다는 사실은 수많은 오프닝 라인을 일일이 기억할 필요를 없애버렸다. 하지만 상대와 내가 접근하는 것은 완전히 동일한 데이터베이스이기 때문에, 우위를 점하기 위해서는 어떤 지점에서 새로운 아이디어를 내놓아야 했다.

또한 컴퓨터를 파트너로 둔다는 것은 전술적인 실수를 걱정하지 않아도 된다는 뜻이기도 하다. 컴퓨터를 통해 가능한 모든 수의 결과를 예상하고, 자칫 간과할 수 있는 상대의 반격을 미리 확인할 수 있다. 체스 기사는 컴퓨터의 도움으로 까다로운 계산에 시간을 허비하기보다 전략적 계획 수립에 집중할 수 있다. 이러한 환경에서 인간의 창조성은 위축되기보다 더욱 빛을 발한다.

최고 기사와 최고 컴퓨터의 조합에도 불구하고 토팔로프와의 매치는 기대 이하였다. 게임 시간의 제약으로 디지털 조수와 협력할 여유가 부족했다. 그래도 결과만큼은 의미가 있었다. 나는 한 달 앞서 토팔로프와 래피드 방식으로 치른 매치에서 4 대 0으로 승리를 거두었다. 반면 이번 어드밴스드 매치는 3 대 3 무승부로 끝났다. 그 말은 컴퓨터와의 협력이 전술적 차원에서 나의 경쟁력을 상쇄했다는 의미다.

그 후 몇 년 동안 레온에서는 어드밴스드 체스 대회가 정기적으로 열렸고, 그 과정에서 흥미진진한 볼거리를 제공했다. 특히 마음에 들었던 부분은 관중에게 체스 기사의 컴퓨터 화면을 볼 수 있도록 허용한 것이다. 그것은 마치 그랜드마스터의 머릿속에 카메라를 숨겨놓고 모든 생각을 읽는 것과 같았다. 그랜드마스터가 다양한 변화수를 검색할 때, 관중은 그 과정을 직접 눈으로 확인할 수 있었다. 체스 엔진이 실제로 도움을 주지 않는다고 하더라도, 우리가 체스 기사의 생각을 실시간으로 들여다볼 수 있다는 것은 무척 흥미로운 일이다. 모든 기사가 게임을 진행하는 동안에 생성한 분석 트리analysis tree는 즉각 저장되고, 게임이 끝나고 상대 기사의 분석 트리와 비교함으로써 양측이 주요 포지션에 이르기까지 얼마나 다양한 접근방식을 활용했는지를 확인할 수 있다.

우리는 어드밴스드 체스 실험이 어떤 방식으로 지속되었는지 주목할 필요가 있다. 2005년 온라인 체스 사이트 플레이체스Playchess는 프리스타일 방식의 토너먼트를 주최했다. 프리스타일 토너먼트 대회에서 참가자들은 다른 사람이나 컴퓨터와 함께 팀을 이루어 게임을 치르게 된다. 일반적으로 온라인 사이트 대회는 '부정방지anti-cheating' 알고리즘을 활용하여 참가자들이 컴퓨터의 도움으로 부정행위를 하지 못하도록 막는다(사실 나는 수를 분석하고 확률을 계산하는 방식으로 작동하는 부정방지 알고리즘이 과연 추적해야 할 체스 프로그램보다 더 똑똑한지 의심스럽다).

이 토너먼트에는 여러 대의 컴퓨터로 무장한 강력한 그랜드마스터들이 상금을 차지하기 위해 참가했다. 시합의 흐름은 초반부터 예측이 가능했다. 인간과 기계의 조합으로 이루어진 팀들이 가장 강력한 컴퓨터를 물리쳤다. 가령 딥블루처럼 체스에 특화된 아랍에미리트 슈퍼컴퓨터 히드라는 개인용 컴퓨터를 가지고 나온 강력한 인간 기사에게 상대가 되지 못했다. 컴퓨터의 전술적 정확성과 인간의 전략적 창조성의 조합은 게임에서 압도적인 우위를 보였다.

대회 결과는 깜짝 놀랄 만한 것이었다. 우승은 첨단 컴퓨터로 무장한 그랜드마스터가 아니라, 컴퓨터 세 대를 동시에 가동했던 미국의 아마추어 기사 스티븐 크램튼Steven Cramton과 재커리 스티븐Zackary Stephen에게 돌아갔다. 두 사람은 컴퓨터를 활용하면서 동시에 '지도'하는 방식으로 포지션을 깊이 있게 분석했고, 체스에 대한 방대한 지식을 갖춘 그랜드마스터와 놀라운 수준의 컴퓨팅 파워에 맞섰다. 이들의 승리는 프로세스의 승리였다. 탁월한 프로세스가 탁월한 지식과 기술을 압도한 것이다. 물론 그렇다고 해서 지식과 기술이 쓸모없게 되어버린 것은 아니지만, 어쨌든 두 사람은 협력을 통해 성과를 극적으로 개선하는 프로세스의 위력을 보여주었다. 이에 대해 나는 이렇게 결론을 내리고 싶다. '약한 인간+기계+뛰어난 프로세스'의 조합은 어떤 슈퍼컴퓨터보다 강하다. 더 놀라운 사실은 '강한 인간+기계+평범한 프로세스'의 조합보다도 더 막강하다는 것이다.

앞서《챔피언 마인드》를 통해 나는 프리스타일 토너먼트 대회 결과에 대한 나의 생각을 토로했고, 2010년《뉴욕 리뷰 오브 북스》기사에서도 세부적인 이야기를 했다. 기사에 대한 반응은 뜨거웠다. 전세계 사람들로부터 전화와 이메일이 쇄도했다. 그리고 인간과 기계의 협력을 위한 프로세스의 중요성을 주제로 한 강의 요청이 구글 같은 실리콘밸리 기업들은 물론, 투자회사와 소프트웨어 업체들로부터 들어왔다. 이들 기업은 내게 그들 역시 잠재 고객을 대상으로 협력 프로세스의 중요성을 오랫동안 강조해왔다는 이야기를 들려주었다.

예를 들어 매사추세츠 주 케임브리지에 위치한 페가시스템스Pegasystems의 설립자이자 CEO인 앨런 트레플러Alan Trefler는 프로그래머 출신으로 어릴 적부터 체스 기사로 활동했던 인물이다. 페가시스템스는 비즈니스 프로세스 관리 소프트웨어를 개발하는 기업으로, 트레플러는 내 기사를 보고 무척 흥분했다고 했다. "그게 바로 우리가 하고 있는 비즈니스입니다. 저는 지금까지 그 일을 그렇게 멋지게 설명하지 못했어요!"

비록 사람들이 일반적인 의사결정 과정에서 그러한 프로세스를 활용하지는 않겠지만, 그래도 그 개념을 가리켜 '카스파로프의 법칙'이라고 부르는 것을 보면 뿌듯한 마음이 들기는 한다. 기사에 대한 독자들의 뜨거운 반응은 당시 상황과도 관련 있다. 인공지능 분야는 기계학습을 비롯한 다양한 기술의 발전으로 급속하게 진화하고 있었지만, 많은 경우에서 데이터에 의존하는 실질적인 한계를 드러내고 있었다. 수천 가지 사례에서 수십억 가지 사례로 넘어가는 과정에서 중대한 성과가 나타난다. 하지만 수십억 가지에서 수조 가지로 넘어가는 과정은 그렇지 않다. 수십 년 동안 인간 지능을 알고리즘으로 대체하려는 시도가 장벽에 부딪히자 기업과 과학자들은 대부분 데이터의 바다에서 분석하고 판단하는 방식으로 회귀하려는 모습을 보였다. 체스 프로그램의 경우와 마찬가지로, 인공지능은 지식에서 무차별 대입법으로 넘어갔지만, 수확체감의 법칙에 직면하면서 다시 지식 쪽으로 돌아오고 있었다. 그리고 그 과정에서 다시 한 번 프로세스가 주목을 받았다. 프로세스는 오로지 인간만이 창조할 수 있는 것이기 때문이다.

효율적인 협력 프로세스에도 아직 장벽이 하나 남아 있다. 바로 인터페이스다. 인간은 시각 인식에서 의미 해석에 이르기까지 다양한 측면에서 기계에 앞선다. 그렇다면 우리는 어떻게 컴퓨터가 최고 성능을 발휘하면서 인간과 협력하도록 만들 수 있을까? 이에 대해 IBM을 비롯한 많은 기업은 지능 확장intelligence amplification (IA)에 주목한다. 지능 확장이란 인간의 사고 과정을 인공지능 시스템으로 대체하는 것이 아니라, IT를 인간의 의사결정 수준을 높이는 도구로 활용하는 접근방식이다.[11] 여기서도 다시 한 번 아이들은 어른을 앞서가고 있다. 아이들은 문자보다 기호를, 기호보다 상징을, 그리고 통화보다 이메일을, 이메일보다 텍스트를 선호한다. 아이들의 선호도는 속도와 관련 있다. 그들은 서로, 그리고 디지털 장비와 더 빠르게 커뮤니케이션을 주고받는 방법을 연구한다.

전선이나 마우스, 손가락, 음성 명령은 오늘날 첨단 디지털 장비의 획기적인 기능과 비교하면 다분히 원시적인 아날로그 도구다. 이제 우리에게 필요한 것은 인간과 기계 사이에서 통역자로서 기능할 새로운 세대의 인공지능이다. 사람들은 회의 시간에 서로 이야기를 나누면서 특별한 불편함을 느끼지 않는다. 모두가 똑같은 속도로 움직이기 때문이다. 하지만 의사결정 과정에 기계가 참여할 때, 우리는 어떻게 상호 협력해야 할까? 앞으로 틀림없이 인공지능 때문에 많은 일자리가 사라질 것이다. 그러한 상황에서도 오랫동안 살아남을 직업군을 찾는다면, 인간-기계 협력, 그리고 프로세스 아키텍처와 설계 분야를 눈여겨봐야 할 것이다. 이는 단지 '사용자 경험user experience (UX)'을 개선하는 것이 아니라, 인간과 기계 사이의 협력을 새로운 차원으로 끌어올리고, 그 과정에서 필요한 새로운 도구를 창조하는 완전히 새로운 분야다.

앞으로 소프트웨어는 더 스마트해지고 하드웨어는 더 빨라질 것이다. 엘리베이터가 더 효율적으로 작동하면서 안내원이 사라진 것처럼, 다양한 분야에서 기계는 점차 인간의 개입 없이 스스로 움직이는 방향으로 발전할 것이다. 우리가 앞으로 오랫동안 기술 진보의 혜택을 누릴 만큼 충분히 운이 좋다면, 그러한 진화의 방향을 확인하게 될 것이다. 나는 우리 사회가 그렇게 나아갈 것으로 믿는다. 그건 분명히 긍정적인 전망이다. 그렇지 못하면 우리 사회는 정체되고 삶의 기준은 낮아질 것이다. 기계가 인간을 앞서가지 못하도록 발전의 속도를 늦출 수는 없다. 그러면 결국 우리 사회의 발전 속도도 느려질 것이다. 우리는 기계의 속도를 계속해서 높이는 방향으로 나아가야 한다. 또한 기계가 인류의 발전에 기여할 수 있는 풍성한 기회를 허락해야 한다. 우리는 앞으로, 밖으로, 위로 멈추지 말고 나아가야 한다.

결론

DEEP THINKING

꿈꾸기를 멈출 때 게임은 끝난다

◆

우리의 과제는 유토피아와 디스토피아 중
하나를 선택하는 것이 아니다.
또한 우리를 둘러싼 모두와 대결을 벌이는 것도 아니다.
이제 우리에게 남은 일은 새로운 과제와 사명,
그리고 산업을 창조하는 것이다.
이를 위해 우리 사회가 요구하는 것은
용감한 탐험가다.
더 힘들고 불확실한 도전 과제를
끊임없이 발견해야 한다.

◆

1958년에 미국 공상과학 소설계의
전설 아이작 아시모프Isaac Asimov는 단편소설 〈필링 오브 파워The Feeling of
Power〉를 발표했다. 거기에 등장하는 소박한 기술자 마이런 오브는 종
이와 펜으로 하는 계산만으로 컴퓨터의 연산능력을 따라잡을 수 있
다는 사실을 보여주었다. 놀라운 상상력이다! 오브의 놀라운 발견은
상부에 보고되고, 그 마술을 직접 목격한 장군과 정치인들은 깜짝 놀
란다. 그리고 지구의 최고사령관은 컴퓨터에 의존함으로써 오랜 답
보 상태에서 벗어나지 못하고 있는 드네브 행성의 군대를 오브의 마
법으로 물리칠 것이라 확신한다.

오브가 종이 위에서, 혹은 머릿속에서 계산하는 기술인 그래피틱
스는 그 나라의 대통령에게까지 보고된다. 한 의원이 그 기술에 대
해 다음과 같이 설명하는 것을 듣고 대통령은 각별한 관심을 보인다.
"인간의 생각과 컴퓨터의 메커니즘을 조합하면 수십억 개의 지성적
인 컴퓨터를 만들어낼 수 있습니다. 정확한 수는 예상할 수 없지만,
그 규모는 엄청날 것입니다. (……) 이론적으로 컴퓨터는 인간이 할
수 없는 일을 하지 못합니다. 컴퓨터가 하는 일은 다만 무한한 데이

터를 받아들여 무한한 작업을 수행하는 것입니다. 인간의 마음은 그 과정을 그대로 따라 할 수 있습니다."

대통령은 군사적 활용성을 확인하기 위해 넘버 프로젝트를 추진하기로 결정한다. 이 이야기의 마지막에는 아시모프의 다른 작품처럼 반전이 등장한다. 장군이 등장하여 승진한 오브를 비롯하여 병사들에게 우주선에 탑재된 값비싼 컴퓨터와 미사일을 그래픽스를 다룰 줄 아는 인간으로 대체할 것이라고 발표한다. 그는 이렇게 강조한다. "위급한 전시 상황에서 반드시 명심해야 할 것이 있다. 그것은 인간보다 컴퓨터가 더 소중한 존재라는 사실이다."[1] 장군의 말에 충격을 받은 오브는 방으로 돌아가 자살을 선택한다. 그는 유서에 인류를 위해 그래픽스를 개발했으며, 이제 그 책임을 감당할 자신이 없다는 말을 남긴다.

로봇이 등장하는 유명한 공상과학 소설과 마찬가지로, 아시모프는 인간과 기계의 관계가 어떻게 진화할 수 있는지에 관심을 가졌다. 출간 시점을 고려할 때, 아시모프의 〈필링 오브 파워〉는 기계가 일을 대신하면서 인간이 힘을 잃어가는 현상을 풍자하는 단계에서 멈추지 않았다. 당시 미국과 소련은 수소폭탄 실험을 앞다퉈 강행했고, 사람들은 핵무기가 세상의 종말을 가져올지 모른다는 두려움에 떨었다. 인류는 과연 신기술의 위력을 창조를 위해 사용할 것인가, 아니면 파괴를 위해 사용할 것인가?

다행스럽게도 최근 몇십 년 동안 인류는 전반적으로 선을 위해 기술을 사용하고 있다. 그러나 역사의 대부분의 시간 동안 기술은 창조와 파괴 모두에 기여했다. 우리는 TV 뉴스를 통해 기술과 관련한 부정적인 기사를 더 많이 접하게 된다. 그럼에도 우리는 지금 역사상 그 어느 때보다 더 건강하고 길고 안락한 삶을 영위하고 있다. 나는 최근 작품인 《겨울이 오고 있다Winter Is Coming》에서 이러한 흐름이 광범위한 지역에서 나타나고 있으며, 이 흐름을 유지하기 위한 노력을 게을리 할 때 언제든 역류가 시작될 것이라고 경고했다. 기술은 선과 악을 구분하지 않는다. 그 차이점을 알지도 못한다. 스마트폰 기술은 멀리 떨어진 가족을 연결해줄 수도 있지만 테러리스트의 공격에 사용될 수도 있다. 여기서 윤리적 문제는 기술을 계속해서 개발해나갈 것인지가 아니라, 어떻게 활용할 것인지다.

이 문제를 둘러싸고 여러 입장이 상충하고 있다. 나는 이 책에서 그러한 논의를 소개했다. 나는 그 문제에 대한 해답을 아는 척 행세하기는 싫다. 기술이 인류를 어디로 데려가고 있는지에 관한 논의는 우리 사회의 건전하면서도 필수적인 노력이다. 나는 대체로 낙관적인 입장을 취하면서도 때로는 우려를 제기한다. 특히 당면과제를 해결하기 위해 필요한 선견지명과 상상력, 그리고 결단력이 우리에게 부족한 것은 아닌지 가장 걱정하고 있다.

인공지능에 대해 이야기를 하려면, 어쩔 수 없이 기술과 생물학, 심리학, 철학에 대해서도 언급할 수밖에 없다. 때로는 신학과 물리학까지 필요하다. 게다가 오늘날 인공지능은 비즈니스 모형에서 필수적인 요소로 자리를 잡았고, 많은 유권자들이 관심을 가진 주제라는 점에서 경제학과 정치학도 빼놓을 수 없다.

내가 보기에, 인공지능에 관한 논의가 빠른 속도로 다양한 분야로 확산되면서 많은 과학자들이 당황하고 있다. 많은 이들이 과학자가 무슨 연구를 어떻게 하고 있으며, 어떤 영향을 미칠 것인지를 놓고 저마다 다양한 의견을 내놓고 있다. 컴퓨터 과학자는 인간의 마음이나 영혼 같은 형이상학적 개념에 관한 질문을 달가워하지 않는다. 또한 프로그래머나 엔지니어는 철학자에게 당혹스러운 질문을 던지거나, 성직자를 찾아가 인간의 의식에 대해 따져 묻고, 정치인에게 전화를 걸어 인공지능 로봇의 보안에 관한 범세계적인 문제에 대해 논의하자고 제안하지 않는다. 그래도 다행스러운 소식은 몇몇 과학자들이 철학자와 정치인들로부터 연락을 받고 있다는 사실이다.

인공지능 과학자들은 때로 신경과학자를 만나거나, 혹은 심리학자를 만나 다양한 이야기를 나눈다. 하지만 대부분의 경우 그들은 혼자서 기계를 조작하거나 조용한 공간에서 알고리즘을 파헤친다. 페루치와 노빅을 비롯한 많은 전문가들의 설명에 따르면, 과학자들은 현실적으로 별로 영향을 미치지 못할 문제를 연구하면서 오랜 세월을 보내기 싫어한다. 그들은 해결 가능한 문제에 도전하고 싶어한다. 인생은 짧기에 의미 있는 연구를 하고자 한다. "인간은 무엇으로 만들어지는가", 혹은 "지능이란 무엇인가"와 같은 철학적인 질문으로 대중의 흥미와 언론의 관심을 자극할 수 있다. 하지만 이러한 질문은 실용적인 측면에서 그저 우리의 시선을 어지럽힐 따름이다.

'지능'이란 무엇인가? 이 질문은 많이 논의되고 있지만, 정말로 우리에게 의미가 있는 것일까? 나는 이 질문을 고민할수록 인공지능에 대한 관심은 더 떨어질 것이라고 생각한다. 체스는 래리 테슬러Larry Tesler가 말한 '인공지능 효과'를 설명해주는 완벽한 사례다. 테슬러는

"지능이란 기계가 아직 도달하지 못한 영역"이라고 정의했다. 체스 세계 챔피언십의 경우처럼 컴퓨터가 인간의 영역을 침범할 때, 그 영역은 지능의 범주에서 제외된다. 어떤 사람은 인공지능이 실용적이고 보편적인 기술로 확산될 때, 그것은 더 이상 인공지능이 아니라고 말한다. 이러한 주장은 지능을 둘러싼 논의가 그저 짧은 유행에 불과하다는 사실을 잘 보여준다.

비즈니스와 학계는 인간 인식의 비밀을 밝혀내고, 이를 통해 기계 인식의 잠재력을 구현하려는 접근방식을 인정하지 않는다. 그들은 실용적인 성과를 우선시한다. 유명 대학 또한 출판 및 특허권을 비롯하여 수익성 사업에 집중하고 있다. 벨 같은 다국적기업이나 DARPA 같은 정부 프로그램이 기초학문 분야의 연구를 위한 투자를 주도하던 시대는 끝났다. 투자자의 입장에서 달갑지 않은 사업을 회의적으로 바라보는 기업들은 오랜 기간에 걸쳐 연구개발비를 지속적으로 삭감하고 있다. 정부 또한 레너드 클라인록의 질문, "어떻게 세상의 모든 컴퓨터가 대화를 나누도록 할 수 있을까?"에 대해 해답을 내놓기 위한 야심찬 연구를 외면한 채, 근시안적인 욕구를 충족시키기 위한 연구에만 집중하고 있다.

반면 옥스퍼드 대학의 마틴스쿨은 특출난 인재를 끌어모았다. 그리고 전문화, 벤치마킹, 두꺼운 보조금 지원서가 아니라, 다양한 분야를 자유롭게 넘나드는 새로운 연구를 지원하고 있다. 나도 2013년부터 객원 연구원 자격으로 마틴스쿨의 뛰어난 인재들과 함께하는 특권을 누리고 있다. 그중에는 《슈퍼 인텔리전스》의 저자 닉 보스트롬Nick Bostrom, 그리고 그가 이끄는 인류미래연구소 소속의 교수와 연

구원들이 있다. 옥스퍼드 마틴스쿨의 초대 학장인 이언 골딘Ian Goldin
은 매일 똑같은 연구 과제와 씨름하는 것보다 비공식적인 워크숍에
서 큰 그림을 놓고 함께 논의하는 것이 나와 그의 동료들 모두에게
흥미로운 기회가 될 것이라고 생각했다.[2]

비즈니스 속담에 자신이 방에서 가장 똑똑한 사람이라면, 방을 옮
겨야 한다는 말이 있다. 그러나 해마다 옥스퍼드를 방문할 때면 방에
서 가장 멍청한 사람이 되는 것도 힘든 일이라는 느낌을 받게 된다.
나는 박학다식하고 일반적으로 복잡한 분야도 빨리 학습한다는 자부
심을 갖고 있다. 지금까지 나는 많은 책을 읽고, 다양한 분야에서 일
하는 동료들로부터 많은 영감을 받았다고 자부했다. 그러나 옥스퍼
드 워크숍은 내겐 차원이 다른 기회였다. 그리고 아쉽게도 매번 너무
일찍 끝났다.

워크숍에서 나는 여섯 명의 토론자 중 유일하게 박사가 아닌 참가
자였지만, 그래도 다양한 분야의 지혜를 한데 모으는 노력에 동참하
기 위해 애썼다. 우리는 각자 익숙한 분야에서 벗어나 연구 과정에서
겪었던 최고의 실패가 무엇이었는지, 그리고 우리 사회가 더 많은 관
심을 기울여야 할 분야가 무엇인지 자유롭게 이야기를 나누었다. 또
한 지난 5년 동안 가장 크게 빗나간 예측이 무엇인지 논의하고, 앞으
로 5년 동안의 새로운 예측을 내놓았다. 마지막으로 주요 연구 활동
을 위한 지원 및 예산 프로젝트를 가로막는 정치와 관료의 병목현상
에 대해서도 이야기를 나누었다.

참가자 모두 흥미로운 대답을 내놓았다. 그들은 서로 가까운 곳에
서 비슷한 주제를 가지고 연구를 추진하고 있고, 또한 비슷한 불만과

관심을 공유하고 있다는 사실에 대해 신기하게 생각했다. 그런 그들의 모습을 지켜보는 것도 흥미로운 일이었다. 지난 3년 동안 이들과 논의했던 자료를 살펴보면서, 나는 오늘날 많은 사람에게 도움을 주고 있는, 그리고 머지않은 미래에 인류 전체에 기여할 수 있는 과제를 연구하는 과학자들 모두 한 가지 공통된 딜레마에 직면해 있다는 사실을 발견했다. 의학 분야 연구원이 지적했던 것처럼 이런 질문이다. 자원이 한정된 상황에서 우리는 모기장을 더 많이 만들어야 하는가, 아니면 말라리아 치료약을 개발해야 하는가? 물론 우리는 두 가지 모두를 할 수 있고, 또 그렇게 해야 한다. 그럼에도 이 질문은 오늘날 주요 연구 분야가 직면하고 있는 현실적인 문제를 잘 표현하고 있다.

오랫동안 내가 컴퓨터와 펼쳤던 대결은 장기적으로 어떤 의미가 있을까? 철저하게 대비했더라면 몇 년 동안 더 버틸 수 있었을까? 혹은 연구가 더 오래 이어졌더라면 딥블루는 더 높은 기술적 성취를 보여주었을까? 여러분은 아마도 이 질문에 대한 나의 대답이 조금은 편향될 것이라고 예상할 것이다. 어쨌든 나는 오랫동안 버티지는 못했을 것이다. 인간과 기계가 체스판을 놓고 본격적인 대결을 벌인 1996~2006년의 10년은 내게 무척이나 긴 세월이었다. 무엇보다 내가 그 대결의 최전선에 서 있었기 때문이다. 돌이켜보건대, 그 10년은 점점 가속화되는 기술 발전과 비교할 때 인간에게 주어진 시간과 역량이 결코 많지 않음을 잘 보여주는 사례였다.

기술 발전의 흐름을 도표로 그려본다면, 우리는 인공지능과 자동화 기술의 확산이 얼마나 놀라운 속도로 진행되었는지 쉽게 이해할 수 있다. 오랫동안 인간은 체스를 비롯하여 인지 기능이 필요한 모든 분야에서 기계를 압도했다. 수천 년의 세월 동안 인간은 지성의 모든 분야에서 독점적 지위를 누렸다. 그러다 19세기에 기계 방식의 계산기가 등장하면서 인간의 지위에 약간의 흠집을 냈다. 이후 디지털 시대가 개막된 1950년대에 인간과 기계의 본격적인 대결이 시작되었다. 그리고 딥소트가 등장하면서 기계가 체스 챔피언을 위협하기까지 40년의 세월이 걸렸다. 다시 8년이 흘러 엄청나게 값비싼 체스 전용 컴퓨터 딥블루가 나를 꺾었다. 그로부터 6년 뒤, 나는 더 철저한 준비와 공정한 규칙으로 최고의 체스 엔진인 딥주니어, 그리고 딥프리츠와 매치를 벌였지만 두 번의 무승부밖에 기록하지 못했다. 두 체스 엔진은 수천 달러짜리 범용 서버를 기반으로 했음에도 불구하고, 그 실력은 딥블루에 뒤지지 않았다. 2006년에는 나의 세계 챔피언 선배인 블라디미르 크람니크가 프리츠 최신형 모델과 좀 더 유리한 규칙에서 매치를 펼쳤지만 4 대 2로 패했다. 이로 인해 클래식 체스에서 인간과 기계의 대결은 기계의 승리로 막을 내렸다. 그렇다면 앞으로의 대결은 기계에게 핸디캡을 주는 방식으로 이루어져야 할 것이다.

그 전체 과정을 역사의 연대표로 살펴보자. 수천 년 동안 인간이 지배하고 나서, 수십 년 동안 기계의 도전이 이어졌다. 그리고 수년 동안 주도권 다툼이 벌어졌다가, 결국 게임은 끝났다. 앞으로의 인류 역사에서 기계는 인간을 훨씬 더 앞서갈 것이다. 인간이 기계와 경쟁했던 기간은 역사의 연대표에서 하나의 점으로 남을 것이다. 조면기[면화에서 솜과 씨를 분리하는 기계—옮긴이]에서 공장용 로봇, 그리고 지능형 에이전트intelligent agent[관리자의 개입 없이 독립적으로 과제를 수행하는 소프트웨어—옮긴이]에 이르기까지, 기술 진보는 바로 이러한 과정을 거쳐 이루어졌다.

사람들의 관심은 특히 주도권 다툼이 벌어지는 동안에 더 높다. 일상생활 속에서 변화를 몸으로 느낄 수 있기 때문이다. 그래서 사람들은 그 의미를 과대평가한다. 물론 중요하지 않다는 말은 아니다. 기술 혁신으로 인해 많은 사람들이 겪게 될 고통이 장기적 관점에서 그리 중요하지 않기 때문에 무시해도 좋다는 생각은 지나치게 냉담한 입장이다. 다만 그들의 고통을 덜어주기 위해 해결책을 과거에서 찾으려는 것은 우리 사회의 선택지가 아니라는 뜻이다. 결론적으로 변화에 저항하고 현재 상태를 유지하기 위해 안간힘을 쓰는 것보다 처음부터 대안을 모색하고 긍정적인 방향으로 변화를 이끌어가려는 노력이 언제나 좋은 결과로 이어진다.

우리는 대결의 시기에서 오랜 세월이 흐르고 나서야 중요한 결론에 도달하게 되었다. 우리는 결코 과거로 돌아갈 수 없다. 실업과 사회 구조, 혹은 자동화 기계가 아무리 심각한 문제라고 해도 우리는 돌아갈 수 없다. 과거로 돌아가는 것은 인간의 본성과 인류의 진화에 역행하는 일이다. 기계가 다양한 과제를 더 효과적으로(더 싸고, 더 빠르고, 더 안전하게) 수행할 때, 인간은 취미 활동이나 정전 사태가 아닌 이상 두 번 다시 힘든 노동에 시달리지 않을 것이다. 그리고 기술의 도움으로 어떤 일을 할 수 있게 되었을 때, 우리는 절대 그 일을 포기하지 않을 것이다.

대중문화는 여기서 다룰 주제는 아니지만, 초자연적인 중세적 판타지가 공상과학 시장의 상당 부분을 차지하고 있다는 점은 매우 중요한 사실이다. 아마존의 '공상과학 및 판타지' 분야의 베스트셀러를 잠깐 살펴보면, 20위권 안의 책들 대부분이 뱀파이어와 용, 마법사, 혹은 그 세 가지 모두와 관련한 이야기를 담고 있다. 많은 재능 있는 작가들이 흥미진진한 판타지 소설을 발표하고 있다. 나도 톨킨과《해리 포터》의 팬이다. 하지만 미래를 예측한다는 관점에서 대중문화를 들여다볼 때, 마법사가 지팡이를 휘두르는 이야기로 가득한 작품들은 다소 실망스럽다.

다른 한편으로, 제임스 카메론 감독의 〈터미네이터〉(1984)나 워쇼스키 남매의 〈매트릭스〉(1999)는 우리가 낙관적인 시선으로 기술을 바라보기 힘들게 만든다. 두 영화 모두 기술이 인간을 배신하는 이야기를 다룬다. 이는 전통적으로 흥미진진한 소재이기는 하지만, 이러한 이야기를 더 현실감 있게 만들어주는 것은 1980년 이후로 우리가 컴퓨터에 둘러싸여 있고, 인공지능이 연구와 논의의 핵심 주제로 떠올랐다는 사실이다. 2009년 미국인공지능학회Association for the Advancement of Artificial Intelligence 모임이 캘리포니아 몬터레이에서 열렸을 때, 의제 중 하나는 인류가 슈퍼지능을 가진 컴퓨터에게 통제력을 빼앗길 가능성에 관한 것이었다.

사실 슈퍼지능 컴퓨터가 개발자를 능가하고 도전할 것이라는 시나리오는 오래전부터 있었다. 1951년 앨런 튜링은 한 강연에서 기계가 인간의 능력을 압도할 것이며, 결국에는 인류를 지배할 것이라고 예언했다. 컴퓨터 과학자이자 공상과학 작가인 버너 빈지Vernor Vinge 는 1983년에 쓴 글에서 기술이 인간의 능력을 넘어서는 순간을 '특이점

singularity'이라는 개념으로 소개했다. 그는 이렇게 설명했다. "우리는 조만간 우리 자신보다 더 대단한 지능을 만들어낼 것이다. 그러한 일이 벌어질 때, 인류 역사는 특이점에 도달하게 된다. 블랙홀의 중심에서 얽힌 시공간처럼 이해하기 힘든 지성의 전환이 일어나는 특이점에서, 세상은 인간의 이해 수준을 훌쩍 뛰어넘을 것이다."[3] 그리고 10년 후 빈지는 더 구체적이고 위협적인, 이제는 널리 알려진 이야기를 들려주었다. "30년 안에 초인적인 지능을 창조할 기술적 도구가 등장할 것이다. 그때 인류의 시대는 막을 내릴 것이다."[4]

보스트롬은 이러한 메시지가 적힌 깃발을 들고 달려나갔다. 그는 자신의 방대한 지식과 강력한 파급력을 활용하여 슈퍼지능 컴퓨터의 위험성을 알리는 전도사가 되었다. 그리고 자신의 책 《슈퍼 인텔리전스》에서는 평범한 공포 전달자에서 한 발 더 나아가 우리가 어떻게, 왜 인간을 능가하는 지능을 가진 기계를 창조하게 되는지, 또한 그들은 왜 인간을 살려두지 않을 것인지를 자세하게 (때로는 섬뜩하게) 묘사했다.

최고의 발명가이자 미래학자인 레이 커즈와일Ray Kurzweil은 보스트롬과 정반대 방향으로 달렸다. 그가 2005년에 출간한 책 《특이점이 온다》는 베스트셀러가 되었다. 다양한 예언에서 그가 말하는 '근접한' 시점이란 불길함을 느끼기에는 충분히 가까우면서도 관심을 집중하기에는 먼 시간대를 뜻한다. 커즈와일은 이 책에서 근접한 유토피아의 미래를 그리고 있다. 여기서 기술적 특이점이 인간의 몸과 마음을 증강시키는 유전학과 나노 기술을 결합함으로써 인간의 인지 기능과 수명이 극단적으로 확장된다.

다음으로 노엘 샤키는 자동화 기계, 특히 놀라우리만치 무덤덤하게 설명한 '살인 로봇'에 대한 윤리적 기준을 마련하고자 했다. 우리는 이미 드론이 자신의 의지에 따라 과제를 처리하는 세상에 가까이 와 있다. 이제 원격 살인에 대한 문제는 우리 사회의 당면과제가 되었다. 샤키가 운영하는 책임 있는 로봇 연구 재단Foundation for Responsible Robotics은 자동화 기술이 우리 사회는 물론 인간 본성에 미칠 영향을 고려해야 한다고 말한다. 그는 이렇게 주장했다. "한 발 물러서서 기술의 미래에 대해 신중하게 고민해야 할 시점이 왔다. 기술이 소리 없이 다가와 우리의 목덜미를 물기 전에 말이다." 잠시 걸음을 멈추고 숨을 골라야 한다는 주장이 러다이트의 경우와 마찬가지로 그저 불합리한 공포를 퍼뜨린다는 비난에서 벗어나기 위해서는 샤키와 같은 뛰어난 공학자들이 목소리를 높여야 한다.

2016년 9월 나는 옥스퍼드에서 샤키를 만났다. 당시 정부 정책과 군사 분야에서는 물론 요양, 교육, 성, 교통 서비스 산업에서 로보틱스 혁명이 시작되고 있었다. 하지만 로보틱스에 관한 논의는 정부 내에서도, 국제적인 차원에서도 이루어지지 못했다. 샤키는 내게 이렇게 말했다. "인터넷의 경우처럼 지금 우리는 잠을 자면서 걸어가듯 로보틱스를 향해 나아가고 있습니다. 몇몇 유명 인사들은 인공지능이 세상을 점령하고 인류를 죽일 것이라고 소리치고 있습니다. 하지만 저는 그런 일이 가까운 미래에 일어날 것이라고는 생각하지 않습니다. 이러한 목소리는 가까운 미래에 우리가 해결해야 할 주요 과제에 집중하지 못하도록 방해할 따름입니다. 수많은 과장 섞인 주장에도 불구하고, 인공지능은 여전히 허술하고 제한적입니다. 그리고 인공지능이 우리의 삶을 더 많이 통제하도록 허용하는 방향으로 나아가고 있습니다."

샤키 재단은 기계가 인간을 대신해서 내릴 수 있는 의사결정, 그리고 인간과 로봇의 상호작용을 규정하는 기술공학적 차원에서 인간의 권리에 관한 선언문을 내놓았다. 그 선언문은 아시모프의 유명한 '로봇의 세 가지 원칙'을 떠올리게 한다. 물론 우리가 살아가는 현실은 이보다 훨씬 더 복잡하다.[5]

《제2의 기계 시대》와 《기계와의 경쟁》의 공저자인 MIT의 앤드루 맥아피는 오늘날 인공지능을 둘러싼 가장 심각한 오해가 무엇인지에 대해 다음과 같이 짧게 대답했다. "특이점(혹은 슈퍼지능의 위협)이 머지 않은 현실이라는 생각입니다." 기술이 우리 사회에 미치게 될 영향에 대한 맥아피의 상식적이고 인간적인 연구는 나의 생각과 많은 부분에서 일치한다. 또한 그의 실용주의 노선은 기계학습 분야의 전문가이자 구글을 떠나 지금은 중국 바이두에 몸담고 있는 앤드루 응Andrew Ng의 유명한 발언과도 일맥상통한다. 응은 오늘날 슈퍼지능과 사악한 인공지능에 대한 우리 사회의 만연한 우려가 "화성의 인구과잉 문제"를 미리 걱정하는 것과 다를 바 없다고 말한다.

그렇다고 해서 보스트롬과 같은 사람들의 우려를 부정하려는 의도는 아니다. 다만 지금 해결해야 할 당면과제가 산적해 있다는 점을 지적하고 싶을 뿐이다. 신기술에 따른 부작용이 초반에 심각한 문제를 드러냈다가 점차 희미해진 사례가 이미 많이 있다. 새로 나왔다고 해서 항상 더 좋은 것은 아니지만, 그렇다고 항상 더 나쁘다는 생각 역시 잘못된 믿음이다. 미래를 바라보는 비관적인 시선은 문명의 발전에 도움이 되지 않는다.

신기술이 앞으로 어떤 변화를 몰고 올지 정확하게 예측할 수는 없다. 그래도 나는 신기술과 함께 성장하는 젊은 세대의 가능성을 믿는다. 우리 세대가 컴퓨터와 인공위성 기술을 활용하는 것처럼, 그리고 그러한 기술의 도움으로 꿈을 이루고 있는 것처럼 젊은 세대 역시 신기술을 활용함으로써 놀라운 성취를 이뤄낼 것이다.

결론은 글을 마무리하는 단계다. 하지만 나는 여기서 강조하고 싶은 게 있다. 독자 여러분이 이 책을 미래를 열어가는 과정에서 적극적인 참여를 촉구하는 초대장으로, 그리고 추천 도서로 생각해주길 바란다. 이 책의 이야기는 학술적인 논의가 아니다. 그렇기에 더 특별하다. 우리가 주목하는 것은 과거가 아니다. 앞으로 더 많은 사람들이 긍정적인 기술의 미래를 받아들일수록 그러한 미래가 실현될 가능성은 더 높아질 것이다. 지금 우리의 생각과 행동이 미래를 결정할 것이다. 나는 운명이 모든 것을 결정할 것이라는 말은 믿지 않는다. 결정된 것은 없다. 우리는 더 이상 구경꾼이 아니다. 게임은 시작되었고, 우리는 체스판 위를 달리고 있다. 게임에서 이기기 위해 우리는 더 넓게, 더 깊이 생각해야 한다.

우리의 과제는 유토피아와 디스토피아 중 하나를 선택하는 것이 아니다. 또한 우리를 둘러싼 모두와 대결을 벌이는 것도 아니다. 기술 진화에서 항상 앞서 나가려면 꿈이 필요하다. 우리는 기계에게 특정한 과제를 가르치는 데 능하다. 그리고 앞으로 더 많은 과제를 기계에게 맡길 것이다. 이제 우리에게 남은 일은 새로운 과제와 사명,

그리고 산업을 창조하는 것이다. 이를 위해 우리 사회가 요구하는 것은 용감한 탐험가다. 우리는 발전을 가로막는 문제와 불확실성을 제거하기 위해 기술 개발에 몰두한다. 그렇기 때문에 더 힘들고 불확실한 도전 과제를 끊임없이 발견해야 한다.

나는 기술이 인간을 자유롭고 창조적인 존재로, 그래서 인간적인 존재로 만들어줄 것이라 확신한다. 인간적인 존재는 창조적인 존재보다 더 많은 것을 의미한다. 우리는 기계에게 없는 많은 능력을 갖고 있다. 기계는 명령에 따라 움직이지만, 우리는 목표를 향해 움직인다. 기계는 절전 모드에서도 꿈을 꾸지 않는 반면, 우리는 언제나 꿈꾼다. 똑똑한 기계가 필요한 것도 원대한 꿈을 실현하기 위해서다. 꿈꾸기를 멈출 때, 그리고 야심찬 목표를 향한 질주를 멈출 때, 우리는 기계로 전락하고 만다.

주석

들어가며

1 Hans Moravec, *Mind Children* (Cambridge, MA: Harvard University Press, 1988).

2 주목할 만한 예외로 그 매치를 다룬 2003년 다큐멘터리 영화 〈Game Over: Kasparov and the Machine〉가 있다. 이 작품은 내 입장을 잘 대변했지만, 다만 많은 부분을 추측으로 남겨두었다. 드라마나 영화로서는 훌륭하지만, 이 책과 비교할 때 엄격함과 깊이가 떨어진다.

3 Associated Press, September 24, 1945. the *Tuscaloosa News*: https://news.google.com/newspapers?nid=1817&dat=19450924&id=I-4-AAAAIBAJ&sjid=HE0MAAAAIBAJ&pg=4761,2420304&hl=en. 덧붙여 말하자면, 기술이 노동과 자본 간의 오랜 투쟁에 미친 영향은 오늘날 점점 더 심각해지는 경제적 불평등에 관한 논의에서 대단히 중요한 주제가 되었다.

1 천재들의 게임

1 체스가 단지 서쪽으로만 확산된 것은 아니었다. 체스는 동쪽으로도 전파되었으며, 그 과정에서 다양한 지역의 고유한 문화적 기호와 결합했다. 오늘날 동아시아 지역에는 여러 형태의 체스 게임이 남아 있으며, 인도에도 전통적인 방식의 게임이 존재한다. 이처럼 고유한 형태의 다양한 체스 게임은 오늘날 해당 지역에서 '유럽식' 체스보다 더 높은 인기를 누리고 있다. 일본의 쇼기와 중국의 장기가 대표적인 사례다. 또한 동아시아 지역의 여러 국가에서는 바둑이 큰 인기를 끌고 있다. 물론 바둑은 체스와 관련 없는 게임이며, 그 역사는 더 오래된 것으로 알려져 있다.

2 괴테의 1773년 희곡, 《Götz von Berlichingen》에 등장하는 아델하이트의 말이다.

3 독일판 1987년 52호에 'Genius and Blackouts'라는 제목으로 게재되었다. http://www.spiegel.de/spiegel/print/d-13526693.html.

4 Cited in H. J. R. Murray's *A History of Chess*. as appearing in an article in the *World* newspaper on May 28, 1782.

5 마크 랑Marc Lang은 독일 FIDE 마스터 기사다. 레이팅은 2300 정도다. 2011년에는 눈을 가린 상태로 46게임을 동시에 진행했다. 과거의 기록들은 규정이 표준화되지 않

은 관계로 논란의 여지가 있다. 가령 어떤 게임에서는 득점 기입표를 확인할 수 있도록 허용했다. 랑의 기록에 관한 자세한 사항은 다음을 참조. https://www.theguardian.com/sport/2011/dec/30/chess-marc.

6   I. Z. Romanov, *Petr Romanovskii* (Moscow: Fizkultura i sport, 1984), 27.

7   스탈린에 대한 우상 숭배의 차원에서, 그가 소련 비밀경찰을 이끈 니콜라이 예조프 Nikolai Yezhov를 체스로 이겼다는 보도가 있다.

8   1978년 헝가리는 소련을 꺾고 금메달을 차지했다. 소련 대표팀에게는 치욕적인 사건이었다. 나는 1980년에 열일곱 살의 나이로 '컴백팀'에 합류하여 금메달을 따냈다.

9   나는 소련 정부의 스포츠 관료와 나의 경쟁자 카르포프에 대한 저항의 의미로 국기의 교체를 요청했다. 자세한 이야기는 2015년에 출간한 《겨울이 오고 있다》 참조.

2 생각하는 기계를 향한 도전

1   Claude Shannon, "Programming a Computer for Playing Chess," *Philosophical Magazine* 41, ser. 7, no. 314, March 1950. 이 내용은 다음 행사에서 먼저 소개되었다. National Institute of Radio Engineers Convention, March 9, 1949, New York.

2   Norbert Wiener, *Cybernetics or Control and Communication in Animal and Machine* (New York, Technology Press, 1948), 193.

3   Mikhail Tal, *The Life and Games of Mikhail Ta* (London: RHM, 1976), 64.

4   대단히 낙관적으로 잡은 수치다. 체스 기계는 1990년대에 들어서야 1초당 100만 개의 수를 분석할 수 있는 기술 수준에 도달했다. 하지만 그보다 훨씬 전에 효율적인 알고리즘이 등장하면서 순수한 형태의 유형 A 프로그램은 구시대 유물이 되고 말았다.

5   컴퓨팅 파워가 2년에 두 배로 성장한다고 말하는 무어의 법칙은 기술 세상에서 수십 년 동안 황금의 법칙으로 자리 잡았다. 다른 모든 법칙과 마찬가지로, 고든 무어 역시 이후에 원래의 법칙을 수정했다. 1965년 인텔의 공동 설립자인 무어는 집적회로에서 트랜지스터 밀도가 매년 두 배로 높아진다고 주장했다. 그러나 1975년에 기간의 단위를 2년으로 수정했다.

6   무어의 법칙을 입증하고, 성능과 크기에서 컴퓨터의 발전상을 보여준 또 다른 사례가 있다. 1985년 세계에서 가장 빠른 컴퓨터인 크레이 2의 무게는 수 톤에 달했고, 최고 속도는 1.9기가플롭이었던 반면, 2016년에 출시된 아이폰 7은 140그램의 무게에 속도는 172기가플롭에 이른다.

3 인간 vs 기계

1   1936년 베를린 올림픽 영웅이자 미국의 전설적인 금메달리스트인 제시 오언스는 1940년대에 말과 개, 고양이, 오토바이를 상대로 경주를 벌였다.

2   1988년에 나온 PC 게임인 배틀 체스Battle Chess의 홍보 문구는 이랬다. "체스를 보다

나은 게임으로 완성하기까지 2000년의 세월이 걸렸습니다!" 그러나 나는 그 말에 동의하지 않는다.

3 브론스타인은 바비 피셔보다 훨씬 앞서 각 게임에서 기물을 뒤섞는 방식을 제안했다. 이러한 방식은 오늘날 널리 알려져 있다. 또한 피셔보다 먼저 시간 지연time delay 방식을 제안하기도 했다. 이를 통해 기물을 옮기는 과정에서 적어도 몇 초의 시간적 여유를 보장하도록 했다. 시간 지연 방식은 오늘날 프로 대회에서 표준 규정으로 자리 잡았다.

4 브론스타인이 소련의 유명 인사인 보트비닉을 꺾도록 '허락'을 받지 못했다는 의혹이 끊임없이 제기되었다. 그리고 수십 년이 흘러 나와 카르포프의 대결에서도 똑같은 소문이 돌았다.

5 기물의 가치를 평가하는 기준은 컴퓨터 프로그램은 물론 체스 기사들마다 조금씩 다르다. 그럼에도 바비 피셔의 기준은 가장 극단적인 형태였다. 그는 비숍이 3.25개 폰의 가치가 있는 것으로 평가했다.

6 Leo D. Bores, "AGAT: A Soviet Apple II Computer," *BYTE* 9, no. 12 (November 1984).

7 이 이야기를 《챔피언 마인드》에서 소개한 바 있다. 이후 10년의 세월이 흘러, 언어 학습의 경우와 마찬가지로 기술의 습득 역시 나이가 어릴수록 유리하다는 사실을 확신하게 되었다.

8 내 기억이 옳다면, 하드디스크는 나와 함께 컴퓨터 클럽을 운영했던 컴퓨터 과학자 스테판 파치코프Stepan Pachikov의 요청으로 들여온 것이었다. 이후 그는 소련 기업인 파라그라프ParaGraph에서 손글씨 인식 소프트웨어 개발에 몰두했고, 그 기술은 최초의 PDA라 할 수 있는 애플뉴턴Apple Newton에 적용되었다. 그는 나중에 실리콘밸리로 건너갔고, 지금은 어디서나 쉽게 찾아볼 수 있는 노트 앱인 에버노트를 개발했다.

9 알타비스타에게 무슨 일이 생겼는지 궁금하다면, 구글 검색을 권하는 바이다!

10 Bill Gates, *The Road Ahead* (New York: Viking Penguin, 1995).

4 기계는 무엇을 중요하게 생각하는가

1 Douglas Adams, *The Hitchhiker's Guide to the Galaxy* (New York: Del Rey, 1995), Kindle edition, locations 2606 – 14.

2 윌리엄 파이필드William Fifield의 피카소 인터뷰 기사와 그의 책에 나오는 표현. 인터뷰: "Pablo Picasso: A Composite Interview," *Paris Review* 32, Summer – Fall 1964. 그의 책: *In Search of Genius* (New York: William Morrow, 1982).

3 Steve Lohr, "David Ferrucci: Life After Watson," *New York Times*, May 6, 2013.

4 Mikhail Donskoy and Jonathan Schaeffer, "Perspectives on Falling from Grace," *Journal of the International Computer Chess Association* 12, no. 3, 155 – 63.

5 체스 기사에 관한 비네의 주장은 1893년에 발표한 그의 논문에서 확인할 수 있다. 또

한 다음 자료에서 간략한 설명을 찾아볼 수 있다. *A Century of Contributions to Gifted Education: Illuminating Lives* by Ann Robinson and Jennifer Jolly (New York and London: Routledge, 2013).

6 이후에 매카시는 초파리가 원래 자신의 소련 동료 과학자인 알렉산데르 크론로드 Alexander Kronrod의 표현이었다고 밝혔다.

5 인간의 마음은 어떻게 이루어져 있는가

1 정신적인 스포츠의 상업적 인기가 높았더라면, IOC는 아마도 육체적 활동의 정의를 수정했을 것이다. 물론 그렇다고 해도 체스보다는 브리지가, 그리고 브리지보다는 비디오게임(e-스포츠)이 올림픽 정식 종목으로 채택될 가능성이 높았을 것이다.

2 글래드웰이 레딧에 게재한 글. https://www.reddit.com/r/IAmA/comments/2740ct/hi_im_malcolm_gladwell_author_of_the_tipping/chx6dpv/.

3 2014년에 인간과 기계의 쇼기 대회를 홍보하기 위해 도쿄를 방문했을 때, 내가 '체스계의 하부 요시하루'라는 농담을 주고받았다. 내겐 커다란 영광이다!

4 최근 다양한 연구 성과는 끈기가 중요한 유전적 특성이라는 사실을 보여주었다. 비록 2007년에 내가 "노력 또한 재능이다"라고 했던 언급과 정확하게 똑같은 의미는 아니지만, 그래도 내 주장이 과학적 연구로부터 지지를 받는다는 것은 언제나 기분 좋은 일이다. 수천 명의 쌍둥이를 대상으로 끈기의 유전적 특성을 분석한 실험은 다음을 참조하라. https://www.ncbi.nlm.nih.gov/pubmed/24957535. 그리고 http://pss.sagepub.com/content/25/9/1795.

5 Donald Michie, "Brute Force in Chess and Science," collected in *Computers, Chess, and Cognition* (Berlin: Springer-Verlag, 1990).

6 아르헨티나 부에노스아이레스에서 들었던 이야기로 진위 여부는 확인할 방법이 없다. 그래도 피셔라면 가능성이 높은 일화다. 또한 전문가의 해설이 아니고서는 세계 챔피언의 게임을 이해할 수 있는 팬들이 거의 없었다는 점에서, 인상적인 사례라 하겠다. 물론 당시는 누구나 슈퍼 체스 엔진을 갖고 있고, 또한 그걸 가지고 마치 자신이 발견한 것처럼 챔피언의 실수를 지적할 수 있는 오늘날과는 사뭇 달랐다.

6 대결의 시작

1 빌 게이츠의 발언: International Joint Conference on Artificial Intelligence, Seattle, Washington, August 7, 2001, https://web.archive.org/web/20070515093349/http://www.microsoft.com/presspass/exec/billg/speeches/2001/08-07aiconference.aspx.

2 여기에는 'Deep Capture the Flag' 대회도 포함되어 있다. 다음을 참조하라. https://cgc.darpa.mil/Competitor_Day_CGC_Presentation_distar_21978.pdf.

3 Josh Estelle, quoted in the *Atlantic*, November 2013, "The Man Who Would Teach

Machines to Think," by James Somers.

4 남편인 댄과 함께 마이크로컴퓨터 프로그램 사르곤을 개발한 것으로 널리 알려진 캐슬린 스프라클렌Kathleen Spracklen의 설명이다. "Oral History of Kathleen and Dan Spracklen," interview by Gardner Hendrie, March 2, 2005, http://archive.computerhistory.org/projects/chess/related_materials/oral-history/spacklen.oral_history.2005.102630821/spracklen.oral_history_transcript.2005.102630821.pdf.

5 왓슨이 프로그램에 처음으로 출연했을 때였다. 'leg' 동영상은 인터넷에서 쉽게 확인할 수 있다. 게다가 컴퓨터의 실수에 기뻐했던 (혹은 그렇게 추정되는) 많은 사람들이 달아놓은 유튜브 댓글을 읽어보는 것도 재미있다. 그들을 화나게 하지 말지어다! https://www.youtube.com/watch?v=fJFtNp2FzdQ.

6 휴게소를 의미하려면 weak가 아니라 tired라고 써야 한다. 두 번째 사례를 이해하려면 다음의 내용을 알아야 한다. ① Burrito는 멕시코 음식이다. ② burro가 멕시코 말로 바보를 뜻한다. ③ 접미사 '-ito'는 스페인어로 작다는 뜻이다. 다시 말해, Burrito = 작은 burro = 작은 바보.

7 James Somers, "The Man Who Would Teach Machines to Think," *Atlantic*, November 2013.

8 F-h. Hsu, T. S. Anantharaman, M. S. Campbell, and A. Nowatzyk, "Deep Thought," in *Computers, Chess, and Cognition*, Schaeffer and Marsland, eds. (New York: Springer-Verlag, 1990).

9 Danny Kopec, "Advances in Man-Machine Play," in *Computers, Chess, and Cognition*, Schaeffer and Marsland, eds. (New York: Springer-Verlag, 1990).

10 후회스럽게도 나는 그때 성차별적인 발언을 했다. 1989년 《플레이보이》와의 인터뷰에서 이렇게 말했다. "여성은 싸우려는 의지가 약하다. 그 원인은 아마도 유전자 때문일 것이다." 성별에 따른 두뇌의 차이는 차치하고서라도, 내가 알고 있는 가장 강인한 투사가 우리 어머니였다는 사실을 감안할 때 왜 그런 말을 했는지 모르겠다.

11 관심 있는 독자를 위해 설명하자면, 이번 매치를 다룬 모든 책과 기사들이 언급한 43.Qb1을 나는 탁월한 수라고 생각하지 않는다. 나는 40..f5로 우세를 지킬 수 있었다. 내 노트북에 깔아놓은 무료 체스 프로그램은 0.5초 만에 43.Qb1을 찾아냈다. 시대가 얼마나 바뀌었는지 보여주는 사례다.

12 통계적인 차원에서 정확한 표현은 아니다. 테니스 게임에서 서브는 체스에서 백을 잡는 것보다 훨씬 더 중요한 의미가 있다. 그럼에도 주도권을 잡고 게임의 흐름을 이끌어나갈 수 있다는 점에서 유사한 측면이 있다.

13 Andrea Privitere, "Red Chess King Quick Fries Deep Thought's Chips," *New York Post*, October 23, 1989.

7 딥블루를 마주하다

1 Raymond Keene, *How to Beat Gary Kasparov at Chess* (New York: Macmillan, 1990). 초기에 내 이름의 영어 표기는 Gary, Garry, Garri 등 다양했다. 그중에서 Garry가 제일 마음에 들었다.

2 우리 사회가 프라이버시 이후의 세상을 어떻게 대처해나가고 있는지 궁금하다면, David Brin의 1997년 저서 《The Transparent Society》를 추천한다. 또한 그의 웹사이트에서 최근 소식과 더불어 다양한 논의를 살펴볼 수 있다.

3 Hsu et al., "Deep Thought," in *Computers, Chess, and Cognition*.

4 지니어스는 다음 라운드에서 그랜드마스터 Predrag Nikolic을 꺾었지만, 준결승에서 아난드에게 패했다.

5 Feng-hsiung Hsu, *Behind Deep Blue* (Princeton, NJ: Princeton University Press, 2002).

6 "재부팅으로 인한" 실수는 한 평론가가 연결이 끊어지기 전에 딥블루가 선택한 강력한 수라고 언급했던 13.g3이 아니라 13.0-0이었다. 딥블루는 이후 14.Kh1에서 치명적인 실수를 저질렀고, 프리츠가 게임을 끝낼 수 있는 14.Bg4를 놓치고 나서야 간신히 만회했다. 그러나 두 수 이후의 16.c4 역시 중대한 실수였고, 이에 프리츠는 16..Qh4로 즉각 응수했다. 백이 게임을 만회할 수 있는 기회는 그것이 마지막이었다. 그런데 의아하게도 쉬펑슝은 며칠 후 온라인 체스 토론방에서 16.c4의 실수를 중점적으로 언급했다. 그러나 자신의 책에서는 다루지 않았다.

7 1989년 당시 나는 내가 상대했던 기계가 기술적인 차원에서 딥블루가 아니라 딥소트였으며, 실질적으로 전혀 다른 기계라는 사실을 알고 있었다. 다만 독자의 혼란을 막기 위해 1989년, 1996년, 1997년 매치가 동일한 상대의 서로 다른 버전과의 대결인 것으로 설명하고 있다.

8 《챔피언 마인드》에서 역사적 관점에서 이와 관련된 구체적인 사례를 제시했다. 그것은 1894년 라스커와 슈타이니츠 간의 세계 챔피언십 매치로, 그 대결은 한 세기가 넘게 정당한 평가를 받지 못했다.

9 Brad Leithauser, "Kasparov Beats Deep Thought," *New York Times*, January 14, 1990.

10 27..d4가 아니라 27..f4를 두었더라면 그랬을 것이다. 27.Rd8은 또한 흑에게도 나쁘지 않은 수였다.

11 Charles Krauthammer, "Deep Blue Funk," *TIME*, June 24, 2001.

12 Garry Kasparov, "The Day I Sensed a New Kind of Intelligence," *TIME*, March 25, 1996.

13 물론 매치 때문에 그렇게 되었다고 증명할 방법은 없다. 하지만 뉴본이 지적했듯이 매치가 주가 상승에 10퍼센트만 기여했다고 해도 그 규모는 3억 달러가 넘는다. 컴퓨터 체스 여섯 게임으로는 꽤 훌륭한 투자 성과다.

8 완전히 달라진 도전자

1 쉬펑슝은 자신의 책 《Behind Deep Blue》에서 이렇게 언급했다. "매치의 규모는 커질
수밖에 없다. IBM이 재대결을 포기할 가능성은 없기 때문이다."

2 원래 좋지 않았던 탈의 건강 상태는 재대결을 치르는 동안 더욱 악화되었다. 반면 보트
비닉은 철저한 준비가 되어 있었다.

3 Mikhail Botvinnik, *Achieving the Aim* (Oxford, UK: Pergamon Press, 1981), 149. 1978
년 러시아에서 처음 출판된 그의 책의 영어 번역본에서 발췌했다.

4 Monty Newborn, *Deep Blue: An Artificial Intelligence Milestone* (New York: Springer-
Verlag, 2003), 103.

5 Michael Khodarkovsky and Leonid Shamkovich, *A New Era* (New York: Ballantine,
1997).

6 클럽 카스파로프 웹사이트는 매치가 열리기 직전에 베타 버전으로 등장했지만, 딥블루
만큼이나 신속하게 문제를 일으키고 말았다. 러시아에서 나는 개인적인 자격으로 클럽
을 후원했다. 이후 웹사이트는 1999년에 새로운 벤처 자본과 손을 잡고 카스파로프 체
스 온라인Kasparov Chess Online이라는 이름으로 새롭게 모습을 보였다.

9 딥블루에게 칵테일을!

1 Dirk Jan ten Geuzendam, "I Like to Play with the Hands," *New In Chess*, July 1988,
36–42.

2 특히 와이어드의 기사(Klint Finley, "Did a Computer Bug Help Deep Blue Beat
Kasparov?", 2012년 9월 28일자)는 컴퓨터가 썼다고 의심할 정도로 모든 것이 뒤죽박
죽이었다. 첫 번째 게임에서 룩 이동과 두 번째 게임에서 딥블루의 비숍 이동을 혼동하
고 있다. 또한 이를 통해 무작위 버그에 대한 딥블루의 가장 탁월한 대응이었다고 추켜
세웠다.

3 Robert Byrne, "In Late Flourish, a Human Outcalculates a Calculator," *New York
Times*, May 4, 1997.

4 Dirk Jan ten Geuzendam, "Interview with Miguel Illescas," *New In Chess*, May 2009.

5 이후에 마라도나는 영국 팀 수비수 절반을 제치고 돌진하여 환상적인 '세기의 골'을 넣
음으로써 영국인을 제외한 전 세계 모두가 '신의 손'을 잊게끔 만들었다.

10 평정심을 앗아간 것

1 Bruce Weber, "Deep Blue Escapes with Draw to Force Decisive Last Game," *New
York Times*, May 11, 1997.

2 승리의 마지막 기회는 35.Rff2였다. 놀랍게도 35.Rxg4 이후로 흑의 승리 가능성은 사
라지고 말았다.

3　Murray Campbell, A. Joseph Hoane Jr., and Feng-hsiung Hsu, "Deep Blue," *Artificial Intelligence* 134, 2002, 57–83.

4　44.Nf4 대신에 44.Rd7을 두었더라면 다섯 번째 게임을 이겼을 것이다. 딥블루는 43.. Rg2를 두었더라면 무승부로 끝날 상황에서 43.Nd2를 두는 치명적인 실수를 저질렀다.

5　Thomas Pynchon, *Gravity's Rainbow* (New York: Viking, 1973), 251. 이 책에서는 편집증 환자를 위한 다섯 가지 격언을 소개한다. 어떤 것이라고 꼬집어 말하지는 않겠지만, 이 중 몇 가지는 걱정스럽게도 적절한 것으로 보인다. "① 마스터를 만질 수는 없지만 그의 창조물은 가능하다. ② 창조물의 순수함은 마스터의 불멸성에 반비례한다. ③ 잘못된 질문을 던지도록 만들 수 있다면, 대답에 대해서 걱정할 필요가 없다. ④ 여러분은 숨고, 그들은 찾는다. ⑤ 편집증 환자는 편집증 때문이 아니라, 어리석게도 자기 자신을 편집증적인 상황으로 끊임없이 몰아가기 때문에 그런 것이다."

11 이길 수 없다면 함께하라

1　인지과학자 스티븐 핑커Steven Pinker와 그의 동료들 덕분에, 나는 언어의 기원이 밝혀져 있지 않으며, 또한 앞으로도 밝혀낼 수 없을 것이라고 확신하게 되었다. 핑커의 에세이 제목이 말해주듯이, 그것은 "과학에서 가장 어려운 문제"다. 오슬로 자유 포럼Oslo Freedom Forum에서 잠깐 만났을 때 언어의 진화에 대해 대화를 나누지 않았던 것은 어쩌면 다행스러운 일일 것이다. 만약 그랬다면, 이 책의 분량은 훨씬 방대해졌을 것이다. 여기서는 다만 고고학자가 검증할 수 있는 도구를 비롯한 여러 다양한 것들에 만족하고자 한다. 동굴에서 살았던 선조들이 굶어 죽거나 얼어 죽지 않으려면 기초적인 발성을 넘어선 언어적 능력보다 털옷과 불, 그리고 작살이 더 중요했을 것이다. 다음을 참조하라. Morten H. Christiansen and Simon Kirby, eds. *Language Evolution: The Hardest Problem in Science?* (New York: Oxford University Press, 2003).

2　Cory Doctorow, "My Blog, My Outboard Brain," May 31, 2002, http://archive.oreilly. com/pub/a/javascript/2002/01/01/cory.html.

3　Clive Thompson, "Your Outboard Brain Knows All," *Wired*, September 25, 2007.

4　David Brooks, "The Outsourced Brain," *New York Times*, October 26, 2007. 예전에 브룩스는 미국의 문화적 결함을 냉철하게 분석했지만, 여기서 그의 어조는 다분히 냉소적이거나 혹은 체념적이다. 그는 자신의 책《보보스는 파라다이스에 산다》에서 거짓된 진실을 추구하는 모습을 그리고 있으며, 또한 비슷한 관점에서 시대에 뒤떨어진 아날로그를 대체하기 위해 필요한 신기술을 비판했다.

5　Thompson, "Your Outboard Brain Knows All".

6　베를린 디펜스는 2000년 세계 챔피언십에서 크람니크가 사용하면서 널리 알려졌다. 그 이후로 정상급 기사들 간의 게임에서 베를린 디펜스가 등장한 경우, 63퍼센트가 무승부로 끝이 났다. 내가 오랫동안 사랑했던 시실리안 디펜스의 경우, 같은 기간에 무승부

비중은 49퍼센트였다.

7 Patrick Wolff, *Kasparov versus Anand* (Cambridge: H3 Publications, 1996).

8 2011년 연구는 이를 잘 요약해서 보여준다. "Decision-Making and Depressive Symptomatology" by Yan Leykin, Carolyn Sewell Roberts, and Robert J. DeRubeis, https://www.ncbi.nlm.nih.gov/pmc/articles/PMC3132433/.

9 Wolff, *Kasparov versus Anand* (Cambridge: H3 Publications, 1996).

10 이 주제와 관련하여 많은 연구 결과가 나와 있다. 최근 한 흥미로운 연구에 관한 논의 는 영국 심리학협회 웹사이트에서 확인할 수 있다. "When we get depressed, we lose our ability to go with our gut instincts," https://digest.bps.org.uk/2014/11/07/when-we-get-depressed-we-lose-our-ability-to-go-with-our-gut-instincts/.

11 딥블루 연구팀의 머리 캠벨은 IBM에서 IA 프로젝트를 이끌고 있다. 그렇다면 나의 편 으로 넘어왔다는 말인가?!

결론 꿈꾸기를 멈출 때 게임은 끝난다

1 Isaac Asimov, "The Feeling of Power" in *If*, February 1958.

2 이언 골딘은 의미 있는 작품인 《Age of Discovery: Navigating the Risks and Rewards of Our New Renaissance》를 발표했다. 2016년 중반에 그가 옥스퍼드 마틴스쿨을 떠난 뒤, 아킴 슈타이너Achim Steiner가 새로운 학장으로 부임했다.

3 Vernor Vinge in an op-ed in *Omni* magazine, January 1983.

4 Vernor Vinge, "The Coming Technological Singularity: How to Survive in the Post-Human Era," originally in *Vision-21: Interdisciplinary Science and Engineering in the Era of Cyberspace*, G. A. Landis, ed., NASA Publication CP-10129, 11-22, 1993.

5 아시모프가 제시한 세 가지 로봇 원칙은 다음과 같다. "로봇은 인간을 해치거나, 혹 은 임무를 소홀히 함으로써 인간이 위험에 처하도록 방치해서는 안 된다. 로봇은 첫 번째 원칙에 위배되지 않는 한 인간의 명령을 따라야 한다. 로봇은 첫 번째와 두 번째 원칙에 위배되지 않는 한 스스로를 지켜야 한다." Isaac Asimov, *I, Robot* (New York: Gnome Press, 1950).

찾아보기

딥 씽킹

인공지능 시대, 인간의 위대함은 어디서 오는가?

초판 1쇄 발행 2017년 11월 1일

지은이 | 가리 카스파로프
옮긴이 | 박세연
발행인 | 김형보
편집 | 박민지, 강태영, 김수경
마케팅 | 김사룡

발행처 | 도서출판 어크로스
출판신고 | 2010년 8월 30일 제 313-2010-290호
주소 | 서울시 마포구 월드컵로14길 29 영화빌딩 2층
전화 | 070-8724-0876(편집) 070-8724-5877(영업) 팩스 | 02-6085-7676
e-mail | across@acrossbook.com

한국어판 출판권 ⓒ 도서출판 어크로스 2017

ISBN 979-11-6056-029-9 03400

이 도서의 국립중앙도서관 출판시도서목록(CIP)은 e-CIP홈페이지(http://www.nl.go.kr/ecip)에서 이용하실 수 있습니다. (CIP제어번호 : CIP2017026463)

만든 사람들
편집 | 박민지
교정교열 | 오효순
디자인 | 오필민
조판 | 성인기획